# ENCYCLOPÉDIE-RORET

# GALVANOPLASTIE

## TOME SECOND

PARIS

ENCYCLOPÉDIE-RORET

L. MULO, LIBRAIRE-ÉDITEUR

12, RUE HAUTEFEUILLE, VIᵉ

# ENCYCLOPÉDIE-RORET

# GALVANOPLASTIE

## TOME SECOND

# MANUELS-RORET

## NOUVEAU MANUEL COMPLET

DE

# GALVANOPLASTIE

OU

## TRAITÉ PRATIQUE ET SIMPLIFIÉ

### DE TOUTES LES MANIPULATIONS

CONCERNANT

## Les Dépôts électrolytiques des Métaux

APPLIQUÉES

## AUX ARTS ET A L'INDUSTRIE

### Par BRANDELY Aîné

Ingénieur-Chimiste, Chevalier de la Légion-d'Honneur

---

### NOUVELLE ÉDITION

Entièrement refondue et mise au niveau des Connaissances actuelles

### Par G. PETIT

Ingénieur civil

*Ouvrage orné de 81 figures dans le texte*

---

### TOME SECOND

---

# PARIS

## ENCYCLOPÉDIE-RORET

## L. MULO, LIBRAIRE-ÉDITEUR

12, RUE HAUTEFEUILLE, VIᵉ

## 1904

# AVIS

Le mérite des ouvrages de l'**Encyclopédie-Roret** leur a valu les honneurs de la traduction, de l'imitation et de la contrefaçon. Pour distinguer ce volume, il porte la signature de l'Éditeur, qui se réserve le droit de le faire traduire dans toutes les langues, et de poursuivre, en vertu des lois, décrets et traités internationaux, toutes contrefaçons et toutes traductions faites au mépris de ses droits.

# NOUVEAU MANUEL COMPLET

## DE

# GALVANOPLASTIE

## TOME SECOND

## QUATRIÈME PARTIE

### GALVANOPLASTIE PROPREMENT DITE

## CHAPITRE XV

### Du moulage

SOMMAIRE. — I. Moulage au plâtre. — II. Moulage à la stéarine. — III. Moulage à la cire. — IV. Moulage au métal de Darcet. — V. Moulage à la gélatine. — VI. Moulage à la gutta-percha. — VII. Moulage au caoutchouc. — VIII. Moulages en matières diverses.

Si nous devions donner une définition de la galvanoplastie, nous dirions que c'est un art qui a pour but, étant donné un modèle quelconque en une matière quelconque, de le reproduire intégralement et fidèlement en métal, sans le secours d'aucune autre énergie extérieure que celle du courant électrique.

Dans les deux parties qui précèdent nous avons appris à créer des dépôts métalliques sur tous les corps, qu'ils soient ou non conducteurs du courant électrique. Ceci étant posé, si l'on nous fournit un modèle et que nous puissions mouler ce modèle, nous aurons sur le moule les reliefs du modèle en creux et réciproquement. Si alors sur ce moule, ou mieux si à l'intérieur de ce moule nous faisons un dépôt métallique, celui-ci épousera toutes les sinuosités du moule et, ce dernier enlevé, il nous restera apparent la pellicule métallique déposée sous une épaisseur plus ou moins grande et dont l'extérieur, c'est-à-dire la partie qui était appliquée sur le moule, nous donnera en reliefs les creux du moule et réciproquement, c'est-à-dire nous reproduira exactement notre modèle. Ici nous pouvons user du mot exactement, car nous n'aurons pas l'épaississement que donnait le surmoulage. En effet, quelle que soit la matière qui nous serve à faire le moule, si elle représente bien en creux le modèle en relief, comme le métal que nous déposerons viendra prendre exactement la place du modèle, il en sera, par conséquent, la reproduction très exacte, nous pourrions dire : la reproduction mathématique, la reproduction théorique.

Pour nous mieux expliquer, prenons un exemple et un exemple simple, soit une médaille dont nous ne cherchons à obtenir qu'une des faces. Nous prendrons une matière plastique d'une ténuité aussi grande que possible, du plâtre à modeler.

très fin par exemple, après l'avoir gâché à une bonne consistance, nous y enfoncerons la face de la médaille, celle-ci ayant été préalablement huilée pour ne pas adhérer au plâtre. Ce dernier, une fois la médaille enlevée, reproduira tous les détails de la gravure, sauf qu'il présentera en creux ce que nous avions en relief sur le modèle. Imperméabilisons, métallisons cette empreinte en plâtre et faisons-y le dépôt comme nous avons appris à le faire; puis détruisons le plâtre par un moyen quelconque, nous aurons alors la pellicule de cuivre, reproduction identique du modèle, puisque nous le regardons par la face qui était le fond du moule. S'il y a surépaisseur et par suite grossissement des traits de la gravure, elle n'existe que sur l'autre côté, c'est-à-dire sur l'envers de l'objet que nous cherchions à obtenir, par conséquent, à une place où cet empâtement des traits reste sans inconvénients.

Voilà qui sera une opération de galvanoplastie proprement dite; notre modèle a été respecté, il peut nous servir indéfiniment et nous en avons obtenu la reproduction fidèle. Mais on comprend aisément le rôle prépondérant que vient jouer le moule dans cette opération, et c'est de la perfection de celui-ci que dépend entièrement le succès de la reproduction. Aussi le lecteur nous permettra-t-il d'entrer dans de grands détails sur la préparation des moules, tandis que nous passerons plus rapidement sur les opérations de dépôts métalliques que nous savons faire maintenant dans tous les cas courants de la pratique.

Nous ne voudrions pas dire que les matières

propres à faire les moules pour la galvanoplastie sont en nombre illimité, mais elles sont certainement nombreuses, nous ne les examinerons pas toutes, cependant nous signalerons la façon de faire les moules avec les matières les plus usitées et qui ont été reconnues à la pratique comme étant les meilleures. Cela ne doit pas fixer d'une façon définitive ces matières comme étant les seules à employer, et quand cet ouvrage aura paru, peut-être la galvanoplastie aura-t-elle trouvé un bon usage d'un produit auquel elle n'avait pas encore songé à recourir pour la préparation de ses moules.

## I. MOULAGE AU PLATRE

Ainsi que nous l'avons fait jusqu'à présent, nous commencerons notre étude du moulage en l'appliquant aux objets des plus simples et par la matière la plus commune et la plus connue dans la région de Paris : le plâtre. Pour toute confection de moule en plâtre il faut choisir ce produit d'une extrême finesse, exempt de grumeaux, débarrassé des particules charbonneuses qui souillent le plâtre ordinaire par suite de sa cuisson, et à ce titre c'est le *plâtre à modeler* dont il faudra toujours faire usage. Il est bien entendu que le galvanoplaste peut se dispenser de fabriquer ses moules lui-même et qu'il peut avoir recours aux services d'un modeleur de profession, mais nous pensons, et nous sommes, sous ce rapport, d'accord avec les meilleurs praticiens, que le galvanoplaste ne mérite vraiment son titre que s'il connaît toutes les parties de son métier, le modelage en particulier. Nous donnerons donc ici tous les détails de cette opération en engageant vivement les débutants à se familiariser avec ce que nous appellerons cette branche indispensable, inséparable de la galvanoplastie.

Pour marcher du simple au composé, notre premier exemple comportera la confection d'un moule en plâtre destiné à nous fournir l'empreinte de la face d'une médaille. Pour faire ce moule, nous prendrons la médaille B (fig. 52), que nous poserons sur une surface bien plane, table de marbre ou glace épaisse, l'effigie à reproduire en dessus, puis

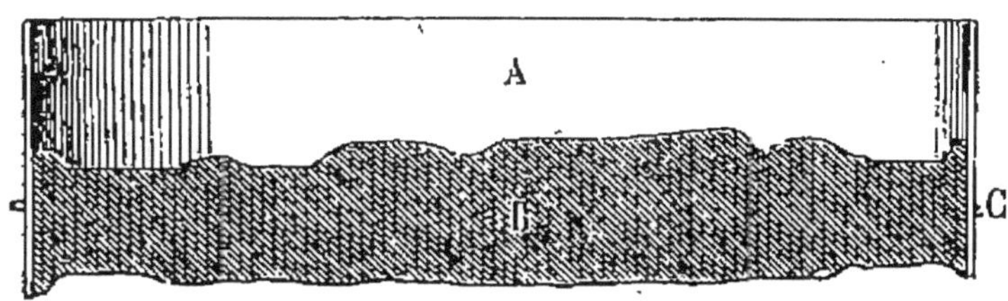


Fig. 52.  Moule pour médaille.

nous entourerons l'exergue d'une feuille de papier fort A que nous assujettirons à l'aide d'un fil ou d'une ficelle fine C, de manière à nous faire une boîte présentant une hauteur d'un bon centimètre au-dessus de l'effigie pour une pièce de 60 millimètres de diamètre, et deux centimètres pour un modèle atteignant un diamètre de 150 à 300 millimètres.

On enduit les parois intérieures du papier et le fond du moule, formé par la médaille, avec de l'huile appliquée légèrement avec un pinceau, et on enlève l'excès d'huile avec un blaireau sec. Cette opération, toute simple qu'elle puisse paraître, demande certaines précautions ou mieux quelques soins que nous allons indiquer. D'abord, quand on va préparer le moule, il faut s'assurer que le modèle (ici la médaille) est bien propre et ne présente pas de trace d'oxydation (rouille si le modèle est en fonte; vert-de-gris si le modèle est en cuivre, etc.), car à ces endroits l'huile pourrait ne pas mouiller l'objet ou plutôt pourrait être absorbée par la nature poreuse de l'impureté, et le plâtre y collerait, le démoulage se ferait mal. Il faut également veiller à ce que le modèle soit exempt de poussières dont l'empreinte se retrouverait sur le moule, ces poussières étant collées par l'huile. Ces précautions prises, on peut huiler le modèle; mais à ce moment encore, prendre les précautions suivantes : étendre l'huile bien uniformément sur toute l'étendue de la surface et veiller à ce qu'elle pénètre surtout dans les parties en creux qui sont les plus difficiles à atteindre; étendre l'huile avec une certaine lenteur, de manière à ne pas former de bulles au-dessous desquelles se trouveront autant de portions du modèle non huilées lorsque les bulles auront crevé. Cette dernière observation indique d'elle-même la manière dont l'opérateur doit manier son pinceau, il doit commencer par une extrémité du modèle et en suivre progressivement la surface en évitant les mouvements vifs de va-et-vient qui ont pour effet de faire mousser l'huile et, par conséquent, de former ces bulles dont nous venons de voir les inconvénients.

Toutes ces précautions prises, l'opérateur passera

au gâchage du plâtre ; à cet effet, dans un récipient, de préférence une terrine en grès vernissé ou une sébille en bois, il verse une certaine quantité d'eau, puis, prenant le plâtre soit avec une main en fer-blanc, soit avec un bout de carte, soit mieux encore avec les mains, il le projette par petites portions en le saupoudrant dans l'eau préparée et cela jusqu'à en couvrir l'eau. On laisse le tout abandonné à lui-même pour donner le temps à l'eau d'imprégner le plâtre dans toutes ses particules, après quoi on remue avec une spatule de bois, d'os ou de fer. Le plâtre ainsi *gâché*, bien battu pour qu'il ne renferme aucun grumeau ni aucune partie non imbibée d'eau, doit présenter l'aspect d'une bouillie ni trop claire, ni trop épaisse, et dont seul l'opérateur doit et peut apprécier la consistance suivant les modèles dont il veut faire le moulage. En effet, si celui-ci est très peu fouillé, n'offre que des reliefs et des creux très nets, très prononcés, le plâtre peut, sans inconvénient, être gâché un peu épais ; si, au contraire, il s'agit d'un modèle très fouillé, plein de détails, le plâtre doit être gâché assez liquide pour pouvoir se glisser facilement dans tous les détails. Pour gâcher le plâtre, ne prendre de spatule en bois que bien nette et en bois assez dur pour ne pas courir le risque d'en détacher des petits filaments ligneux pouvant former des défauts dans le moule.

Avec un petit pinceau de crin que l'on trempe dans la terrine, on porte le plâtre dans les fonds, dans les lettres, dans tous les accidents du sujet, en tamponnant, afin de chasser les bulles d'air qui formeraient dans le moule autant de trous. Après cela, on. achève de remplir le moule en versant à même avec la terrine jusqu'à épaisseur convenable; puis, afin de faire mieux pénétrer et épater la matière moulante, on saisit le moule entre le pouce et l'index, et l'on donne un petit coup sec sur la table. Au bout d'une demi-heure environ l'épreuve étant prise, on dégage la virole de papier, et on enlève l'épreuve que l'on dépose pour la faire sécher, sur une claie d'osier ou tout autre support analogue permettant la libre circulation de l'air tout autour de l'épreuve; la face de celle-ci doit évidemment être placée en dessus.

Le séchage de l'épreuve doit se faire assez lentement; en été, il suffit de l'abandonner dans un courant d'air; en hiver, on pourra la placer dans une chambre chauffée. Dans les ateliers de galvanoplastie, où le travail est régulier durant toute l'année et, où la préparation s'effectue aussi bien en hiver qu'en été, on fait sécher les épreuves à l'étuve, pièce plus ou moins grande, suivant l'importance de l'atelier et qui doit être disposée, non seulement pour être chaude été comme hiver, mais encore parfaitement ventilée, afin de porter au dehors toute l'humidité sortant des épreuves en plâtre. L'épreuve une fois sèche est prête à servir pour obtenir des reproductions galvanoplastiques.

Comme nous l'avons dit au début, ce premier exemple de moulage a été choisi parmi les plus simples et il sera toujours applicable à des modèles ronds ou ovales, mais il n'en serait plus de même s'il s'agissait de mouler un objet, une effigie toujours plane, mais présentant un contour plus ou moins sinueux que le papier fort ne pourrait épouser sans laisser des solutions de continuité. Dans ce cas, on emploie utilement des lames de plomb plus ou moins épaisses et qui, en raison de la malléabilité même du métal, peuvent être, sans grands efforts, appliquées très exactement sur tout le pourtour du modèle et former la boîte dans laquelle on versera le plâtre gâché. La jonction des deux extrémités de la lame de plomb se fait avec une petite soudure.

Si le contour de la boîte, formée comme nous venons de le dire, était trop sinueux pour qu'on ne soit pas assuré qu'il ne se déformera pas lorsqu'on versera le plâtre gâché à l'intérieur, on peut former tout autour de la lame de plomb et à l'extérieur un petit talus en plâtre gâché assez serré. On butera ainsi la lame de plomb contre le modèle et elle ne bougera plus ; on pourra alors se dispenser de souder ses deux extrémités qui seront simplement posées jointives, le talus extérieur maintiendra suffisamment la jonction pour qu'il n'y ait pas déplacement.

La boîte faite par l'un ou l'autre des deux procédés que nous venons d'indiquer, on fera l'épreuve comme nous l'avons dit plus haut, et on démoulera soit en enlevant la soudure à l'aide d'un fer chaud, ce qui permettra de développer la lame de plomb formant paroi latérale, soit en brisant le talus en plâtre, ce qui laissera toute facilité pour enlever la lame de plomb.

Ce que nous venons de dire s'applique surtout aux travaux d'amateurs ou à des modèles dont l'exécution ne demande qu'une épreuve et l'on comprendra que, dans des ateliers faisant toute la

1.

journée des moules en plâtre sur une série déterminée de modèles, il faut pouvoir opérer rapidement et n'avoir pas à tout moment à constituer de
toutes pièces la boîte à moule. A cet effet, chaque
atelier a sa façon d'opérer, dictée surtout par
le genre de travail qu'il exécute le plus couramment, mais toutes procèdent plus ou moins de la
méthode suivante. Supposons que l'on ait à exécuter souvent ou un grand nombre de moules du bas-
relief indiqué en plan sur notre dessin (fig. 53), on

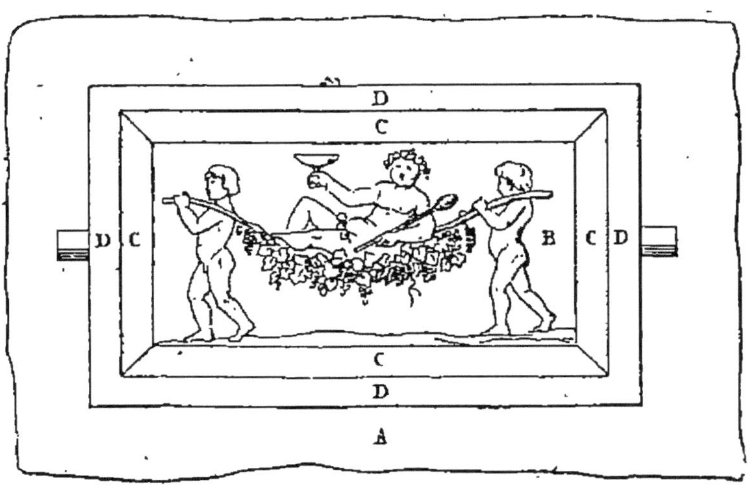


Fig. 53. Boîte fixe pour moule (plan).

prendra les dispositions suivantes : sur la table A
(fig. 54), en marbre ou en glace, et bien horizontale, on placera le modèle à mouler B la face en
dessus, puis on l'entourera de quatre réglettes en
bois C assemblées aux angles à onglet, ces réglettes
étant sur leur hauteur et à l'intérieur légèrement
taillées en biseau, enfin tout autour de cet ensemble

on placera un cadre D en bois muni de deux poignées destinées à le manœuvrer facilement. Si le
cadre D a ses quatre parois intérieures taillées en
biseau comme le montre notre dessin, on aura un
serrage parfait et une boîte absolument démonta-
ble qui pourra servir presque d'une façon indé-
finie.

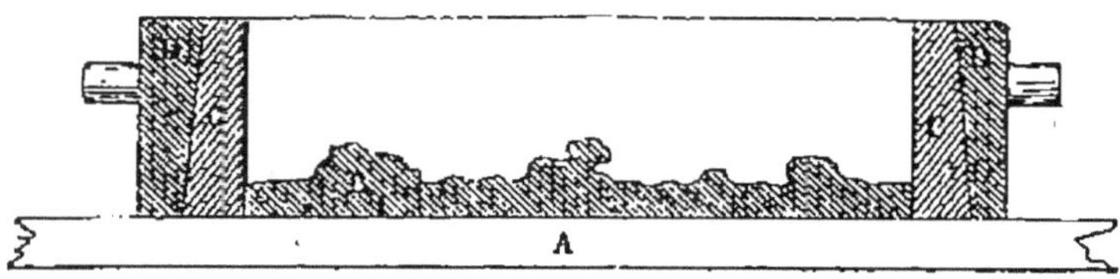

Fig. 54.  Boîte fixe pour moule (coupe verticale).

Telle que nous venons de la décrire, cette boîte
ne peut servir que pour un même modèle ou tout
au moins pour des modèles rectangulaires présentant des dimensions identiques ; un atelier tant soit
peu important serait donc obligé d'avoir une collection très complète de cadres pour répondre à
toutes les exigences de sa pratique ; aussi, d'une
façon courante, n'est-ce pas tout à fait ainsi que
sont construits ces cadres. Ceux-ci peuvent être en
nombre assez restreint, mais alors ils ont leurs
parois D bien droites et les réglettes C également
et alors voici comment on procède : étant donné
un modèle B, on l'entoure de ses quatre réglettes C
bien droites, puis on entoure le tout d'un cadre D
de dimensions un peu plus grandes que le rectan-
gle formé par les réglettes ; on a donc un espace
vide entre C et D, on glisse dans cet espace deux
petites cales en bois dur sur chaque côté du rec-

tangle et l'on obtient un serrage très suffisant pour
former la boîte. Si le cadre D était beaucoup plus
grand que le modèle, il pourrait également servir ;
il suffirait pour cela de combler une partie du vide
entre C et D par des bouts de réglettes jusqu'à ce
que ce vide puisse recevoir les petites cales. Enfin,
si le cadre était beaucoup plus grand que le modèle, on pourrait s'en servir pour enfermer deux,
quatre, six ou même un plus grand nombre de
boîtes limitées aux réglettes.

Dans ce mode de confection des boîtes à moules,
le modeleur n'a plus besoin, on le voit, que d'un
nombre restreint de cadres ; généralement il possède alors des réglettes de longueur suffisante pour
en tirer toutes les dimensions dont il a besoin, réglettes qu'il peut préparer lui-même avec une scie
et une boîte à onglets, instruments courants et peu
coûteux. Avec les chutes ou parties inutilisables de
ses réglettes coupées à onglets il peut se faire ses
cales et aussi les fourrures qu'il placera dans l'espace compris entre C et D quand son cadre sera
par trop grand pour le modèle ou les modèles qu'il
mettra à l'intérieur.

Il sera bon avant de placer les réglettes de les
huiler ou de les tremper dans de la cire fondue
afin que le plâtre n'adhère pas dessus dans sa prise,
bien que le plâtre ne fasse pas très facilement
corps avec le bois, surtout quand celui-ci est bien
sec. Enfin, quand le modeleur mettra plusieurs
modèles dans l'extérieur d'un même cadre, il sera
prudent de les choisir autant que possible de
mêmes dimensions et de les placer au centre du
cadre, le collage s'opérant tout autour de ce der-

niér. Autrement dit, il sera mauvais de butter un
modèle contre une seule paroi ou dans l'angle du
cadre et de faire le calage sur les trois ou les deux
autres côtés, ce calage ne serait, en effet, pas aussi
uniforme que s'il est fait sur les quatre parois intérieures du cadre. Nous donnons, d'ailleurs, fig. 55,
une disposition de ce genre pour quatre modèles,

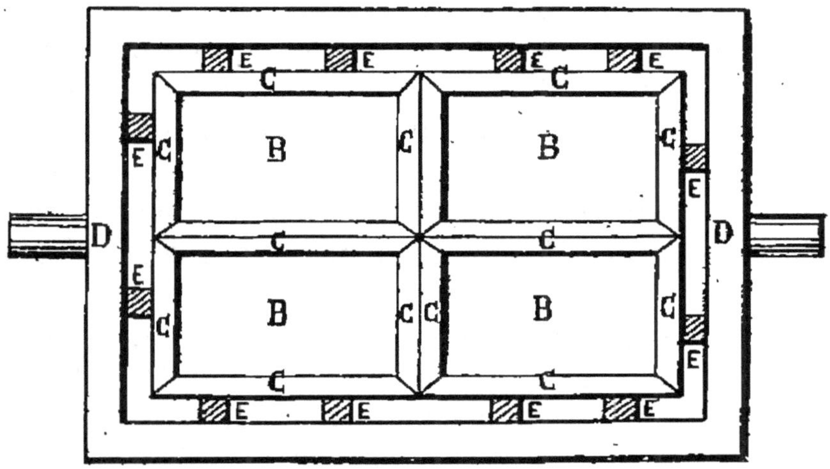


Fig. 55.  Boîte à modeler (plan).

les lettres conservant les mêmes désignations que
dans les deux figures précédentes, les cales en bois
dur étant désignées par la lettre E. Cette manière
de faire les boîtes pour les moules en plâtre rap-
pelle absolument la façon dont les typographes
procèdent pour mettre les caractères en forme.

Pour démouler, le plâtre ayant été coulé sur le
modèle et étant pris, on procède de la manière inverse. On commence par enlever les cales ; quand
celles-ci sont un peu serrées, on les enlève en les
chassant de biais avec un morceau de bois dur sur

lequel on frappe à l'aide d'un maillet et avec certaines précautions, de manière à ne pas produire des vibrations vives qui pourraient fendre le moule en plâtre. D'ailleurs, si les réglettes sont bien cirées, une légère pesée, faite avec un morceau de bois dur sous la cale, doit suffire pour enlever cette dernière et, généralement, lorsqu'une seule cale a cédé les autres s'enlèvent sans difficulté. Les cales enlevées, on ôte les réglettes extérieures qui adhéreront d'autant moins que le bois aura été mieux ciré ; on pourra alors isoler les quatre moules à la main ou au besoin en s'aidant d'une lame de fer mince qu'on glissera entre deux réglettes juxtaposées ; les moules isolés, on les déshabillera de leurs réglettes et on enlèvera le modèle comme il a été dit pour le cas d'un seul moule.

Nous n'avons considéré que le cas le plus simple, c'est-à-dire celui dans lequel le modèle est en métal, cas le plus favorable, car le plâtre du moule n'adhère pas facilement dessus, surtout s'il est bien huilé. Mais si l'on voulait prendre l'empreinte ou le moule en plâtre sur un modèle qui serait lui-même en plâtre, il faudrait imprégner ce dernier, avant le moulage, d'une couche d'un mélange d'une dissolution de savon noir et d'huile d'olive bien intimement mêlées et passé au pinceau en tamponnant dans toutes les parties du modèle. Ensuite on procède comme il a été dit plus haut, en apportant toutefois un soin encore plus grand que si le modèle était en métal, pour se bien prémunir contre tout accident d'adhérence du moule sur le modèle. C'est une opération qu'un débutant peut ne pas réussir la première fois, mais qui est facilement rendue familière par un peu de pratique et beaucoup d'attention de la part de l'opérateur.

Nous terminerons ici le moulage au plâtre bien qu'il resterait énormément à dire sur le moulage des objets en ronde-bosse, tels que vases, statuettes, etc., mais il nous faudrait alors entrer dans l'art du moulage complet, ce qui sort de notre cadre. Quelques simples indications pourront éveiller l'ingéniosité du lecteur, qui devra faire des essais d'abord sur des objets de formes simples pour passer aux plus compliquées lorsqu'il aura acquis une certaine adresse.

Si la ronde-bosse est très simple, une boule, un œuf, etc., par exemple, on fera le moule en deux parties, c'est-à-dire qu'on limitera une première partie du moule à un plan divisant l'objet en deux parties symétriques : ainsi pour une boule sphérique, à un plan passant par un diamètre; pour un œuf par un plan passant par le centre et les deux sommets (petit et gros bout). La ronde-bosse plus compliquée telle qu'une tête, par exemple, pourra encore se faire en deux pièces, une partie du moule prenant la face limitée à un plan coupant la tête en deux parties et passant par l'axe du cou et de la tête parallèlement à la face. La seconde partie du moule prenant le derrière de la tête limitée au plan précédent. On pourra de la même façon faire certaines statuettes, certains vases, etc., parce que ces pièces sont dites de *dépouille*, c'est-à-dire que chaque partie du moule laisse sous sa surface tout le modèle sans qu'il y ait de parties rentrantes. Tel ne serait pas le cas de la statuette représentée figure 51 ; si on la suppose coupée en deux par un plan parallèle à la feuille de papier et passant de la tête aux pieds, on pourra faire le moule de la partie dorsale qui n'est pas vue dans notre image, mais on ne pourra pas faire la partie de face, car lorsqu'on aura coulé le plâtre du moule, il aura entouré complètement le bras droit et le tambour de basque du sujet, et quand ce plâtre aura fait prise nous ne pourrons pas enlever le moule de sur le modèle, puisque le plâtre sera pris en dessous des parties que nous venons d'indiquer. Ici le modèle est *hors de dépouille* et le mouleur doit recourir à un moule fait en plusieurs morceaux; mais alors, nous le répétons, c'est affaire au spécialiste et non plus au galvanoplaste.

## II. MOULAGE A LA STÉARINE

La stéarine ou *acide stéarique* peut très bien s'appliquer à la confection des moules pour la galvanoplastie ; cette matière que nous connaissons tous puisque c'est elle qui constitue la bougie, présente en effet une grande qualité, celle d'être difficilement adhérente. Qui n'a pas, en effet, renversé de la bougie un peu sur toutes sortes de matières et n'a reconnu que la goutte ainsi formée, une fois refroidie, se détache de l'objet avec la plus grande facilité; excepté cependant sur les tissus, où la stéarine s'incruste d'une façon très énergique. Ce dernier cas est du reste le meilleur exemple que nous puissions donner de l'expression *hors de dépouille*. Pourquoi, en effet, de la bougie renversée sur du drap ne s'enlève pas facilement? Parce qu'à l'état chaud elle pénètre dans le tissu, enveloppe entièrement les fibres et, lorsqu'on veut enlever la goutte refroidie, comme on le ferait sur du bois ou du fer plat, la stéarine est prise de tous côtés et ne se démoule pas.

Pour en revenir au moulage utilisable en galvanoplastie, nous disons donc que la stéarine présente la qualité d'un facile démoulage, grâce à sa non adhérence, et celle de donner des empreintes d'une très grande finesse. Cependant il en est de la stéarine comme de bien d'autres produits, il y en a de la bonne et de la mauvaise pour faire des moules. La stéarine très pure ou trop pure ne convient pas à cet usage, parce qu'à cet état, elle cristallise par refroidissement en formant un amas de paillettes nacrées, soudées les unes aux autres, ce qui, sur la surface du modèle, donne lieu à certaines irrégularités nuisibles à la fidélité de la reproduction. Pour remédier à cet inconvénient, on ajoute à la stéarine quelques gouttes d'huile ou bien un peu de graisse, ou encore une petite quantité de suif. On dit souvent de la stéarine trop pure, qu'elle est *maigre*. La stéarine peut aussi présenter le défaut contraire, on dit alors qu'elle est trop *grasse*; le moule qu'elle donne est dans ce cas un peu mou et se détache difficilement du modèle. On y remédie en ajoutant à la stéarine un peu de cire vierge ou du blanc de baleine.

D'une façon générale, la bonne stéarine est trop maigre quand on s'en sert pour les premiers moulages, et elle devient trop grasse quand elle a beaucoup servi. Nous connaissons maintenant le moyen de remédier à ces inconvénients.

Pour faire les moulages à la stéarine, on opère comme avec le plâtre, du moins en ce qui concerne la préparation de la boîte, et l'on peut prendre une des dispositions indiquées ci-dessus ou toute autre analogue suivant les goûts, préférences ou organisation de l'opérateur. On prend alors un récipient, capsule en porcelaine munie d'un bec, ou une simple casserole en tôle émaillée dans laquelle on met la stéarine que l'on fait fondre à un feu doux, et dont la flamme ne risque pas de venir lécher les fonds du récipient, car il pourrait se faire, surtout si la stéarine était un peu trop chauffée, qu'elle prenne feu au contact de la flamme. Pour opérer avec prudence, et de façon à ménager la qualité de la stéarine, il est bon de ne pas mettre de suite des gros morceaux à fondre dans la casserole, cette manière de faire conduit à chauffer trop fort la couche en contact avec le feu, ce qui tend à rendre la matière grasse. Aussi voici comment nous conseillons d'opérer cette fusion : couper la stéarine en petits morceaux, de façon à couvrir tout le fond du récipient et laisser fondre assez lentement, puis ajouter graduellement la stéarine qui peut être alors débitée en morceaux plus forts ; enfin, remuer souvent pour égaliser la température dans toute la masse. Lorsque tout est dissous, on laisse reposer un peu avant de vider. Le degré de chaleur le plus convenable est celui strictement exigé pour maintenir l'acide stéarique à l'état fluide. Un degré de température trop élevé détermine, à la surface du modèle, lorsque celui-ci est en cuivre ou en bronze, un stéarate de cuivre qui occasionne l'adhérence du moule au modèle, ce qu'il importe d'éviter. C'est là un fait que nous connaissons tous pour avoir vu ces taches vertes que produisent les gouttes de bougie tombées très chaudes sur des chandeliers de cuivre. Un degré trop faible fait refroidir trop brusquement la stéarine quand elle arrive en contact avec la matière froide du modèle, et l'empreinte est mauvaise. Un bon degré de température est en général obtenu, quand la stéarine une fois complètement fondue, est laissée un instant au repos hors du feu. Nous ne pouvons malheureusement pas être plus explicite à ce sujet, car la bonne température de la stéarine peut varier suivant les conditions de l'opération. Le modèle est-il très froid ou très grand ? La température de l'acide stéarique devra se trouver supérieure à celle qu'il faudra lui donner dans le cas contraire. Est-on dans un endroit frais, ou exposé à un courant d'air assez énergique, il en sera de même. C'est donc à l'opérateur de rechercher cette température d'une façon exacte selon les circonstances dans lesquelles il se trouve placé, et nous ne pouvons lui donner à ce sujet qu'un conseil : celui d'enregistrer avec soin, à l'aide d'un thermomètre, les températures de la stéarine fondue qui, suivant les opérations, lui auront donné les meilleurs résultats.

Si le modèle est en bronze et s'il est surtout un peu grand ou épais, en raison de la grande conductibilité calorifique de ce métal, il refroidirait trop brusquement la stéarine, aussi est-il bon de tiédir légèrement le métal en le plaçant au-dessus d'eau tiède ou à l'aide de la flamme d'une lampe à alcool ou à gaz. Ces précautions prises, on verse la stéarine en promenant le jet sur toute la surface du modèle. L'acide stéarique qui est translucide, permet de distinguer les bulles d'air qui, surgissant à la surface du modèle, se traduiraient par des trous. On les fait disparaître en promenant un petit pinceau sur la surface du bronze, pendant que la stéarine est encore très fluide. Après s'être assuré qu'il n'en reste plus, on abandonne le moulage à lui-même, jusqu'à ce que la superficie et les bords aient acquis assez de solidité pour que l'on puisse enlever la virole de carton ou les réglettes du moule sans que l'épreuve en souffre. C'est pendant que la stéarine est encore tiède qu'il faut faire cette opération, sans quoi il pourrait arriver que l'épreuve adhérant à son enveloppe et se trouvant gênée pour opérer son retrait, se séparât en deux ou trois parties, de même que, pour l'enlever de son modèle, on doit profiter du moment où elle conserve encore un peu de chaleur, circonstance qui favorise l'adhérence de la plombagine, dont il faudra enduire le moule pour le métalliser.

Pour mouler des empreintes de médailles par exemple, comportant de grandes finesses, cette substance n'a pas d'égale. Non seulement elle moule avec une grande fidélité, mais encore, si on ne l'a pas empâtée en la plombaginant trop chaude, elle reproduit le glacé du balancier.

### Du retrait de la stéarine et de son utilisation à la réduction

Nous venons de dire que le démoulage de la stéarine doit se faire quand celle-ci est encore un peu chaude, pour lui laisser opérer son retrait. Cette matière, en effet, offre la curieuse propriété de se rétracter d'une façon très notable en passant de la température de fusion à celle de sa solidification. Ce retrait de la stéarine peut constituer un grave défaut, lorsqu'on veut une reproduction très fidèle non seulement des traits du modèle, mais encore de ses dimensions. Ainsi, une médaille reproduite galvanoplastiquement sur un moulage à la stéarine, aura un diamètre notablement plus faible que le modèle original. On comprend que cette propriété spéciale puisse être non seulement un obstacle mais même prohibitive, c'est pourquoi, malgré les perfections d'empreintes que donne la stéarine, cette matière n'est pas très utilisée pour la fabrication des moules galvanoplastiques, surtout en industrie où l'on cherche à faire des reproductions exactes sous tous les rapports, d'un original fourni comme modèle.

Par contre, le retrait peut aussi être une qualité à mettre à profit dans le cas où l'on veut obtenir des réductions d'un original. Prenons un exemple choisi toujours parmi les plus simples : on a une médaille d'un beau fini au point de vue artistique, et dont on voudrait faire le sujet d'ornement d'un collier par exemple. On fera un premier moulage qui, produit à la stéarine et reproduit galvanoplastiquement, sera d'un diamètre légèrement inférieur à l'original ; si sur cette reproduction nous prenons deux moulages, nous aurons deux médailles identiques, mais toutes deux d'un diamètre inférieur à celui de la première reproduction ; si sur cette seconde reproduction nous faisons encore

deux moulages, ils seront plus petits que leur modèle et ainsi de suite. Nous aurons donc une médaille d'une certaine dimension et des paires de
médailles allant graduellement en diminuant. Prenant la première comme motif central du collier,
et de chaque côté de celle-ci plaçant successivement une médaille de plus en plus petite jusqu'au
fermoir placé à l'arrière du cou, nous aurons ainsi
un bijou constitué par un ensemble de parties
identiques à elles-mêmes au point de vue artistique, mais de tailles décroissantes, permettant d'har-
moniser ces parties avec le sujet à traiter.

Ce que nous avons dit d'un collier fait en médailles, s'appliquerait à toute autre empreinte dont
on voudrait des réductions graduelles, mais dans
lesquelles le côté artistique serait respecté en continuant à fournir aux yeux la facture spéciale de
l'artiste créateur du modèle original.

Cette manière de produire des réductions en utilisant le moulage à la stéarine peut encore rendre
de signalés services quand on désire reproduire à
petite échelle un objet de prix. Supposons, par
exemple, qu'on veuille reproduire une coupe en
métal précieux, on fera une série de moulages successifs, comme nous l'avons indiqué, et l'on exé-
cutera par la galvanoplastie la série de reproductions en cuivre, puis la dernière, celle amenée à la
grandeur voulue, on pourra la dorer ou l'argenter,
de manière à la faire ressembler en tous points à
l'original. C'est ainsi que M. Brandely a reproduit
à moitié grandeur un magnifique plat d'or antique
figurant à la Bibliothèque nationale, à Paris, sans
qu'aucune des figures ait subi la moindre altéra-

tion, ait perdu de sa finesse de détails, et cela sans aucune retouche.

On peut, avec la stéarine, faire le moulage de certaines rondes-bosses, toutes les fois que ce moulage pourra s'exécuter en deux pièces, comme nous l'avons dit déjà pour le plâtre ; on aura la reproduction légèrement réduite, mais dans une proportion uniforme, qui laissera tout le cachet de l'original. Tel n'est plus le cas pour des sujets hors dépouille ; ici, comme avec le plâtre, on devra procéder en plusieurs pièces, mais alors plus qu'avec le plâtre encore, il faut choisir judicieusement le mode de division du moule, car le retrait de la stéarine est plus appréciable sur de petites pièces que sur des grandes, et l'ajustage des différentes parties devient très difficile, exige une science toute particulière dans l'art du mouleur, et cette opération devient l'apanage, en quelque sorte exclusif, des praticiens rompus dans leur métier. Ce serait beaucoup exiger du galvanoplaste de lui demander cette aptitude dans un métier spécial, aussi ne tenterons-nous pas ici d'en établir même les plus élémentaires principes, disant au lecteur qu'il lui vaudra beaucoup mieux de s'adresser à un spécialiste compétent.

## III. MOULAGE A LA CIRE

Le moulage à la cire n'est pas très employé par les galvanoplastes en général, et semble, jusqu'à présent du moins, être le moyen resté entièrement aux mains des clicheurs, qui en tirent un excellent profit, comme netteté des reproductions et comme rapidité d'exécution. Sans vouloir l'affirmer d'une façon absolue, nous pensons qu'il faut voir cet abandon de la cire en galvanoplastie principalement dans le prix élevé de cette matière, qu'il faut prendre de très bonne qualité. Nous n'entrerons pas dans de grands détails, sur la fabrication des moules à la cire, car elle est en tous points très semblable au moulage à la stéarine. Il faut la faire fondre avec les mêmes précautions, la verser dans les boîtes à moule sur les modèles exactement de la même manière, et modérer sa température dans des conditions analogues à celles que nous avons précisées pour la stéarine.

La cire possède, comme l'acide stéarique, un retrait assez notable par le refroidissement, et nombreuses sont les formules qui ont pour but d'incorporer certaines matières qui, tout en se mélangeant intimement à la cire, en diminuent le retrait. Comme pour bien d'autres formules, il est difficile de donner la préférence à celle-ci plutôt qu'à celle-là, l'application et la pratique étant les meilleurs guides en la circonstance, Néanmoins nous dirons que le mélange le plus usité consiste à ajouter de la résine à la cire, et pour cela voici les proportions qui nous semblent les meilleures : 75 parties en poids de cire vierge d'abeilles, et 25 parties de résine. On fait la fusion des deux produits soit séparément, c'est-à-dire en faisant fondre la cire et en y incorporant la dose ci-dessus de résine, soit en mélangeant à froid les deux produits et en les faisant fondre ensemble dans une capsule en porcelaine, dans une casserole en tôle émaillée ou dans un récipient en cuivre étamé.

Nous conseillerons toujours aux opérateurs d'opérer la fusion de la cire, pure ou mélangée, au bain-marie. Cette précaution les assurera contre l'obtention de températures trop élevées, qui sont toujours néfastes à la cire, laquelle tend à se décomposer en partie sous l'influence d'une forte chaleur et perd de ses qualités. Le moule une fois obtenu, il faut le manier avec plus de précautions qu'on ne le ferait avec un moule en stéarine, car la cire est beaucoup plus molle et surtout plus tendre, se rayant avec une très grande facilité.

## IV. MOULAGE AU MÉTAL DE DARCET

Toutes les matières que nous venons de voir employées à faire les moules de galvanoplastie sont mauvaises conductrices du courant électrique, et quand le moule en est constitué, il faut le métalliser par un des procédés que nous avons indiqués à la *métallisation*, pour y former le dépôt métallique que l'on cherche à obtenir. Il était donc naturel de rechercher à faire ces moules avec des métaux, mais parmi ces derniers, les plus fusibles exigent encore des températures très élevées qui, comme pour le plomb, l'étain, etc., peuvent être facilement obtenues avec de petits foyers dont dispose le galvanoplaste, mais sous l'influence desquelles il est des modèles en plâtre, par exemple, qui seraient mis hors d'usage. C'est alors que l'on a pensé au métal fusible de Darcet. Ce savant a découvert, en effet, que l'alliage de certains métaux,

tels que le bismuth, l'étain et le plomb, chacun de
ces derniers entrant dans des proportions détermi-
nées, avait un point de fusion de beaucoup inférieur à celui de l'un quelconque des métaux constituant l'alliage. Ainsi, des trois métaux ci-dessus,
c'est le bismuth qui fond à la plus basse température : 247° ; or Darcet, en fondant ensemble deux
parties de bismuth, une partie de plomb et une
partie d'étain, a obtenu un alliage qui fond à 93°,
c'est-à-dire dans l'eau bouillante. On peut modifier
à volonté ce point de fusion en faisant varier la
quantité de ces différents métaux. Ainsi : un alliage formé de 8 parties de bismuth, 5 d'étain et 3
de plomb fond à 90° ; un alliage formé de 5 parties
de bismuth, 2 d'étain et 3 de plomb, fond à 91°6 ;
un alliage formé de 5 parties de bismuth, 3 d'étain
et 2 de plomb, fond à 100°. Enfin, certains de ces
alliages, dans lesquels on fait intervenir la présence du mercure, peuvent avoir un point de fusion
encore inférieur à ceux que nous venons d'indiquer.

Il ne serait évidemment pas pratique de chercher à faire des moules en métal fusible de Darcet
sur des modèles en plâtre ; la température à laquelle fond ce genre d'alliage étant encore beaucoup trop élevée pour ne pas occasionner d'avaries
sur le modèle, mais si ce dernier est lui-même en
métal tel que cuivre, bronze, argent, or, etc., la
température de fusion de l'alliage de Darcet ou
analogue restera tout à fait inoffensive. L'avantage
de pareils moules réside surtout en ce qu'ils sont
conducteurs de l'électricité ; à ce point de vue, ils
peuvent rendre des services, aussi allons-nous indiquer la façon de les faire.

Les moulages aux alliages fusibles nécessitent divers instruments : d'abord des godets de différentes grandeurs, une presse à vis et un filtre. Ces différents objets suffisent pour les modèles de dépouille.

Diverses caisses en fonte et une presse à piston pour les médaillons, les bas-reliefs fouillés, enfin quelques cuillers en fer. C'est plus particulièrement pour les ateliers d'une certaine importance que pour les amateurs que ces instruments deviennent indispensables. Néanmoins, comme il arrive souvent que l'on manque ses moules ou clichés, si l'on n'est pas outillé convenablement, l'amateur fera bien de se les procurer, étant donné qu'ils peuvent servir à d'autres usages.

On prend donc une des compositions que nous avons indiquées plus haut, dont on met les éléments constitutifs dans une cuiller en fer bien récurée au sable et bien propre, que l'on porte sur un feu de charbon de bois. On pourrait aussi bien se servir d'un creuset en terre, mais on risque d'avoir alors des particules de cette terre qui donneraient des défauts dans l'empreinte. Si l'on veut se servir de creusets, il vaut mieux adopter ceux en plombagine, qui durent plus longtemps que les creusets en terre, quand on sait les manœuvrer, et présentent sur ces derniers l'avantage d'être parfaitement lisses à l'intérieur et de ne pas abandonner dans le métal en fusion des particules plus ou moins grosses détachées de leurs parois. Quel que soit le récipient qu'on adopte pour fondre le mélange, lorsque celui-ci est fondu, on le retire du feu, et c'est alors qu'on lui ajoute le mercure si l'on veut faire intervenir ce métal dans l'alliage ; la quantité de mercure à ajouter varie de 1 à 2 parties suivant les opérateurs. On brasse aussitôt avec une baguette en fer que l'on a chauffée légèrement, et on coule sur une plaque de fonte. Pendant que le métal est encore chaud, on le divise en petites parties pour le faire refondre et couler de nouveau en plaques minces. De cette manière on arrive à constituer un alliage parfaitement intime.

On prend alors une quantité de cet alliage que l'on fait fondre dans une cuiller moins grande, et surtout garnie d'un bec. Ensuite on le verse dans un godet en métal que l'on a légèrement chauffé. Pour le vider, on la fait passer à travers un cornet de papier qui repose dans un cône en carton maintenu dans un anneau en fil de fer muni d'un manche en bois.

L'oxyde qui s'est formé au cours de la fonte et qui nage à la surface du métal en fusion reste adhérent au cornet. Dès que le métal est dans le godet, on soulève ce dernier et on le laisse retomber sur la table en frappant un petit coup sec. Le métal s'étale, et présente à la surface une nappe unie et brillante. Aussitôt qu'on le voit passer au mat, on dépose la médaille dessus, bien au centre, et l'on porte le tout sous une presse. On protège le côté de la médaille qui doit recevoir le choc par une épaisse rondelle en cuir, et l'on fait agir la vis dont on a lubrifié l'extrémité qui s'appuie sur un disque de fer qui lui-même repose sur la rondelle en cuir. Sous la pression de la vis, la médaille pénètre dans l'alliage fusible et y laisse son empreinte.

Le godet est plus large que la médaille et de

forme conique à l'intérieur. On le dégage de la presse, et un petit coup de maillet frappé sur le bord, fait tomber le cliché. On en fait autant pour dégager le modèle.

Les moulages sur médaillons fouillés, bas-reliefs hors de dépouille, nécessitent des dispositions spéciales, et pour les modèles, lorsque ceux-ci sont en bronze, et pour l'appareil dans lequel on devra prendre les empreintes. Pour les modèles en bronze, il ne faut pas songer à agir immédiatement sur eux, car une fois engagés dans l'alliage fusible, il ne serait pas possible de les en retirer, à moins de faire à grands frais un modèle dont toutes les figures, soit au premier et au second plan, fussent susceptibles de se monter et se démonter à pièce, ce qui deviendrait la contre-partie d'un moule à bois creux, encore faudrait-il que la sculpture fut préparée pour cela. Il devient donc nécessaire d'obtenir un premier moulage en plâtre, soit dans un moule à bon creux, soit dans la gélatine, comme nous apprendrons à le faire un peu plus loin.

Ce premier moulage obtenu, on se munira d'une boîte d'une forme toute particulière qui permettra d'exercer la pression, non sur le modèle en plâtre, mais sur le métal en fusion. A cet effet M. Brandely a imaginé l'appareil suivant dont nous donnons la coupe, figure 56. Il se compose d'une boîte A A en fonte au fond de laquelle on a placé le bas-relief que l'on a scellé avec du plâtre, le côté sculpté en dessus, bien entendu. Cette boîte porte deux appendices en retour d'équerre munis de vis de pression destinées à maintenir solidement en place les

2.

deux parties BB qui en forment le couvercle en s'appuyant sur le dessus bien dressé à la raboteuse. Ces deux demi-parties de couvercle portent chacune une demi-douille légèrement conique extérieurement, et qui, réunies, présentent à leur intérieur

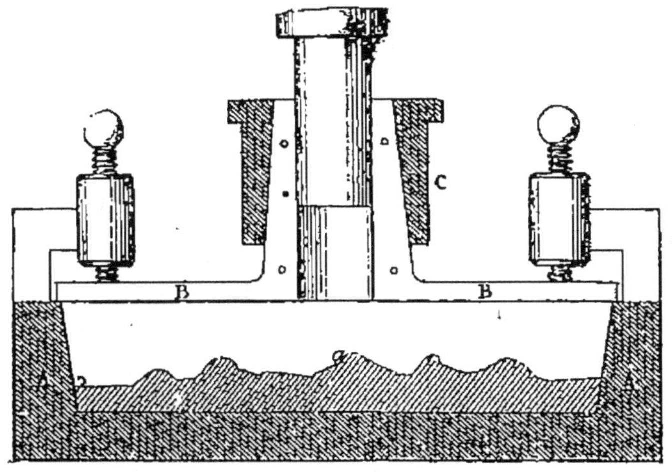

Fig. 56. Appareil à mouler au métal de Darcet.

une ouverture cylindrique alésée au tour. Elles sont solidement appliquées l'une contre l'autre à l'aide d'une forte virole en métal C ; afin que les deux parties du couvercle ne puissent varier, on a fixé dans l'épaisseur de la fonte de petits tenons en fer qui se logent dans des trous correspondants sur l'autre partie.

Le modèle étant fixé dans le fond de la boîte on met le couvercle en place, on engage la virole, on serre fortement les vis de pression, et l'on verse la matière dans le moule qui a été préalablement chauffé à 35° ou 40°. Pour l'obliger à remplir tous les vides, on l'agite en tous sens, ensuite on achève jusqu'à mi-hauteur de la douille. On engage alors dans celle-ci un piston dont on voit la forme sur notre dessin et on porte le tout sous la presse. On serre sur le piston que l'on soumet ainsi à une forte pression qui se communique à toute la masse du métal et celui-ci ainsi comprimé sur le modèle, avec une pression égale dans tous les sens, en épouse les moindres détails.

Lorsque le tout est froid, on démonte l'appareil avec d'autant plus de facilité que le couvercle est en deux pièces ; on retourne la boîte sens dessus dessous, et au moindre choc le moulage tombe. On plonge alors le tout dans l'eau, et l'on détruit le plâtre en ayant bien soin de ne pas érailler le moule. Pour cela on ne doit se servir que d'ébauchoirs ou autres petits outils en buis.

Nous avons tenu à signaler cet appareil déjà très ancien, car outre qu'il est dû à un homme qui était passé maître en l'art de la galvanoplastie, autant au point de vue pratique que sous le rapport théorique et scientifique, il présente un principe en tous points excellent. Nous disons intentionnellement le mot principe, car il y a dans cet appareil l'application du principe de compression qui seul permet de faire participer toute la masse du métal en fusion à une pression uniforme partout, condition essentielle pour obtenir un bon moulage. Dans les détails, cet appareil peut recevoir une infinité de perfectionnements et d'améliorations rendus d'autant plus facilement réalisables que le travail mécanique des métaux, tel qu'on le pratique de nos jours, permet l'exécution des pièces les plus compliquées, ce qui n'était pas le cas au moment où Brandely a imaginé son appareil.

Le moulage à l'alliage fusible lorsqu'il est bien exécuté donne d'excellents résultats comme empreintes. Malheureusement le prix élevé du bismuth, qui vaut bien près de 20 francs le kilogramme, celui de l'étain qui tourne constamment autour du chiffre de 3 francs le kilogramme, en rendent l'emploi assez dispendieux tout au moins pour les grands modèles et comme première mise de fonds, car avec quelques soins on ne doit pas perdre de matière en dehors de l'oxyde formé au moment de la fusion. C'est probablement à cette question de prix qu'il faut attribuer le faible usage du métal fusible Darcet et sa spécialisation à la galvanoplastie d'or et d'argent, branche dans laquelle le coût du moulage a moins d'importance.

Avant de quitter ce genre de moulage, disons que l'on ne peut employer les alliages fusibles contenant du mercure que lorsqu'on devra faire des empreintes sur des objets en fer ou en fonte, les modèles de tous autres métaux pouvant en effet former un amalgame avec le mercure contenu dans l'alliage fusible.

## V. MOULAGE A LA GÉLATINE

La gélatine se prête très bien à la fabrication des moules, d'abord parce qu'on l'applique à l'état liquide sur le modèle, c'est-à-dire à un état qui lui permet de pénétrer dans tous les détails de la sculpture, ensuite parce que la gélatine possède une certaine élasticité qui permet le démoulage même sur des parties légèrement hors de dépouille. Dans ce dernier cas, quand on démoule, en prenant certaines précautions, on peut retirer la gélatine des légères sinuosités hors de dépouille, elle les abandonne en effet par suite de son élasticité et, une fois l'obstacle franchi, elle reprend sa forme première.

Pour préparer la gélatine prête à mouler, on fait chauffer au bain-marie 400 grammes d'eau ordinaire à laquelle on ajoute 50 grammes de sucre candi. Lorsque ce dernier est dissous, on ajoute 200 grammes de gélatine blanche de première qualité qui, sous l'action de la chaleur se dissout également, et la dissolution accomplie, on ajoute 5 grammes de tanin à l'éther, en poudre. Il faut agiter alors vivement avec une baguette de verre, afin de répartir le tanin dans toute la masse et provoquer rapidement sa dissolution complète. Il est bon de ne pas forcer davantage la dose de tanin, car ce produit en excès précipiterait la gélatine. Le mélange prend ordinairement une coloration chair claire ; il est parfaitement fluide à la température du bain-marie et susceptible, comme nous le disions plus haut, de s'insinuer dans les moindres cavités du modèle et d'en recevoir l'empreinte avec la plus grande fidélité.

Quand la gélatine est prête, on place le modèle en bronze ou plâtre ou en toute autre matière sur un petit plateau en cuivre auquel on le fixe avec un peu de cire à modeler, et qui porte un rebord pouvant pénétrer à frottement doux sur une virole en cuivre dont la hauteur doit être telle, que par-dessus les saillies les plus élevées du modèle, il reste encore au moins un centimètre. Cet excès de hauteur constituera plus tard le fond du moule.

On graissera le modèle et l'intérieur de la boîte avec un pinceau très légèrement imprégné d'huile d'olive, puis avec un second pinceau sec, on enlève l'excès d'huile. Le moule ainsi disposé est placé sur une table bien plane et parfaitement horizontale. Notre dessin, figure 57, représente une boîte comme celle que nous venons de décrire, sauf qu'elle y est

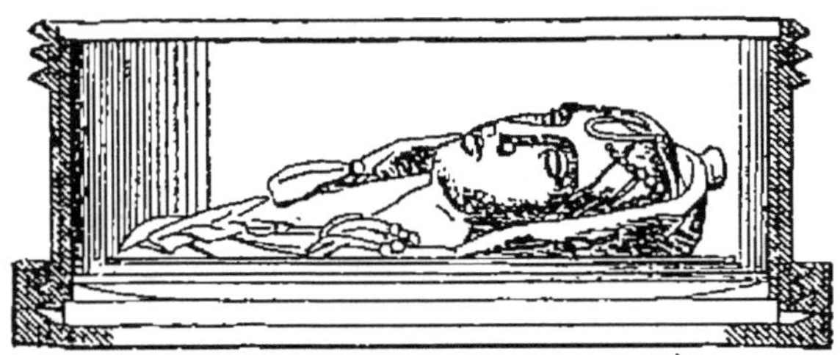

Fig. 57.  Boîte à mouler à la gélatine.

représentée ayant son fond fixé à la virole par une partie filetée. Cette disposition pourrait en effet être adoptée mais il faut lui préférer un ajustage à simple frottement, surtout dès que le diamètre de la boîte devient un peu grand, le montage et le démontage se font plus facilement, de plus le prix de fabrication de la boîte est moins élevé qu'avec la disposition à vis.

Pour couler la gélatine sur le modèle on commence par tamponner les fonds de celui-ci avec un pinceau imprégné de gélatine liquide. Il faut avoir le plus grand soin d'expulser l'air qui s'emmagasine sous forme de bulles. Ensuite on verse, tout en obligeant, avec le pinceau, le liquide à pénétrer dans tous les fonds, enfin, on remplit la boîte jusqu'à ce que le liquide forme ménisque ou la goutte de suif au-dessus du rebord de la virole.

Lorsque la gélatine est bien prise, avec un fil de cuivre très mince, on arase la partie convexe, à la manière dont on coupe du savon, et on change le fond de place. Cependant, avant cela, on pousse légèrement sur la surface de la gélatine, pour la faire glisser dans la virole et dégager le modèle; opération que l'on réussit parfaitement si l'on a eu le soin de repérer le côté le plus favorable à la dépouille, de manière à éviter les déchirures, puis on remet le moulage dans la virole. En faisant cette dernière opération, il faudra prendre soin de bien le remettre à la même place que celle qu'il occupait avant, car s'il arrivait que la virole se fût légèrement ovalisée, soit par accident, soit par différence de pression exercée par la gélatine sur ses parois, le moule étant changé de place, la sculpture se trouverait forcée dans certains endroits et pourrait grimacer.

On place donc le fond, mais du côté opposé à celui qu'il occupait. Si l'on fait ce travail pendant l'hiver, on exposera la boîte à l'air dès que l'épreuve sera coulée, et au bout d'une heure, la gélatine sera suffisamment prise. Pendant l'été, il convient de la mettre dans une cave aussi froide que possible, et de l'y laisser trois ou quatre heures. Enfin, à défaut de froid naturel, on peut recourir au froid artificiel, en entourant la boîte de glace concassée et, pour ménager la glace, en mettant la boîte dans un des mélanges suivants : glace, 1 partie, sel de cuisine, 1 partie qui peut donner une température de — 17°; ou encore : glace,

3 parties, chlorure de calcium hydraté, 4 parties, mélange qui peut donner une température de — 23°. Enfin, à défaut de glace, on peut prendre des mélanges réfrigérants, dont le lecteur trouvera des compositions très variées, dans tous les ouvrages de chimie, mais qui, généralement formés d'acide et d'un sel (acide chlorhydrique et sulfate de soude) peuvent attaquer la boîte en cuivre ; on a soin alors de vernir celle-ci à l'extérieur, c'est-à-dire à la partie mise en contact avec le liquide corrosif.

On peut faire des moules en gélatine sur des modèles en cire, mais alors il faut avoir soin de ne chauffer la gélatine que juste au degré voulu pour qu'elle conserve la fluidité, car on pourrait s'attendre, si elle était trop chaude, à voir tout le travail du modeleur perdu. L'opération n'est pas sans offrir certaines difficultés ; aussi engageons-nous les débutants à ne la tenter, pour commencer, que sur des modèles sans valeur, à refroidir le modèle et à s'habituer à déterminer le degré de chaleur convenable pour couler la gélatine de façon à ce qu'elle pénètre dans tous les détails, sans être assez forte pour fondre, même superficiellement, la cire. Cette dernière, bien refroidie, pourra assez facilement résister à cette fusion.

Comme dans ce genre de moulage il ne faut pas songer à se servir du pinceau pour étaler la première couche de gélatine, ainsi que nous avons appris à le faire plus haut, on soulèvera la boîte et on tapera de petits coups secs sur la table pour bien faire pénétrer le corps moulant dans tous les accidents du modèle et en chasser l'air. Aussitôt la gélatine coulée, on s'arrangera pour en opérer le refroidissement d'une façon aussi rapide que possible et, c'est dans ce cas tout particulier, que l'emploi des mélanges réfrigérants peut rendre aux opérateurs des services excellents, Il est très important de pouvoir mouler la cire, car tout le monde sait que, pour les petits sujets en particulier, c'est la matière dont les sculpteurs font un très grand usage, mais le modèle que l'on a de la sorte est d'autant plus précieux qu'il est unique et signé d'un nom de maître, il est donc de la plus haute importance de n'en pas compromettre l'existence.

Si, comme nous l'avons dit au début, la gélatine constitue un excellent produit de moulage, il n'en est plus de même lorsqu'elle doit recevoir le dépôt métallique, et bien que nous n'en soyons pas encore à parler de ces dépôts sur les différents moules dont nous avons vu et verrons encore la fabrication, nous devons aborder ici même ce sujet, qui nous amènera à compléter le moule que nous venons d'apprendre à confectionner.

Sans être soluble dans l'eau froide, au sens propre du mot au point de vue chimique, la gélatine n'échappe pas à une certaine action que l'eau ou une dissolution de sel métallique peut opérer sur elle; cette action, nous le répétons, n'est pas une dissolution, mais c'en est comme le commencement; la gélatine moulée, plongée dans l'eau froide ou dans une dissolution de sels métalliques, dans l'eau telle qu'un des bains galvanoplastiques que nous connaissons déjà, se ramollit un peu et gonfle. Ce dernier fait indique de suite l'inconvénient que l'on risque; c'est de voir le moule déformé et par suite, la reproduction fidèle du modèle absolument annihilée. Bien des moyens ont été mis en œuvre pour s'opposer à cette action nocive du bain sur le moule en gélatine, en incorporant à cette dernière des matières s'opposant à ce gonflement. Sous ce rapport, l'addition du tanin, dont nous avons parlé sans en donner la raison, est ce qu'on a trouvé de mieux, mais il ne suffit pas encore complètement et on s'est appliqué à trouver un procédé permettant de recouvrir aussi rapidement que possible le moule, d'une pellicule du métal à déposer; ce procédé enfermant la gélatine sous une véritable carapace, la met entièrement à l'abri. Mais la gélatine est un corps mauvais conducteur de l'électricité et le dépôt métallique ne peut pas s'y produire rapidement. Voici cependant une manière d'opérer qui met en œuvre un artifice fort ingénieux.

Reprenons notre boîte en cuivre, dans laquelle nous avons moulé la gélatine, elle protège suffisamment le dessous et la périphérie, toutefois ses surfaces étant métalliques, lorsqu'on plongera la boîte dans le bain galvanoplastique, le dépôt tendra à s'y porter de préférence et plus rapidement; on y obviera en les garantissant par un vernis gras isolant et assez épais. Il ne nous reste donc plus à nous occuper que de la surface en gélatine du moule, exposée à l'action de dissolution du sulfate de cuivre, s'il s'agit d'un bain de cuivrage; nous devons donc chercher à la rendre aussi conductrice que possible, pour qu'elle soit couverte d'une pellicule de cuivre avant d'avoir été abîmée par le liquide du bain. Pour cela faire, aussitôt que la gélatine aura acquis assez de solidité pour être maniée facilement sans crainte de la déformer, on enfoncera des épingles en cuivre dans son épaisseur, en les dirigeant vers les points les plus creux. Les têtes de ces épingles feront nécessairement saillie sur le fond du moule, et devront s'appuyer sur le plateau en cuivre qui constitue le fond de la boîte métallique. Les pointes de ces épingles devront à peine apparaître dans les parties où on les aura piquées. Lorsqu'on pourra même, on coupera, à l'aide d'une pince coupante, celles qui dépasseraient trop.

Le fond de la boîte sur lequel poseront toutes ces têtes d'épingles portera extérieurement, en dessous, un conducteur en cuivre se composant d'une lame étroite et mince, retenue sur ce fond par deux petites vis en cuivre, afin de pouvoir s'enlever à volonté pour les opérations du moulage. Lorsqu'on enlèvera le conducteur, on bouchera les trous des vis avec un peu de cire à modeler pour éviter toute fuite.

Les fonctions de ces épingles sont faciles à comprendre ; chacune d'elles communiquant avec le fond de la boîte, deviendra un petit conducteur transportant l'électricité sur le point où elle sera fixée, et surtout dans les cavités qui sont les points les plus rebelles à recevoir le dépôt. Or plus il y aura de ces petits auxiliaires, plus les points de conduction seront multipliés et plus vite se couvrira le moule, ce qui, nous l'avons dit au début, est la solution cherchée du problème.

Parmi les précautions à prendre au cours des

différentes opérations, signalons celle de ne se servir, pour vernir la boîte, que d'un vernis pouvant
s'appliquer à froid, la gélatine pouvant être déformée, voire même fondue par la chaleur que lui
communiquerait un vernis chaud. On fera également bien, lorsqu'on aura replacé le moule dans
sa boîte, de le descendre à la cave, si, par un effet
de contraction de la gélatine, occasionné par une
perte d'eau évaporée pendant le travail, il avait
perdu de son diamètre et qu'il ne remplisse plus
exactement le moule. La propriété qu'a la gélatine
d'absorber l'humidité de l'air lui permettra bientôt de revenir à son volume.

Cette disposition des épingles facilitera tellement
la marche du dépôt métallique qu'il couvrira entièrement le moule en quelques minutes. Lorsque
l'épreuve aura acquis une certaine épaisseur, on
pourra retirer les épingles en démontant le fond
de la boîte. Toutefois on devra en laisser dans les
endroits où le moule ne serait pas couvert ou peu
couvert et principalement dans les parties creuses
qui sont toujours celles où le dépôt métallique se
fait le plus mal et le plus lentement à cause de
leur éloignement des anodes solubles.

Nous avons tenu à signaler cet artifice d'opération dû à M. Lefebvre, de Paris, à une époque où
la galvanoplastie était dans ses débuts, parce que
nous pensons non seulement qu'il peut rendre service aux opérateurs embarrassés, mais encore leur
suggérer d'autres tours de main ingénieux.

La gélatine, avons-nous dit, donne des moules
très fidèles au point de vue de la finesse de la sculpture ou de la ciselure, figurant sur le modèle; elle

peut donc être mise à contribution par le galvanoplaste pour la reproduction de certaines rondes-
bosses pouvant se mouler en deux coquilles et,
sans multiplier les exemples, nous pensons rendre
service aux débutants surtout en accomplissant ce
genre de moulage, pour ainsi dire devant eux,
c'est-à-dire en leur donnant pas à pas la méthode
à suivre.

Supposons donc que nous voulions reproduire un
vase, une timbale, par exemple, qui est représentée
couchée sur notre dessin, figure 59 ; on commence
par remplir l'intérieur du vase avec de la terre à
modeler, puis l'objet est divisé très exactement en
deux parties égales dans le sens de sa hauteur ;
pour faire cette division, il faudra recourir aux
mesures les plus rigoureuses, se servir du pied à
coulisse pour déterminer exactement le centre de
la circonférence du haut qui sera marqué sur la
terre à modeler qu'on aura fait venir très exactement au ras des bords, on marquera de même le
centre du fond à l'extérieur de l'objet ; on mènera
un diamètre sur chacun de ces cercles, ces diamètres étant rigoureusement parallèles, et enfin on
réunira ces diamètres à leurs extrémités sur les
bords du haut et du fond par une ligne tracée soit
au crayon, soit à l'encre. On aura ainsi l'objet
parfaitement divisé en deux parties égales par un
plan vertical. Cette opération préliminaire achevée,
on passera à la seconde.

Sur une table de marbre ou une glace, on coule
une planche de plâtre d'une épaisseur un peu plus
forte que la moitié de l'objet à mouler, et au milieu de cette planche de plâtre qui devra présenter

sa surface antérieure parfaitement plane, on creuse un trou reproduisant le mieux possible le contour extérieur du modèle à l'endroit du trait qui le divise en deux parties. La profondeur du trou doit être telle que le modèle une fois logé dedans présente son trait de séparation arrivant au ras de la planche en plâtre et sur tout son pourtour. Pour réussir convenablement ce travail, il semble que l'opérateur soit tenu de reproduire en creux la mi-partie du modèle, ce qui est exiger de lui le talent qu'il a le droit de ne pas avoir ; mais que le lecteur se rassure, il est facile de tourner la difficulté de cette partie artistique. Il suffit pour cela de faire le trou un peu plus profond qu'il n'est besoin et un peu plus grand sur tout son pourtour que l'objet pris comme modèle. Au fond du trou on disposera une petite couche de cire à modeler et l'on placera le modèle dessus en appuyant légèrement et uni-formément pour le faire entrer dans la cire jusqu'à ce que le trait de division affleure bien partout au niveau de la planche en plâtre. Enfin, avec un peu de cire à modeler, on bouchera le petit vide qui pourrait exister entre le plâtre et le modèle, en ayant soin de bien lisser cette cire pour qu'elle soit bien sur le même niveau que la planche de plâtre. Le tout se présentera comme le montre notre dessin figure 58, qui ne représente qu'une faible épaisseur de la planche en plâtre.

D'autre part, on a préparé un double châssis en plâtre, semblable à ceux des fondeurs de métaux. Chacune des parties de ce châssis se raccorde sur l'autre à l'aide de tenons et de trous correspon-dants. Le plateau en plâtre est posé de niveau sur

deux tasseaux. Alors on dépose sur le plateau la
partie du châssis qui reçoit les tenons, on lute vers
le bas du châssis et extérieurement avec de la terre
à modeler, on graisse l'intérieur du châssis et la

Fig. 58.  Première partie d'un moule de ronde-bosse.

pièce et on coule la gélatine jusqu'à fleur du rebord, en observant ce que nous avons recommandé
pour l'expulsion de l'air.

La gélatine étant prise, suffisamment solide, on
retourne le tout sens dessus dessous, on dégage le
plateau, on l'enlève sans déranger la pièce.

On a donc ainsi moulé la moitié du modèle. Il
s'agit d'en faire autant de l'autre moitié.

A cet effet on engage la seconde moitié du
châssis sur l'autre, sur laquelle elle se justapose,
et est maintenue par les tenons (fig. 59); mais
pour empêcher la gélatine qu'on va verser d'adhérer à celle qui est déjà solide et qui constitue la
moitié du moule, on la recouvre d'une bande de
papier mince que l'on a imbibé d'huile. On graisse
également l'intérieur du châssis en plâtre et la seconde moitié du modèle, puis on le remplit de gélatine.

Quand tout est froid, on démoule en enlevant
d'abord la seconde partie du châssis dont l'inté-

rieur, étant taillé de dépouille, abandonne facilement le moule de gélatine, ensuite la gélatine elle-même que l'on replace dans son châssis et enfin le modèle.

On a ainsi obtenu deux coquilles donnant en creux l'objet pris comme modèle. En réunissant convenablement ces deux coquilles par leurs tranches, on a le moule complet de l'objet à reproduire, il suffira ensuite soit de le traiter exactement comme nous l'avons montré dans le moulage courant, soit en employant toute autre méthode basée sur le même principe et qui n'aurait à en différer que par suite d'un modèle plus spécial à traiter.

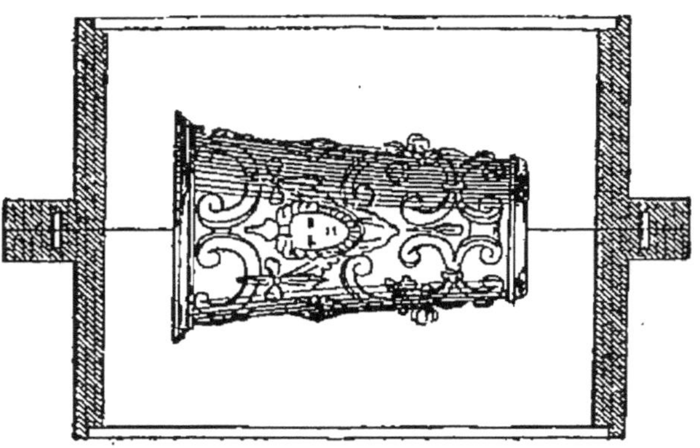

Fig. 59. Moule complet de ronde-bosse.

Voici maintenant une autre méthode pour confectionner un moule en gélatine. Supposons que nous voulions faire le moule du vase représenté fig. 60. On place le modèle sur une table de marbre ou une glace et on l'entoure d'une gaine en cuivre légèrement conique, le vase ayant été, au préalable, rempli de terre à modeler comme nous l'a-

vous fait dans le cas précédent. On fixe ensuite sur
le sens de la hauteur du modèle, et le coupant
exactement en deux, un mince fil de soie dont les
bouts dépassent le haut et le bas. Pour fixer ce fil
sur le modèle, on se sert d'un peu de colle de
gomme arabique. Cela fait et la gaine placée autour du modèle, celui-ci aussi au centre que pos-

Fig. 60.   Autre procédé de moulage.

sible, on lute le bas de la gaine sur la table avec
un peu de cire à modeler. Tous ces préparatifs
exécutés, on coule la gélatine doucement de manière à chasser tout l'air de l'enveloppe ; lorsque
la gélatine est prise, on enlève la gaine qui a été
bien graissée intérieurement. On réunit les bouts
de fil de soie et l'on tire, de manière à couper
sur toute la hauteur, le moule en gélatine. En
raison de son élasticité, on peut écarter doucement
cette dernière sans déformer l'empreinte qu'elle a
formée et dégager le modèle. On referme le moule

3.

en en rapprochant les deux moitiés et, si l'on remet
le tout dans sa gaine, on se trouve exactement
dans le cas précédent; il n'y aura qu'à traiter ce
moule, comme nous savons le faire, pour lui faire
recevoir le dépôt métallique qu'on s'est proposé en
vue de la reproduction.

Nous avons dit que la gélatine donnait des empreintes très fidèles; les dépôts métalliques opérés
sur les moules qu'elle forme donneront donc eux-
mêmes des reproductions très exactes. Mais il arrive souvent que, partant d'un modèle très fin, on
ne cherche qu'à faire des reproductions n'ayant
pas toutes les finesses de l'original, ou encore partant d'un excellent modèle on veut en faire des
reproductions à bon marché. Dans ces circonstances, et dans la dernière principalement, on ne
fera qu'un premier et seul moule en gélatine, ce
moule étant relativement cher à confectionner, et
l'on se servira de ce moule pour reproduire le modèle en plâtre que l'on recouvrira ensuite d'un dépôt métallique. Il est donc bon que notre lecteur
sache utiliser le moule en gélatine pour y couler
le plâtre.

A première vue l'opération semble très simple
et elle l'est en effet, mais elle exige l'application de
certains soins, nous dirons même de certains principes que le praticien doit connaître pour s'épar-
gner des mécomptes.

Le plâtre, pour être modelé, doit être gâché,
c'est-à-dire mélangé à l'eau; or, nous savons que
la gélatine, bien qu'insoluble dans l'eau froide, se
déforme, se gonfle à son contact; la présence de
l'eau du plâtre dans le moule en gélatine est donc

une première cause nuisible. Nous disons une première parce qu'il en existe une seconde autrement grave et qui réside dans la propriété que possède le plâtre de s'échauffer en durcissant ; or, la chaleur, nous le savons aussi, peut être très préjudiciable au moule en gélatine.

Etant données ces observations, étant donné qu'il faut pouvoir mouler du plâtre dans la gélatine, on y arrivera en suivant les recommandations que nous allons indiquer.

D'abord, lorsqu'on gâchera le plâtre, il ne faudra plus opérer comme nous l'avons dit au paragraphe du moulage au plâtre ; au lieu, en effet, de le laisser un peu en repos en contact avec l'eau avant de le gâcher, il faudra ici, dès que l'eau et le plâtre seront en présence, agiter immédiatement le mélange. Il est reconnu, en effet, qu'en.opérant de la sorte, le plâtre en durcissant dégage beaucoup moins de chaleur ; c'est ce que les mouleurs traduisent par l'expression, qui ne manque pas de justesse : *tuer le plâtre*. Ensuite il faudra procéder par couche mince de plâtre, car il est aussi reconnu que la chaleur dégagée pendant le durcissement est d'autant moins grande que la couche est moins épaisse.

Il ressort de ces observations que, si l'on emploie du plâtre trop délayé, que la couche soit trop épaisse et que l'on néglige d'amener le refroidissement, l'eau en contact avec la gélatine la dissoudra d'autant plus vite qu'elle sera promptement échauffée par le peu de différence de température qui existera entre elle et le plâtre lors de sa solidification, et par l'excès de l'eau employée d'où il résultera que l'épreuve ne vaudra rien et que le moule pourra être mis hors de service.

Si au contraire, on veut se tenir dans les conditions favorables, le plâtre sera pris avant que la gélatine ait eu le temps de subir la moindre altération. On gâchera donc le plâtre, comme nous l'avons dit, en l'agitant de suite et en ne mettant que la quantité d'eau voulue pour obtenir la consistance d'une bouillie un peu épaisse. Pendant l'été, on fera bien de disposer autour de la boîte qui contient le moule en gélatine, un des mélanges réfrigérants dont nous avons donné des formules, ce mélange ayant été placé en contact avec la boîte assez longtemps à l'avance pour que l'abaissement de température ait eu le temps de se communiquer au moule en gélatine.

Avec un blaireau que l'on trempe dans le plâtre, on fait glisser dans toutes les cavités du moule, et en chassant l'air, de petites quantités de la bouillie.

On en couvre ainsi, toujours à l'aide du pinceau et à mince épaisseur, toute la surface du moule en portant son attention sur l'égalité de la couche, l'épaisseur pouvant varier de 2 à 3 millimètres au plus. Lorsqu'on aura déposé ainsi une première épaisseur qui aura fait prise, il n'y a plus de danger pour la gélatine et l'on peut remplir totalement le moule de plâtre gâché.

On peut, avec ces précautions, utiliser le moule de gélatine à confectionner un grand nombre d'un même objet en plâtre qui à son tour recevra le dépôt métallique.

La gélatine qui a servi à faire des moules, peut être dissoute à nouveau pour former un autre moule, mais il arrive un moment où elle perd de ses propriétés; on doit alors la rejeter. L'expérience détermine le nombre de fois qu'elle peut, sans inconvénient, se prêter à ce remaniement; mais, en général, comme les résultats que l'on obtient compensent au delà les frais, il y a avantage à la renouveler plus tôt que plus tard dans l'intérêt des épreuves.

Pour les moules d'une grande dimension, bas-reliefs et médaillons, cartouches, cadres, etc., etc., pour éviter les frais d'une armature en cuivre, on doit avoir recours aux cadres en plâtre et en chapes que l'on dispose de telle sorte qu'il soit possible de les retourner sens dessus dessous, comme nous l'avons dit, pour la petite boîte cylindrique.

Bien que nous soyons assez peu convaincu de l'efficacité des différents procédés usités assez fréquemment pour empêcher la gélatine de gonfler sous l'action du bain galvanique, nous ne quitterons pas ce paragraphe sans faire connaître les moyens les plus répandus; ils peuvent, dans certains cas, rendre service aux galvanoplastes.

Le premier moyen consiste à préparer une solution au dixième de bichromate de potasse (9 parties d'eau en poids et une partie de bichromate de potasse); cette solution est versée froide sur toute la surface du moule en gélatine, puis ce dernier bien égoutté, on l'expose à l'action des rayons solaires. Le bichromate de potasse produit, en effet, une réaction très énergique sur la gélatine avec le concours du soleil et, bien que cette réaction ne soit vraiment très nette que lorsque les deux corps sont intimement mélangés, elle peut néanmoins exister encore d'une façon partielle dans la manière de procéder ci-dessus. En tout cas, au point de vue chimique l'opération paraît absolument rationnelle.

Un second moyen consiste à badigeonner le moule avec une solution faite de deux blancs d'œufs dans de l'eau distillée. En somme, ce procédé consiste à vernir la surface du moule avec une matière insoluble.

Un troisième procédé, qui dérive du second, consiste à vernir le moule avec de la gutta-percha dissoute dans de la benzine, du sulfure de carbone ou mieux encore du tétrachlorure de carbone. Cette solution doit être très peu épaisse, très fluide pour ne pas empâter les détails du modèle, surtout dans les creux. Ce vernis est absolument insoluble dans les liquides de bains galvaniques et inattaquable par eux, il paraît donc naturel qu'il préserve la gélatine; mais alors il devient préférable de faire les moules en gutta-percha.

## VI. MOULAGE A LA GUTTA-PERCHA

De toutes les matières employées à faire les moules de galvanoplastie c'est certainement la gutta-percha qui est la plus usitée. C'est qu'elle possède de nombreuses qualités pour ce genre de travail. Froide, la gutta-percha est relativement dure et présente, par conséquent, des qualités de résistance fort appréciables pour des moules que le galvanoplaste est appelé à manier souvent, à heurter, à abandonner pendant un temps plus ou moins long. Bien que très sensiblement moins élastique que la gélatine, la gutta-percha l'est encore dans une mesure assez grande pour reprendre sa forme quand elle a été légèrement déformée au démoulage. La gutta-percha est non seulement insoluble dans l'eau, mais encore elle est inattaquable à presque tous les acides et d'une façon absolument complète à toutes les solutions métalliques constituant les bains galvanoplastiques. Enfin la gutta-percha se ramollit à une température très basse jusqu'à devenir presque coulante comme de la mélasse. Cette propriété, entre autres, la rend on ne peut plus propre à confectionner des moules sur les modèles faits en matière même très fragile.

Aujourd'hui, la gutta-percha est un article fort répandu dans le commerce, et que l'on peut se procurer presque partout à l'état de pureté voulue pour la constitution des moules; néanmoins, nous donnerons brièvement la manière de l'épurer quand, pour une raison quelconque, l'opérateur ne sera pas assuré de l'avoir à l'état de pureté qui lui convient. Etant donné donc un échantillon de gutta-percha douteux, on le met tremper dans l'eau bouillante et on le malaxe convenablement. De cette façon on la débarrasse des éléments solubles si elle en contient encore, on lui enlève les parties fibreuses, mises souvent pour sophistiquer le produit, de même qu'elle abandonne par ce traitement les matières inertes, telles que sable, terre, etc. qui la souillent toujours quand elle est à l'état brut, ou dont elle a été souvent additionnée pour présenter une densité plus considérable. Quand on a soumis la gutta-percha à cette opération, qu'on peut renouveler plusieurs fois si l'on suppose que la première n'a pas suffi, on a une matière suffisamment molle pour pouvoir être facilement mise sous forme de lames minces, avec un rouleau en bois, par exemple, rouleau qui doit être constamment mouillé. C'est sur ces lames qu'on prendra la quantité de matière dont on aura besoin pour faire le moule qu'on projette de réaliser.

Le moulage de la gutta-percha peut se réaliser par plusieurs procédés que nous allons indiquer.

Le plus simple est le *moulage à la main* ou *par pétrissage*, mais on ne saurait le recommander que pour l'exécution des moules de petites dimensions et sur des modèles dont les creux comme les reliefs ne sont ni très prononcés ni très fins; en un mot pour les objets d'une assez faible valeur artistique. Voici comment on opère dans ce cas : ayant la gutta débitée en feuilles, comme nous l'avons dit plus haut, on en prend une quantité suffisante pour couvrir le modèle et on la jette dans un récipient tenant de l'eau froide et que l'on fait chauffer; on retourne la feuille assez souvent, et lorsqu'elle est assez ramollie, on jette l'eau et l'on remet le récipient avec la gutta sur un feu doux. Ce second chauffage a pour effet d'enlever l'humidité provenant du premier trempage, et pendant tout le temps qu'il dure on a soin de triturer la matière avec une spatule. Quand toute l'eau est disparue et la gutta suffisamment ramollie, elle est prête à servir.

Supposons que nous voulions faire le moule d'un plâtre, qui sera le cas le plus défavorable, la gutta pouvant coller. Après avoir mis le modèle sur une table aussi plane et aussi horizontale que possible, la partie à mouler en dessus bien entendu, on enduit bien le plâtre avec une dissolution de savon mou faite dans aussi peu d'eau que possible, dissolution qu'on étale au pinceau. Le plâtre ainsi préparé, avec la spatule on verse en son milieu de la gutta bien molle, et avec les doigts, le pouce de préférence, mais les doigts toujours mouillés, on étale la gutta en faisant pression, de manière à l'obliger à entrer dans tous les détails du relief. Nous avons spécifié que c'était au milieu que l'on déposait la gutta, ceci afin de l'appliquer graduellement sur toute la surface, de proche en proche, et pour laisser constamment un passage libre à l'air qui pourrait être emprisonné dessous et qu'il faut faire évacuer avec le plus grand soin pour n'avoir pas de trous dans le moule.

Si l'on a bien opéré, la provision de gutta mise au début doit être suffisante pour couvrir le modèle dans son entier, d'autant plus que la couche ainsi étalée doit être très mince, condition essentielle pour reproduire tous les détails du modèle avec leur finesse. Mais il peut arriver que cette première provision n'ait pas été suffisante et que l'on ait par conséquent encore du plâtre à nu que l'on doit recouvrir. Pour cela faire, on reprend un peu de gutta avec la spatule, et on a soin de la déposer non pas sur la partie du modèle non couverte, mais sur le bord limite de la gutta déjà pétrie, puis on l'étale en la pétrissant toujours de proche en proche, en partant du bord sur lequel on a posé la seconde parcelle de gutta. Cette précaution sur laquelle nous insistons est tout à fait importante à prendre, car c'est le plus sûr moyen de ne pas emprisonner de bulles d'air entre le modèle et le moule, bulles qui donneraient lieu dans le modèle à autant de trous.

Tout le plâtre bien recouvert d'une couche mince de gutta qu'on a bien pétrie, bien appuyée, on en dépose à nouveau sur cette couche, de façon à donner au moule une épaisseur suffisante pour être maniable sans déformations. Ceci fait, et quand la gutta est parfaitement froide et durcie, on démoule en mettant le tout dans l'eau ; la gutta, qui est imperméable, ne bouge pas, mais le plâtre s'imbibe et quand l'humidité est arrivée au niveau du moule de gutta, on sépare les deux corps avec la plus grande facilité.

Lorsque le démoulage est fait, la gutta peut présenter sur la surface moulée certains petits défauts : trous ou éraflures ; on les corrige facilement, surtout si le modèle ne comporte pas une finesse d'exécution très grande, avec un peu de cire à modeler mélangée avec de la plombagine. Il peut se faire aussi que ce soit le modèle qui se trouve détérioré, en ce sens que la gutta lui a enlevé quelques parties qui lui sont restées adhérentes ; on passe alors le moule dans de l'acide sulfurique étendu d'eau, qui fait rapidement détacher les particules en question. Un simple lavage à l'eau suffit souvent pour obtenir le même résultat.

Ce procédé, nous l'avons déjà dit, n'est guère

applicable qu'à la fabrication des petits moules qui peuvent être convenablement faits par la faible pression que peut donner la main même avec un effort considérable, aussi l'applique-t-on peu et n'est-il recommandable qu'aux amateurs et aux débutants, soit pour la création d'un objet unique, soit pour s'exercer à l'art de la galvanoplastie. De plus, et malgré une grande surveillance de la part de l'opérateur, le chauffage à feu nu détériore la gutta, aussi est-il bon de n'en utiliser que de la vieille ayant déjà servi et qu'on rebutera définitivement quand elle ne se prêtera plus aux opérations de moulage, éventualité qui, du reste, ne se produira qu'à la suite d'un assez grand nombre d'opérations.

Le second procédé, de beaucoup le plus employé et réalisable non seulement dans un atelier outillé spécialement, mais même par les amateurs, est celui du *moulage à la presse*. Procédant toujours, suivant notre programme, en commençant par les manipulations les plus simples, nous supposerons vouloir mouler à la gutta un bas-relief, médaille ronde ou sujet rectangulaire qui, dans la circonstance, devra être en métal résistant à la pression que nous allons opérer. Le seul outillage nécessaire sera un cadre en fer rond ou rectangulaire, de surface un peu supérieure à celle du modèle et d'une hauteur un peu plus grande que la partie la plus saillante du relief ; un bloc également en métal et de la dimension du modèle, enfin une presse à copier. Voilà pour les outils du moule proprement dit ; ajoutons à cela un récipient, capsule ou casserole en tôle émaillée, pour faire chauffer la gutta.

Munis de nos instruments, voici comment nous opérerons : on posera le modèle sur une plaque de tôle forte bien plane et posée bien horizontalement, la face du modèle en dessus bien entendu, et on le plombaginera avec soin, comme nous avons appris à le faire au chapitre de la Métallisation, en s'appliquant à ne pas empâter les détails de la sculpture par une trop forte épaisseur de plombagine. Cette opération faite, nous entourerons le modèle de son cadre en fer et porterons le tout sous la presse dont le plateau aura été élevé jusqu'en haut de sa course pour nous donner plus de facilité dans la suite de nos opérations.

Tout étant ainsi disposé, nous passerons à la préparation de la gutta-percha que nous supposons convenablement épurée, comme nous l'avons dit. Nous en prendrons des morceaux coupés sur les feuilles, en quantité suffisante pour recouvrir le modèle d'une pellicule assez mince, et nous les jetterons dans la capsule mise sur le feu et contenant de l'eau chaude ; nous triturerons bien la gutta, et lorsqu'elle sera suffisamment ramollie, nous la pétrirons dans les mains tenues bien mouillées pour éviter l'adhérence ; quand la gutta aura la consistance du mastic à peu près, nous en ferons une boule que nous enduirons de plombagine sur toute sa surface, et nous porterons cette boule sur le centre du modèle logé dans son cadre. Sur la boule nous placerons le bloc en métal et serrerons la presse. Le serrage de celle-ci doit s'opérer graduellement et être terminé par un serrage à bloc. La pression exercée de cette façon est non seulement plus énergique que celle faite à la main, mais encore beaucoup plus régulière ; il en résulte que la gutta épouse toutes les anfractuosités du modèle et donne une reproduction fort nette et parfaitement fidèle.

Lorsque le tout est refroidi, le démoulage se fait avec la plus grande facilité, en procédant dans l'ordre inverse ; on relève le plateau de la presse et l'on retire le tout de dessous, qu'on porte sur une table ; le bloc, du fait qu'il est un peu plus petit que le cadre, se retire facilement ; il en est de même du cadre, et l'on ainsi le modèle recouvert de sa chemise en gutta. Celle-ci le recouvre complètement, et même le dépasse sur son pourtour, puisqu'elle a été refoulée dans le vide existant entre le modèle et le cadre, ce dernier, nous l'avons dit, étant un peu plus grand que le premier. Si le fait s'est produit, il suffit, avec un couteau bien coupant et mouillé, de couper la gutta au ras de la périphérie du modèle pour avoir uniquement le moule dont on a besoin. Souvent même on se sert de cet excédent de gutta sur un des côtés du modèle pour le relever et se faire une ou deux poignées qui donneront la prise voulue pour enlever le moule de sur son modèle. Cet enlèvement se fera sans difficultés et sans détériorer le moule, si le plombaginage préalable dont nous avons parlé, tant sur le modèle que sur la boule de gutta, a été bien fait.

On voit par ce qui précède que l'opération n'est pas compliquée et n'exige pas un matériel spécial.

Un point reste indéterminé, mais que nous ne

saurions préciser ici, c'est la pratique seule qui le fixera ; nous voulons parler de la température à laquelle il faut amener la gutta-percha pour le moulage. Ce que notre lecteur verra de suite, c'est que cette température n'est pas très élevée, puisque nous recommandons un malaxage à la main au sortir de l'eau chaude. Néanmoins, disons-le de suite, les épidermes un peu délicats la trouveront encore trop forte, mais la pratique du métier aura vite raison de cette délicatesse, c'est une question d'accoutumance. Suivant les opérateurs, ils agissent avec de la gutta-percha plus ou moins chaude, mais il y aussi une question de modèle qui intervient. Il est évident qu'un modèle aux formes grossières, très nettement accusées, pourra être moulé avec de la gutta moins chaude qu'un modèle très fouillé, parce que plus la gutta est chaude, et plus elle est fluide, et par conséquent plus elle pénètre facilement dans les détails de la sculpture.

Il y a aussi des opérateurs qui font la pression de la gutta-percha en deux fois ; expliquons-nous. La masse de gutta, moulée comme nous venons de le dire, présente une partie qui n'a pas pu trouver place dans le moule, particulièrement quand celui-ci est à peu près juste de la dimension du modèle ou du bloc interposé entre le plateau de la presse et la matière, et cette partie déborde autour du cadre. On relève alors la vis, on enlève le bloc de fonte et l'on retrousse la gutta extravasée sur le moule. On replace le bloc et on presse une seconde fois. Cette seconde pression n'est recommandable que pour les modèles un peu fouillés et dont les détails pourraient échapper à l'empreinte du fait de l'épaisseur que produit la gutta extravasée. Quand on opère ainsi, il est indispensable de procéder quand la gutta est encore chaude, de façon à ce qu'on en puisse retrousser facilement les rebords sans l'enlever de sur le modèle.

Enfin le démoulage se fait comme nous l'avons dit, mais ici encore, la pratique doit servir de guide au point de vue de la température à laquelle il faut l'enlever. Comme nous l'avons dit plus haut, on attend que la masse soit refroidie, mais, étant donné que plus la gutta est froide et moins elle est élastique, on devra se guider, pour le degré de refroidissement, par les exigences du modèle. Si celui-ci, en effet, présente des parties très délicates ou légèrement hors de dépouille, le démoulage devra être fait quand la gutta est encore très élastique, c'est-à-dire assez chaude ; quand au contraire le modèle n'offrira que des creux et des reliefs peu prononcés, et ne comportant pas de parties très fouillées, le démoulage pourra se faire la gutta étant presque froide.

Telles sont les méthodes à suivre pour appliquer le moulage à la presse, ce sont les mêmes qu'on emploie dans la grande industrie. La presse à copier, dont nous avons conseillé l'emploi aux amateurs, est alors remplacée par la presse à percussion dont l'effet est à la fois plus énergique et plus uniforme sur toute l'étendue du moule ; il est même des usines où l'on se sert de presses hydrauliques. Le chauffage de la gutta-percha peut aussi différer en ce sens que comme il faut manier de grosses masses de ce produit, on se sert du chauffage à vapeur, qui devient plus économique ; enfin il n'est pas jusqu'au malaxage qui, au lieu de se faire à la main, s'opère mécaniquement dans de véritables pétrins d'un modèle approprié. Mais quel que soit l'outillage mis en œuvre, le principe reste toujours le même.

Le troisième procédé est le moulage *au four ou par affaissement*. On dispose le modèle comme dans le moulage à la presse reposant sur une plaque de tôle entouré de son cadre ; on coupe une plaque de gutta-percha de 8 à 10 millimètres d'épaisseur et remplissant exactement le cadre ; on pose cette plaque sur le modèle, puis on la couvre d'assez de morceaux pour remplir le cadre. On porte le tout dans un four dont la température devra être suffisante pour ramollir, presque fondre la gutta, sans cependant la brûler ; une température de 100 à 110° est suffisante ; on peut donc se servir du four d'un poêle domestique ou d'une cuisinière. La plaque couvrira le modèle d'une couche uniforme et sans solution de continuité ni ride, et les morceaux, en se fondant, s'uniront à elle pour donner au moule l'épaisseur nécessaire. Si l'on négligeait de couvrir le modèle avec une plaque de gutta occupant toute sa surface, on s'exposerait à avoir des coutures, des gerces dans la partie moulée, et le moulage serait à recommencer.

Dans cette opération, si, malgré la chaleur développée, l'air n'a pu trouver d'issue, le moulage portera l'empreinte malheureuse de bulles d'air ; c'est ce qui arrive très souvent. Aussi préférons-nous la manière de faire suivante : le modèle étant disposé sur sa plaque de tôle comme précédemment, on pose la gutta en son milieu, et après l'avoir mise en forme de boule ; sous cette forme, en effet, la fusion de la matière s'opère graduellement et elle s'écoule progressivement sur le modèle en chassant devant elle l'air présent sur le modèle, et l'on obtient ainsi des moules plus parfaits.

Nous disons plus parfaits, car même avec cette dernière manière d'opérer, il y a souvent encore de l'air qui se laisse emprisonner et dont la place se trouve marquée par des trous sur le moule ; il faut donc procéder à la réparation comme nous savons le faire.

Le moulage au four ou par affaissement montre donc quelques difficultés de réussite complète, mais il est le seul que l'on puisse employer pour le moulage d'objets fragiles faits, par exemple, en plâtre, en marbre, en albâtre, etc. ; le seul inconvénient sérieux de ce procédé consiste dans la présence presque inévitable de trous formés par les bulles d'air, car l'empreinte est en dehors de ce détail aussi nette que celle obtenue par pression. Enfin, pour les amateurs ou petits ateliers, ce procédé présente l'inconvénient d'abîmer la gutta, car la température nécessaire pour en déterminer la fusion lui enlève certains principes auxquels ce produit doit sa souplesse et son onctuosité. Aussi devient-il sec et cassant après deux ou trois opérations et ne peut plus servir au moulage. Certains praticiens ont essayé d'ajouter de l'huile pour rendre à la gutta les propriétés qu'elle avait perdues par la fusion ; mais cette méthode est défectueuse, le mélange devient poisseux, agglutinant et adhérent aux modèles.

Dans les ateliers importants de galvanoplastie, le moulage au four se fait sans détériorer la gutta parce que les appareils de chauffage sont établis de manière à régler la température à volonté, par conséquent à ne jamais atteindre celle qui peut être dangereuse pour la bonne conservation de la précieuse matière à mouler. Aussi, les amateurs qui utiliseront ce procédé avec les fours rudimentaires dont on dispose dans la vie courante devront-ils surtout s'attacher à obtenir des températures n'abîmant pas la gutta, quitte à laisser le modèle plus longtemps à la chaleur.

Nous ne parlerons pas du démoulage qui se fait dans ce cas, absolument de la même façon que dans les cas précédents et avec les mêmes précautions.

## VII. MOULAGE AU CAOUTCHOUC

Malgré ses qualités, le caoutchouc est fort peu employé à la fabrication des moules galvanoplastiques ; cette matière, en effet, est beaucoup plus élastique que la gutta et se prête donc mieux à prendre des empreintes d'objets hors de dépouille ou particulièrement délicats. A l'état naturel le caoutchouc purifié bien que très élastique est assez solide pour faire de très bons moules, mais on ne saurait employer la chaleur pour le ramollir et le faire pénétrer dans tous les détails du modèle, il faut recourir à un dissolvant et un dissolvant suffisamment volatil pour que celui-ci s'évapore rapidement, laissant un bloc de caoutchouc naturel. Comme dissolvants volatils du caoutchouc, les plus usités sont la benzine et le sulfure de carbone. On met donc, dans un vase en verre bien bouché, de la gomme de caoutchouc et de la benzine ou du sulfure de carbone, puis on agite de temps à autre pour favoriser le mélange et au bout de douze à vingt-quatre heures tout le caoutchouc se trouve dissous. Suivant la quantité de dissolvant que l'on a mise, on obtient une solution plus ou moins épaisse; or, pour faire les moules galvanoplastiques la dissolution doit avoir la consistance d'un sirop.

Ayant cette dissolution, on place le modèle sur une plaque de tôle, s'il est en plâtre on a eu soin au préalable de le faire tremper dans l'eau pour qu'il en soit bien imbibé; s'il est en métal, il aura été enduit d'une eau de savon; puis avec un pinceau on passe une couche de la dissolution en tamponnant dans les creux de manière à chasser l'air et l'on obtient ainsi une mince pellicule qu'on renforce par une seconde couche au pinceau et enfin on verse la solution jusqu'à épaisseur voulue. Il n'y a plus qu'à laisser le tout à l'air pour que la benzine ou le sulfure de carbone puisse s'évaporer et ne plus laisser que le moule en caoutchouc.

En principe, le procédé est à la fois simple et rationnel; il comporte cependant certains inconvénients que nous allons signaler et qui ne sont probablement pas étrangers à sa non application. D'abord les deux dissolvants, benzine et sulfure de carbone, sont très inflammables et par conséquent d'un maniement dangereux, en outre, le sulfure de carbone est toxique ce qui augmente encore le danger de son emploi ; ce sont là, il est vrai, des inconvénients qui peuvent être assez facilement annulés si l'on veut s'astreindre à opérer en plein air, par exemple, ou dans des espaces suffisamment bien ventilés. Mais il en restera encore un, et appréciable surtout pour l'amateur ou l'opérateur en petit, c'est celui de la perte éprouvée par la volatilisation du dissolvant, perte assez peu sensible en raison du faible prix de la benzine et du sulfure de carbone, mais qui finit par chiffrer lorsqu'il s'agit d'un travail continu comme dans un atelier.

Dans la grande industrie cette perte peut être évitée, car dans ce cas on peut prendre des dispositions spéciales permettant de récupérer facilement les vapeurs de benzine ou de sulfure de carbone dégagées, de les condenser et par suite de régénérer les dissolvants. Mais ici alors ce sont les dangers d'incendie qui deviennent plus graves et qui ont été à coup sûr le plus grand obstacle à l'usage du caoutchouc pour la fabrication des moules galvanoplastiques.

Depuis quelque temps, l'industrie prépare à bas prix un nouveau produit que nous avons déjà eu l'occasion de signaler : le tétrachlorure de carbone, qui dissout le caoutchouc mieux encore que les deux corps mentionnés ci-dessus, qui est incombustible, non toxique et très volatil ; en un mot, ce produit rassemble toutes les qualités désirables et peut-être le verrons-nous bientôt, grâce à sa production à bon marché, donner au caoutchouc un rôle important dans le moulage galvanoplastique,

## Moulage Pellecat

Ce procédé de moulage qui porte le nom de son inventeur rentre un peu dans le procédé de moulage au caoutchouc, attendu qu'il utilise la gutta-percha, non plus pure ramollie à la chaleur, mais la gutta amenée à l'état de dissolution qui, par conséquent, se coule sur le modèle et peut ainsi s'introduire dans tous les creux et donner une empreinte très fidèle.

D'après l'inventeur, voici comment on prépare la gutta pour l'approprier à ce moulage : on prend d'abord une gutta un peu vieille, dure et cassante qui, dans le commerce est vendue sous le titre de gutta-percha n° 2, que l'on débite en petits morceaux et qu'on mélange à de l'huile de lin dans les proportions suivantes : 1 kilogramme de gutta pour 100 à 125 grammes d'huile. On met le mélange dans un récipient en fonte qu'on expose à un feu doux en agitant constamment. Peu à peu la gutta se dissout et, quand la dissolution est complète, on pousse le feu jusqu'à produire une ébullition assez active tout en agitant constamment pour assurer un mélange intime. Celui-ci obtenu, on retire du feu et on laisse reposer environ vingt minutes, après quoi la composition est bonne à verser sur le modèle, car elle présente la consistance d'un sirop assez épais.

Suivant la nature de la matière constituant le modèle on préparera celui-ci d'une façon différente afin d'empêcher la gutta d'adhérer à sa surface. S'il s'agit d'un modèle en métal on le place sur une plaque de tôle et on l'enduit au pinceau avec

4.

un mélange préparé en triturant à froid du savon vert avec une petite quantité de vaseline solide. L'enduit doit être déposé avec soin de manière à pénétrer dans tous les détails du modèle, à chasser toutes les bulles d'air qui se laisseraient emprisonner et enfin en enlevant toute la matière en excès avec un pinceau qui, après son passage, doit laisser le modèle très net et très uniformément graissé par le mélange ci-dessus.

Ce premier travail achevé on entoure le modèle d'un cadre ou châssis comme dans le moulage à la presse et l'on verse le composé de gutta préparé comme nous venons de l'indiquer. Ce versage doit s'opérer avec soin et en prenant certaines précautions ; ainsi il est bon de poser la tôle supportant le modèle légèrement inclinée et de verser la gutta doucement à la partie la plus élevée de façon à ce qu'elle descende progressivement sur le modèle, pénètre bien tous ses détails et chasse l'air devant elle au fur et à mesure de son écoulement. Lorsqu'on a coulé de la sorte une faible couche de la matière de moulage, on recharge jusqu'à produire l'épaisseur voulue, c'est-à-dire, suivant le genre du modèle, jusqu'à ce qu'on ait une faible épaisseur de matière au-dessus des reliefs les plus saillants. On fait osciller légèrement la tôle qui supporte le tout afin de répartir uniformément la gutta liquide. Lorsque toutes ces précautions ont été observées et que l'opération est terminée, on laisse refroidir et solidifier complètement le moule, ce qui demande en général de douze à quinze heures. Le démoulage se fait ensuite sans difficulté.

S'il s'agit de faire le moulage d'un plâtre, le

traitement est différent et le modèle doit être préparé spécialement pour éviter l'adhérence à la gutta-percha. Pour cela faire, on commence par le plonger dans l'eau de façon à le bien imbiber, puis, quand l'imbibition est complète, on le retire pour le faire sécher quelques instants ou plutôt juste assez pour faire disparaître l'eau qui pourrait surnager ; après quoi on verse dessus une solution faite de 500 grammes de savon vert de bonne qualité dissous au bain-marie dans un litre d'eau. On badigeonne le modèle avec cette composition à l'aide d'un blaireau en faisant mousser l'eau savonneuse absolument comme le font les perruquiers pour faire la barbe à leurs clients ; quand on a mené ce travail durant quelques minutes, un quart d'heure environ, on enlève du mieux qu'on le peut cette eau de savon à l'aide d'un autre blaireau, de manière à ce que le plâtre paraisse bien net et sans empâtement. Ceci fini, on a préparé à l'avance au bain-marie un mélange comprenant 100 grammes de vaseline et 20 grammes de cire vierge, ce mélange une fois refroidi il lui a été incorporé par trituration à froid une quantité de 40 grammes de savon mou ; on a ainsi une sorte de pommade que l'on étend au pinceau sur le modèle et, quand il en a été parfaitement revêtu sur toute sa surface, on en retire l'excédent avec un pinceau doux et sec, de telle sorte que l'opération finie le modèle ne présente aucun empâtement nulle part et paraisse avoir simplement reçu une couche de vernis.

Toutes ces opérations préliminaires accomplies, on traite le moule de la même manière absolument que celle que nous venons d'indiquer pour les modèles métalliques.

Le procédé Pellecat n'est pas plus compliqué que le moulage à la gutta pure, et il offre le grand avantage de pouvoir remplacer le procédé par affaissement, quand on opère sur un modèle tant soit peu fragile. Du reste on l'emploie assez fréquemment dans les grands ateliers de galvanoplastie et l'on obtient avec lui des moules très délicats. Il est évident que dans ce cas le mode opératoire est un peu modifié, surtout lorsqu'il s'agit de grandes reproductions comme celles que nous avons vues, de panneaux ayant plus d'un mètre de longueur et sur un mètre de largeur. Pour faire de pareils moules, les ateliers disposent de tables qui peuvent prendre les inclinaisons voulues en manœuvrant une simple vis, ce qui permet, sans efforts, de répartir très uniformément la couche de gutta sur toute l'étendue du modèle. Mais comme toujours, le principe fondamental de l'opération reste le même.

## VIII. MOULAGES EN MATIÈRES DIVERSES

Nous n'avons jusqu'à présent examiné que les matières les plus usitées servant à faire les moules galvanoplastiques, mais il est certain qu'il en existe bien d'autres qui pourraient se prêter à la confection des moules. Nous n'avons pas l'intention de les examiner toutes, car en dehors de produits naturels, il existe un grand nombre de compositions plus ou moins bonnes imaginées par des praticiens en vue de remplacer tel ou tel produit d'un prix trop élevé ou d'un maniement difficile. Ces compositions, de nature généralement complexe, ne valent certainement point les produits que nous avons signalés plus haut. A leur défaut cependant, et à titre de moyens de fortune nous citerons encore brièvement deux matières qui peuvent faire des moules donnant de bonnes empreintes : le soufre et le gluten.

Le *soufre* fond à une température relativement basse, c'est en outre un corps fort répandu et dont on peut dire qu'il se trouve partout ; le fondre et le couler liquide sur un modèle n'offre aucune difficulté, mais encore faut-il que le modèle se prête à son emploi. Et le moulage au soufre ne pourra guère être appliqué qu'à des modèles de petite taille et ne présentant pas du tout de détails hors de dépouille même si légèrement que ce soit, car ce corps, une fois refroidi, ne jouit d'aucune élasticité et devient très cassant. Si les empreintes qu'il donne sont très fines et fort nettes, il présente le désavantage d'être fort mauvais conducteur de l'électricité et d'exiger par conséquent une métallisation des plus soignées. Malgré ses inconvénients on l'a beaucoup employé dans un temps pour faire des moulages de médailles ou de petits bas-reliefs.

Le *gluten* peut servir aussi à faire des moulages, et ce produit rentre encore dans la classe de ceux que l'on peut se procurer partout, car il suffit d'avoir de la farine de froment et quiconque est à même de préparer le gluten, préparation assez longue et fastidieuse, mais qui n'offre aucune difficulté, comme nous allons le voir.

Pour faire du gluten on prend de la farine de froment qu'on détrempe dans une assez faible quantité d'eau pour en faire une pâte malléable de la consistance du mastic de vitrier, puis, prenant ce pâton, on le triture avec les deux mains sous un robinet d'eau que l'on fait couler en filet mince, tandis que des deux mains on triture la pâte, au-dessus d'un tamis. L'eau, en coulant sur la pâte triturée, en sépare l'amidon qui passe au travers du tamis et, au bout de quelque temps, l'opérateur n'a plus dans les mains qu'une matière plastique qui est le gluten. Malgré tous les soins que l'on peut apporter à cette opération il se détache toujours des mains un peu de gluten que l'on retrouve sur le tamis et qu'on joint à celui qui est resté dans les mains ; quant à l'amidon qui est constitué par des grains blancs excessivement fins, il traverse le tamis.

Le gluten fraîchement préparé est élastique presque à l'égal du caoutchouc, il est insoluble dans l'eau et résiste à l'action d'une dissolution de sulfate de cuivre. Mais exposé à l'air il se dessèche rapidement, perd son élasticité, s'effrite et se réduit en poudre ; de plus, le gluten se corrompt très rapidement. Il ne faut pas essayer de le préparer d'avance et de le garder dans l'eau ou au frais, car en quelques jours il devient tellement mou qu'il est impossible de le manier. Utilisé à l'état frais, il peut donner de très bons moulages. On ne saurait donc considérer le gluten comme un produit apte à la confection courante des moules galvanoplastiques, mais en certaines circonstances spéciales et en l'utilisant fraîchement préparé, il peut rendre de réels services aux galvanoplastes; son emploi doit rentrer parmi les moyens de fortune auxquels le galvanoplaste peut recourir.

La *paraffine* peut aussi servir à faire des moulages; cette matière est un des nombreux dérivés de la fabrication du pétrole, et à l'état pur présente un aspect analogue à celui de la stéarine, dont elle n'a pas la texture cristalline. La paraffine se traiterait, au point de vue de la confection des moules galvanoplastiques, à peu près comme la stéarine, mais en prenant les mêmes précautions que celles que nous avons indiquées pour les moules en cire, car, à moins d'être très froide,, la paraffine ne présente pas plus de dureté que la cire, et conserve au toucher une propriété grasse ou plutôt graisseuse, qui indique suffisamment son peu de résistance. La paraffine,, sans être un produit rare, n'est pas très répandue, et l'on ne peut guère se la procurer que dans les grands centres ou à proximité de fabriques de pétrole dont elle constitue un des sous-produits; ses usages ne sont pas nombreux dans l'industrie, et nous croyons que celui qui est le plus général consiste à faire ces bougies presque transparentes et colorées aux nuances les plus diverses, qui servent à l'éclairage de luxe, malgré l'inconvénient qu'elles ont de répandre, en brûlant, une odeur de pétrole.

Il existe encore bien des corps qui pourraient

servir à faire des moulages, ne seraient-ce que les métaux facilement fusibles, tels que le plomb ou l'étain; mais dans ce dernier cas tous les modèles ne peuvent pas convenir, et seuls pourraient être ainsi moulés les modèles en métal résistant, tel que le bronze, la fonte, etc.; mais encore les moules qu'on obtiendrait ainsi seraient loin d'avoir la finesse du modèle même. On comprend, en effet, que le plomb, comme l'étain ou le zinc, même à l'état liquide obtenu par fusion, conservent une sorte de viscosité, de corps, qui les empêche de passer dans les détails d'une sculpture. Un seul exemple suffira à faire comprendre cette propriété spéciale des métaux : les objets d'étain, dont quelques-uns représentent des œuvres d'un caractère artistique de la plus haute valeur, ne sont jamais sculptés avec des contours vifs et nets; leur grand mérite, au point de vue de l'art, est de montrer des contours très doux. Il serait donc difficile et même impossible, en raison de ce caractère de mollesse du métal, d'obtenir des moules en étain tant soit peu fins. Ce que nous disons de l'étain s'appliquerait aussi bien au plomb ou au zinc.

Enfin le moulage avec l'un quelconque de ces métaux exige un outillage et des dispositions qui ne sauraient rentrer dans les moyens courants même d'un atelier de galvanoplastie bien installé, et rentre plutôt dans la partie des fondeurs spécialistes.

### Procédé Ozann

Le procédé Ozann n'est pas un procédé de moulage au sens rigoureux du terme, c'est plutôt un

moyen de reproduction d'objet de dépouille, comme
d'une médaille, d'un bas-relief, etc., à l'aide d'une
poudre de cuivre réduit par l'hydrogène, et qui,
bien que fort ancien, puisque Berzélius le men-
tionne dans son *Traité de Chimie*, n'a pas, à notre
connaissance, pris l'extension qu'on était en droit
d'espérer. Ce procédé est néanmoins assez intéressant pour que nous ne le passions pas sous silence,
et peut-être qu'en le remettant en mémoire aux
galvanoplastes, ceux-ci en pourront faire des applications utiles et importantes.

Pour appliquer le procédé Ozann, il faut d'abord
préparer du carbonate de cuivre, ce qui se réalise
facilement en dissolvant dans l'eau du sulfate de
cuivre que l'on précipite par du carbonate de
soude également en dissolution. Il se produit, dans
cette opération, ce qu'on désigne communément en
chimie sous le terme de double décomposition,
l'acide carbonique du carbonate de soude se portant sur le cuivre du sulfate et formant ainsi du
carbonate de cuivre, tandis que l'acide sulfurique
du sulfate de cuivre se porte sur la soude du carbonate pour former du sulfate de soude. Le carbonate de cuivre étant insoluble alors que le sulfate
de soude est au contraire très soluble, le premier
de ces sels tombe au fond du vase où s'est fait la
précipitation sous forme d'une poudre amorphe
bleue, le sulfate de soude reste en dissolution. On
laisse reposer et l'on décante, ce qui enlève le sulfate de soude; on lave à l'eau pure, on laisse déposer, on décante de nouveau, et ainsi de suite un
nombre suffisant de fois pour que les dernières
eaux de lavage ne tiennent plus trace de sulfate de

soude. Le carbonate de cuivre ainsi lavé puis bien séché est porté dans un creuset et chauffé assez fortement pour éliminer l'acide carbonique et transformer le composé en oxyde de cuivre. Il est bon de se servir de sulfate de cuivre pur que l'on se procure facilement aujourd'hui dans le commerce, en exigeant ce sel fait avec du cuivre électrolytique ; autrement il contient toujours un peu de fer ou de zinc qu'il faut éliminer par les procédés chimiques connus.

Lorsqu'on est en possession de l'oxyde de cuivre préparé comme nous venons de le dire, il faut lui enlever l'oxygène qu'il renferme ; à cet effet, on procède comme nous l'indiquons dans la dernière partie de cet ouvrage pour la réduction de l'oxyde de fer par l'hydrogène pur et sec. Sortant du tube où elle a été réduite, cette poudre est rouge et n'est plus composée que de cuivre pur. Pour la conserver, on l'insère dans un bocal à large ouverture que l'on a fait sécher, et dans lequel on la glisse pendant que le vase est encore chaud, puis on bouche hermétiquement. Quand on veut éviter ces opérations longues, qui exigent une certaine habitude des manipulations chimiques, on peut s'adresser à une bonne maison de produits chimiques, qui fournira le cuivre réduit tout prêt à être employé.

Muni de ce cuivre réduit on n'a plus qu'à opérer, mais nous laisserons la parole à l'inventeur pour donner la façon de procéder. « Lorsqu'il s'agit « de prendre une empreinte, on dispose un cylin- « dre en bois de 7 à 8 millimètres de hauteur et « d'un diamètre égal à celui de la médaille, si c'est

« une médaille dont on veut prendre l'empreinte.
« Sur ce cylindre on pose quelques rondelles de
« carton et sur celles-ci la médaille. On entoure
« ensuite le tout avec une lame de zinc qu'on assu-
« jettit avec deux tours de fil de fer, de manière à
« former un moule dans lequel l'enveloppe de zinc
« dépasse un peu la médaille en hauteur. On ta-
« mise alors le cuivre dans un nouet de gaze. La
« portion du métal qui passe la première est la
« plus fine, c'est celle dont on couvre la médaille
« et qu'on distribue à sa surface. On charge en-
« suite cette première couche avec la portion de
« cuivre qui se tamise plus tard. Sur la poudre on
« place quelques rondelles de tôle ou de zinc, et
« l'on introduit le tout sous une presse ; on sou-
« met à une forte pression et jusqu'à bloc, on at-
« tend environ une heure et l'on retire de dessous
« la presse.

« Quand on démonte les diverses pièces, on
« trouve que l'empreinte du cuivre adhère à la
« médaille avec une force considérable. Il s'agit
« donc de séparer cette dernière de l'empreinte.
« Autrefois j'y procédais par des moyens mécani-
« ques ; mais ces moyens avaient l'inconvénient de
« produire fréquemment des avaries qui nuisaient
« à la beauté du produit. J'ai remédié à cet incon-
« vénient ainsi qu'il suit :

« On dispose une tôle de fer ou de cuivre au-
« dessus d'un appareil, de manière à ce qu'on
« puisse la chauffer avec une lampe. Sur cette tôle
« on place une capsule remplie d'eau et on chauffe
« jusqu'à ce que l'eau arrive à ébullition. On en-
« lève alors la capsule et la lampe, et on pose sur

« la tôle la médaille avec l'empreinte en dessus.
« La médaille s'échauffe, se dilate au feu, tandis
« qu'au contraire l'empreinte se contracte légère-
« ment. L'inégalité et le mouvement contraire de
« ces pièces les détache l'une de l'autre et permet
« de les séparer. On les sépare en effet, mais après
« qu'elles sont refroidies.

« On introduit alors l'empreinte dans une cap-
« sule en cuivre pour la faire recuire. Cette cap-
« sule se compose de deux pièces rectangulaires de
« tôle de cuivre dont les bords sont renversés, et
« qui doivent avoir une grandeur telle qu'on puisse
« les faire entrer l'une dans l'autre ; celle intérieure
« sur laquelle on pose l'empreinte du côté du relief
« a besoin d'être écurée à blanc avec soin. Les
« joints sont lutés en dehors avec de l'argile hu-
« mide. Autrefois j'introduisais la capsule avec
« son contenu immédiatement au milieu des char-
« bons, mais cette introduction avait souvent pour
« conséquence que l'empreinte, par suite de l'af-
« faissement des charbons, culbutait dans la cap-
« sule avant d'être recuite. Il en résultait que les
« bords étaient souvent éraillés et que la pièce était
« manquée. On parvient à éviter cet inconvénient
« par le moyen suivant :

« On introduit dans un réchaud ordinaire, d'a-
« bord du charbon allumé, puis du charbon noir,
« et l'on glisse sur celui-ci la capsule en position
« horizontale. Le chauffage a lieu alors par-des-
« sous, et la capsule ne culbute pas avant que
« l'empreinte ait été recuite. Une fois recuite, elle
« a une dureté telle que, quand même elle tombe-
« rait d'un côté ou de l'autre, aucune portion n'en

« serait éraillée. Aussitôt que la capsule est refroi-
« die, on l'ouvre et on retire l'empreinte. Son as-
« pect n'est pas uniforme, les bords sont ordinai-
« rement gris, à raison d'une couche mince d'oxyde
« qui s'est formée et de plus, à l'intérieur, on re-
« marque une couche concentrique qui paraît
« rouge, tandis que le centre est jaune. Pour faire
« disparaître ces inégalités dans la couleur, on
« met cette empreinte dans une petite capsule de
« porcelaine, on verse de l'eau dessus, et on y
« ajoute un petit cristal de tartrate de potasse. On
« porte l'eau à l'ébullition, l'acide libre du tartrate
« de potasse dissout la couche mince d'oxyde qui
« recouvre la surface de l'empreinte en cuivre, et
« ce métal prend d'une manière uniforme la teinte
« qui lui est propre ».

M. Ozann prétendait avec son procédé, qu'il avait
désigné sous le nom de *coniaplastique* (du grec :
remplir de poussière), remplacer la galvanoplastie.
Le temps lui a donné tort, car tandis que la galvanoplastie s'est énormément développée, qu'elle a
étendu son application à une foule d'industries des
plus prospères aujourd'hui, la coniaplastique est
restée à peu près sans application. On comprend,
par ce que nous en venons de dire, que les compli-
cations du *modus faciendi*, même avec les perfectionnements que peuvent lui apporter aujourd'hui
nos connaissances actuelles, devaient être un obstacle
à son développement vis-à-vis de la galvanoplastie,
qui ne comporte qu'une série d'opérations des plus
simples. Enfin, étant donné un modèle, la galvanoplastie le reproduit identique à lui-même, tandis
que le procédé Ozann n'en fait qu'un moule don-

nant les reliefs en creux et vice versa. C'est à ce titre que nous avons cru devoir indiquer ce procédé dans le chapitre moulage.

---

# CHAPITRE XVI

## De quelques reproductions en galvanoplastie proprement dite

---

SOMMAIRE. — I. Galvanoplastie d'une médaille ou d'un bas-relief. — II. Galvanoplastie de modèles composés! — III. Galvanoplastie de modèles faits de toutes pièces. — IV. Corviniello. — V. Galvanoplastie de modèles en ronde-bosse par le procédé Lenoir.

Si nous sommes entré dans une description aussi détaillée du moulage en général, c'est qu'on peut dire de cette opération que c'est l'âme de la galvanoplastie. C'est dans la confection du moule que le galvanoplaste doit développer à la fois le plus d'adresse, le plus de patience, le plus de savoir-faire et le plus d'attention. C'est, en effet, des qualités du moule que dépendra la plus ou moins parfaite réussite de la reproduction ; si le moule est mauvais, quels que soient les soins et les précautions prises dans les opérations subséquentes, la reproduction sera mauvaise en ce sens qu'elle ne reproduira pas le modèle avec toute la fidélité voulue, si le moule pèche par défaut d'empreinte, il peut causer des défauts par manque de métal déposé ou au contraire par excès de métal, suivant que le moule, bien que fournissant une bonne empreinte, comporte comme défauts soit des vides sur une partie de sa surface, soit au contraire des excès de matière moulante, là où il ne doit pas s'en trouver. Ceci nous amène à dire que lorsque le galvanoplaste aura fait son moule il doit encore, avant de le soumettre à la métallisation, procéder à un examen très minutieux et corriger les manques de matière (provenant de bulles d'air non chassées au moulage par exemple) en comblant les vides comme nous l'avons déjà indiqué. Dans cette opération, le galvanoplaste peut avoir à mettre à contribution non seulement de l'adresse, mais même un certain art, car les trous à boucher peuvent ne pas être uniquement sur une surface plane, mais interrompre un dessin, un contour que l'opérateur doit savoir reproduire à l'aide d'instruments plus ou moins déliés.

Nous savons tous qu'il n'est pas de métier que l'on puisse exercer avec une absolue perfection et que l'artisan le plus adroit doit savoir corriger ses œuvres; il en est de même du galvanoplaste qui doit savoir corriger les fautes de ses moulages, lorsque celles-ci sont assez légères pour ne pas exiger la confection à nouveau du moule entier. Malheureusement, dans cette partie du travail, il n'est pas possible de spécifier de règles générales, et nous devons abandonner notre lecteur à ses propres inspirations, qui lui seront fournies par les cas particuliers qu'il rencontrera dans la pratique et par ses préférences pour tel mode de réparation plutôt que tel autre, suivant qu'il se sentira plus apte pour l'une que pour l'autre.

Ceci dit, et revenant aux opérations qui viennent après le moulage, nous voyons que notre moule une fois établi, revu et corrigé, nous rentrons dans le cas déjà examiné du dépôt métallique sur matières mauvaises conductrices de l'électricité, car, en dehors du métal Darcet, toutes les matières propres aux moulages que nous avons passées en revue : plâtre, gélatine, cire, gutta-percha, etc., sont également de mauvais conducteurs du courant électrique. Donc nous opérerons pour ces moules comme nous avons appris à le faire dans la troisième partie de cet ouvrage ; c'est-à-dire que nous soumettrons les moules à la métallisation par un des procédés connus et nous les mettrons au bain galvanoplastique que nous connaissons aussi et que nous savons conduire suivant les travaux à exécuter.

Ici cependant s'impose une observation toute de pratique et que nous ne pouvons passer sous silence. Les moules faits avec les matières les plus usuelles et principalement en gutta-percha doivent, nous l'avons déjà dit, pour recevoir un dépôt métallique uniforme, tremper vers le milieu de la hauteur du bain et à égale distance, sur toute leur surface, de l'anode soluble ; or, ces moules sont plus légers que le liquide du bain, et, par conséquent, surnageront au lieu d'être immergés, si l'on ne remédie pas à leur défaut de densité par un lestage approprié. Lester le moule de façon à l'immerger n'est pas chose difficile, il suffit de pendre, à son extrémité inférieure, une matière pesante quelconque, mais néanmoins, il y a quelques soins à prendre dans ce dispositif. Si l'on met en effet un petit crochet métallique au bas du moule, tenant une masse en plomb par exemple, on aura atteint le but cherché, mais alors le métal du bain se portera sur le crochet et sur la masse en plomb, absolument en pure perte, ce qui peut être un inconvénient sérieux, surtout si le métal à déposer est précieux comme l'or ou l'argent. Il faudra donc avoir soin de passer, sur toute la partie formant lest, un vernis isolant, de la nature de ceux que nous avons indiqués, et de fixer le crochet à une partie du moule qui, n'appartenant pas au modèle, n'aura pas été métallisée. Enfin on peut prendre, au lieu d'une masse métallique pour faire poids, une matière qui ne peut pas recevoir de dépôt métallique, telle que bouchons en verre ou cristal, cailloux, etc.

Munis de ces renseignements en quelque sorte préparatoires, nous allons examiner quelques exemples de galvanisation proprement dite, en commençant par les cas les plus simples et en nous avançant graduellement dans les applications de plus en plus compliquées. Nous ne prétendons pas donner ici tous les cas possibles de la galvanoplastie, lesquels varient à l'infini et se présentent nouveaux tous les jours, mais nous essaierons d'en examiner un nombre suffisant pour que notre lecteur, dans le cours de ses travaux, les retrouve plus ou moins liés ensemble et fasse, suivant ses besoins, l'application de tout ou partie de nos indications.

5.

## I. GALVANOPLASTIE D'UNE MÉDAILLE
## OU D'UN BAS-RELIEF

Le cas le plus simple sera la reproduction par galvanoplastie d'une médaille ou d'un bas-relief de dépouille et dont on ne veut qu'une face, l'autre restant invisible. Il est bien entendu que dans cette opération nous voulons obtenir non seulement la reproduction du motif sculpté ou ciselé figurant sur la face, mais que nous cherchons à obtenir la hauteur de l'exergue si c'est une médaille, ou l'épaisseur du cadre si c'est un bas-relief.

Nous ferons dans ce cas le moule de l'objet en gutta-percha et à la presse ; à la presse, parce que nous pourrons par ce moyen, obtenir la face et l'exergue, la pression s'exerçant d'une façon à peu près uniforme, verticalement comme latéralement. Puis nous démoulerons ; comme notre modèle a été déposé sur une plaque de tôle, la gutta, après avoir pris l'empreinte de la face et entouré l'exergue, s'aplatira sur la plaque de tôle et, quand nous aurons enlevé notre modèle, nous aurons une masse de gutta plus ou moins épaisse et d'un diamètre plus ou moins grand, suivant l'espace libre existant entre le modèle et le cadre du moule, et nous aurons en creux toute l'épaisseur de la médaille. Celle-ci peut même porter sur l'exergue certains reliefs tels que ceux qui existent sur les pièces de monnaie, soit la série de crans, soit la formule « Dieu protège la France » ; ces reliefs sont assez peu sensibles pour ne pas constituer un hors dépouille, la gutta étant de son côté assez élastique pour être enlevée du modèle sans que ces reliefs de l'exergue soient abîmés ou affectés d'une façon quelconque.

Le modèle enlevé, nous métalliserons très soigneusement l'intérieur du moule, le creux, et pousserons la métallisation jusque sur le pourtour extérieur du moule à l'endroit de l'exergue, le dos seul du moule ne sera pas métallisé. Comme nous l'avons recommandé, la métallisation devra être faite de manière qu'elle ne présente aucune solution de continuité depuis tout l'intérieur du moule jusqu'à l'exergue inclusivement. Ceci fait, nous cernerons le moule de ses conducteurs, nous disons intentionnellement conducteurs au pluriel. Nous enserrons d'abord l'extérieur de l'exergue d'un fil conducteur relativement gros, dont les deux extrémités se rejoignent et sont tordues ensemble, de façon à bien envelopper le moule, puis de ce tortillon ne formant plus qu'un fil, nous faisons partir un nombre plus ou moins considérables de fils fins que nous dirigeons vers la face de la médaille et en les recourbant à angle droit devant l'effigie et à une faible distance de celle-ci, ces pointes étant dirigées vers les creux les plus prononcés et qui, par conséquent, se trouvant les plus éloignés de l'anode soluble, sont les plus réfractaires à se couvrir du métal du bain. Ces fils conducteurs ont pour but d'aider le passage du courant à ces points et par suite d'uniformiser la marche du dépôt. Notre médaille prête à mettre au bain se présentera donc comme l'indique notre dessin (fig. 61), dans lequel A représente le fil entourant le moule, B B les fils conducteurs auxiliaires et C le lest. Ce dernier, dans le cas qui nous occupe, a été placé de la manière suivante : comme le dos de notre moule ainsi que nous l'avons dit, n'est pas métallisé, nous y avons pratiqué un trou dans l'épaisseur de la

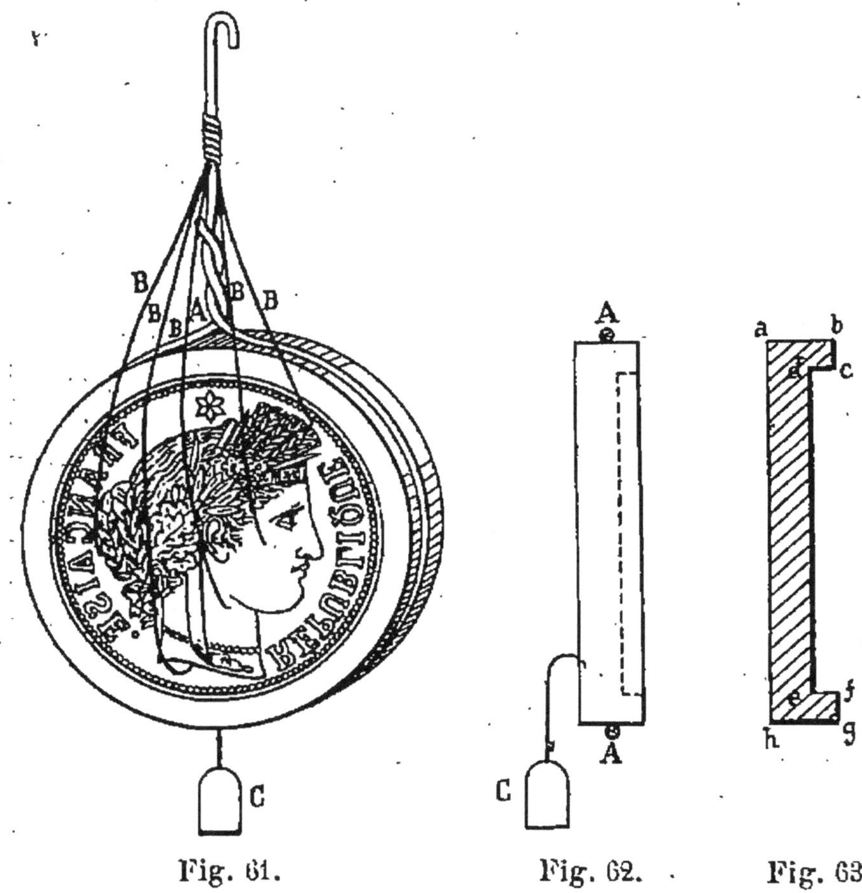

Fig. 61.     Fig. 62.     Fig. 63.

Galvanoplastie d'une médaille.

gutta et placé un crochet vernis et une masse également isolée ; de la sorte nous n'aurons pas de dépôt métallique sur le lest. Nous représentons d'ailleurs, figure 62, la façon dont ce contrepoids est placé.

Ces dispositions prises, nous mettrons le moule au bain en l'accrochant à la tringle du pôle négatif par le crochet D (fig. 61). Nous n'avons plus qu'à conduire le bain et le dépôt métallique comme nous avons appris à le faire dans les parties précédentes de ce traité. La couche métallique se fera donc suivant la ligne $abcdefgh$ indiquée par un trait fort, figure 63; quand celle-ci aura acquis l'épaisseur que nous voulons lui donner, on enlèvera le moule du bain et après l'avoir bien rincé et séché, il faudra le démouler. On défera donc les conducteurs A et B et l'on se trouvera en présence d'une pièce telle qu'elle est représentée figure 63, la surface limitée par la ligne $abcdefgh$ étant constituée par le dépôt métallique et la surface représentée par la ligne $ah$ étant constituée par de la gutta-percha nue. Disons de suite que la surface cylindrique limitée par les lignes $ab$ et $gh$ ne sera pas aussi nette que le représente notre dessin, attendu qu'en enlevant le fil conducteur A, celui-ci enlèvera en même temps une partie du métal déposé, mais l'inconvénient n'est pas grave puisque la reproduction que nous voulons garder est limitée par la ligne $cdef$; les autres parties du dépôt métallique nous sont inutiles. Au démoulage nous aurons donc le soin de ménager cette portion principalement. Nous pourrons donc avec une lime fine, limer tout le pourtour suivant l'arête circulaire $bg$ ce qui nous donnera toute facilité pour empoigner la masse entière de gutta et la partie plane circulaire $bcfg$, nous donnera une prise suffisante sur la partie métallique pour soulever toute la reproduction hors du moule en gutta. Il ne nous restera plus qu'à l'aide d'une lime fine, à séparer cette partie circulaire qui ne nous laissera plus que la partie *cdef* qui est précisément la reproduction demandée. La surface *dc* donnera la reproduction fidèle de la face de la médaille et la partie *dcef* son exergue.

Nous avons supposé dans tout ceci un modèle de petite dimension facilement maniable entre les doigts et un dépôt de métal suffisamment mince pour être attaqué rapidement à la lime. S'il s'agissait, au contraire, d'un objet de grandes dimensions, d'un dépôt métallique épais et résistant, le tout pourrait être mis sur un tour et le métal enlevé avec un outil plus puissant que la lime.

On voit d'après ce que nous venons de dire que le galvanoplaste doit être bon mouleur et joindre à cette qualité une certaine adresse pour finir l'objet que lui aura fourni le bain galvanique et en faire quelquefois un véritable objet d'art. Dans les ateliers importants, ces aptitudes sont divisées entre plusieurs ouvriers, il y a les mouleurs, les métalliseurs, les galvanoplastes ou électriciens qui ne s'occupent que de la conduite du bain, les démouleurs et enfin ceux qui terminent les objets et qui représentent divers genres d'artistes y compris le ciseleur.

En possession de cette médaille creuse qui n'est représentée que par une feuille plus ou moins épaisse, on pourra perfectionner encore l'œuvre en emplissant le creux d'un métal fondu : étain, plomb, etc., pour lui donner du poids, ce qui permettra d'en faire par exemple, un presse-papiers ; si la reproduction a été faite en cuivre, on pourra là passer ensuite au bain de nickel, d'argent ou d'or et avoir ainsi à très bon compte, non seulement un objet d'une valeur artistique, mais encore un véritable objet précieux.

### Galvanoplastie d'une médaille ou d'un bas-relief à deux faces

Le cas que nous venons d'examiner est évidemment assez simple à réaliser, mais plus compliqué est celui qui demanderait la reproduction des deux faces de la médaille. Les moyens de parvenir à résoudre le problème sont assez divers et chaque opérateur peut exercer son imagination à trouver des procédés ou plus simples, ou plus expéditifs ou, qui conviennnent mieux à ses aptitudes, que ceux dont nous allons donner une brève description.

*Premier procédé*. — Il est en somme la reproduction exacte de celui que nous venons d'indiquer sauf qu'il consiste à faire deux moules : l'un pour le côté face, l'autre pour le côté pile, et que dans le moulage, au lieu de prendre la hauteur totale de l'exergue, on n'en prendra que la moitié. Reprenant donc notre exemple précédent, nous opérerons exactement comme nous l'avons déjà dit et le moule total de la médaille se composera de deux pièces pareilles à celle représentée par notre dessin, figure 63, l'une étant le côté pile et l'autre le côté face, étant bien entendu que cette fois, la partie *d c* ou *e f* ne présentera que la moitié de la hauteur de l'exergue. Quand on aura démoulé et fini chacune des pièces comme nous l'avons dit dans l'exemple précédent, il n'y aura plus qu'à réunir les deux pièces par le bord de leur exergue à l'aide d'une soudure. Ce dernier travail est d'autant plus délicat à effectuer que l'objet sera plus menu, mais ne l'avons-nous pas déjà dit ? l'habileté doit être une des qualités maîtresses du galvanoplaste. Enfin ce procédé n'est applicable que si l'exergue est unie et ne porte aucune empreinte ; dans le cas contraire il faudrait recourir au second procédé car la réunion des deux demi-exergue sera très difficile à obtenir d'une façon mathématiquement exacte pour ne pas créer une mauvaise reproduction du travail de celle-ci et en outre la soudure, si bien qu'elle soit faite, l'abîmera également.

*Second procédé.* — Etant donné une médaille quelconque, on la place sur la table d'une presse au milieu d'un anneau ou cadre d'un diamètre un peu supérieur à celui de la médaille (15 à 20 millimètres et plus suivant le diamètre) et la dépassant en hauteur de 6 à 7 millimètres. Une petite sphère de gutta chaude est disposée sur la pièce et un coup de presse donne le moule comme nous l'avons obtenu dans notre premier exemple. D'autre part on moule l'autre face de la pièce sans chercher à tirer parti de l'exergue. Puis on passe au bain en suivant les principes donnés ci-dessus. Quand le dépôt métallique est achevé on démoule et, avec une bonne lime, on ébarbe les deux épreuves, dont l'une porte l'exergue, l'autre devant venir s'ajuster sur le rebord de cette exergue et s'y appliquer très exactement. D'ailleurs on prépare un flan ou rondelle en métal (cuivre) qui doit entrer librement dans l'alvéole formée par le dépôt métallique donnant la face et l'exergue. Ceci étant fait, on râpe de l'étain que l'on mêle à un peu de sel ammoniac et d'huile d'olive, de manière à former une pâte ; puis, après en avoir placé une partie sur le flan, on chauffe avec une lampe à alcool ou toute autre source de chaleur. On voit l'étain couler, remplir les vides et former la goutte de suif au-dessus du flan. Alors on place le côté pile en regard d'un petit repère tracé à l'encre et sur l'exergue et sur la pile et l'on presse pendant que l'étain est encore en fusion.

Afin que la face sur laquelle se trouve le motif de sculpture ou de ciselure ne soit pas déformée par la pression, on a eu le soin de prendre un creux en cuivre très épais de cette face, on l'a épaissi par une forte couche d'étain que l'on a bien dressé, c'est dans ce moule que l'on place la pièce en fabrication. Tandis qu'elle porte en dessous dans ce moule dont chaque trait coïncide avec le relief de la pièce, on place en dessus une pile de coussins en gutta-percha bien plane, coupée dans une planche.

On comprend que la pression chasse à l'extérieur l'étain en excès, et la soudure des deux parties devient tellement intime que l'objet fini paraît bien n'être qu'en une pièce. Ici encore la réussite d'un semblable travail réside entièrement dans l'adresse de l'opérateur et s'il a dû dépenser force de patience et de travail persévérant, il en est récompensé par l'obtention d'objets souvent fort jolis.

Disons à titre d'indication que ce dernier procédé est particulièrement cher aux faux monnayeurs, et nous pensons que si ces messieurs développent tant d'adresse et de patience dans leurs exécutions criminelles, c'est que le gain qu'ils en tirent les dédommage de leurs peines, car il est à douter que chez eux ce soit le côté artistique du travail qui les tente. Leur opération consiste à faire le dépôt métallique en argent et à faire un flan en métal tel, le melchiort principalement, qui, une fois bien soudé comme nous venons de le dire, donne à la fausse monnaie une telle homogénéité que le son en est souvent parfait. Heureusement pour les honnêtes gens qu'il y a la question densité qui intervient et que pour eux le moyen le plus sûr de percevoir la falsification est de peser la pièce douteuse. Les faux monnayeurs, en effet, ne sont pas parvenus, et il est douteux qu'ils y parviennent, à trouver un alliage qui, mis à l'état de flan, dans l'intérieur de la pièce, lui donne même approximativement le poids réglementaire.

On voit par là que la galvanoplastie, cette découverte très importante de la science électrique, a pu être détournée de son but industriel pour la faire servir à l'accomplissement de véritables crimes, et c'est ce qui nous explique pourquoi toutes les perquisitions faites chez des faux monnayeurs amènent la découverte d'un matériel complet de galvanoplastie.

Les autres procédés de reproduction dérivent plus ou moins de ceux que nous venons d'indiquer et peuvent être plus ou moins modifiés suivant le modèle lui-même. Ce dernier, en effet, doit suggérer par lui-même à l'opérateur les moyens d'en réaliser la reproduction et, quand celle-ci est divisée en plusieurs parties, les points de jonction doivent être choisis tels qu'ils restent aussi peu visibles que possible une fois la reproduction terminée. Le dépôt métallique peut être directement l'un quelconque de ceux que nous avons examinés, ou être d'abord fait avec un métal commun, le cuivre par exemple, qui se dispose facilement, se soude et se travaille sans peine, pour être ensuite recouvert d'un métal plus précieux ou plus résistant aux intempéries de l'atmosphère.

## II. GALVANOPLASTIE DE MODÈLES COMPOSÉS

La galvanoplastie n'exige pas toujours, pour faire une reproduction, le modèle exact de l'objet qu'on veut obtenir, et l'on peut, avec son concours, réunir différents modèles en un seul objet et avoir ainsi une reproduction composée de plusieurs modèles très différents. Un exemple fera mieux comprendre ce genre de travail que l'on a souvent désigné sous le nom de margotage.

Supposons que nous voulions produire un médaillon en métal ornementé style renaissance tel que nous le représentons figure 64, mais nous ne possédons pour le faire que la partie centrale, c'est-à-dire uniquement celle qui comporte la partie sculptée sans ses bords unis. Le sujet nous convient, mais il nous plairait de le voir encadré par un prolongement de la partie métallique ; comment réaliser notre désir ? Le moyen est assez simple, voici comment nous opérerons : dans un cadre rond d'un diamètre un peu supérieur à celui que nous désirons donner à notre reproduction définitive, nous coulerons du plâtre à modeler convenablement gâché et quand il commencera à faire prise, nous placerons notre sujet d'ornementation bien au milieu du gâteau de plâtre et de façon à laisser tout le pourtour émerger légèrement au-dessus. Le plâtre, une fois bien pris, nous façonnerons à la main le cadre représenté sur la figure 64 par deux cercles concentriques, en nous aidant

Fig. 64. Médaillon margoté.

d'instruments pouvant gratter et user le plâtre et l'unir parfaitement, du papier de verre de grosseurs différentes, fera très bien l'affaire pour cette dernière opération. Après avoir tracé très exactement le cercle extérieur qui doit limiter notre médaillon, nous enlèverons tout le plâtre excédant, puis nous ferons notre cadre, le plus petit cercle étant amené par exemple parfaitement au niveau de la partie ornementée du modèle et le cercle extérieur s'en allant en pente vers l'extérieur, ou au contraire le cadre extérieur étant bien plan et un peu au-dessus du niveau de la partie ornementée, tandis que le cadre intérieur, partant du niveau du premier, ira en pente jusqu'à rejoindre le niveau de la partie ornementée. Le tout, ainsi préparé, nous sommes en possession d'un modèle différent du premier ; en le préparant comme nous savons le faire, nous en prendrons l'empreinte à la gutta, soit par le procédé d'affaissement, soit par le procédé Pellecat et nous n'aurons plus qu'à passer notre moule au bain comme précédemment.

Si l'opérateur, usant de ce procédé de modifier le modèle primitif, est habitué au travail du tour, il simplifiera considérablement sa besogne en plaçant le gâteau de plâtre sur le tour et en exécutant, avec cet appareil, les différentes opérations que nous avons supposé pour commencer être entièrement faites à la main.

On peut encore étendre plus loin ce système de modification et, au lieu de n'avoir qu'une partie centrale munie d'ornements, on pourrait, avec des modèles appropriés, reproduire de la même façon un grand médaillon comportant par exemple trois ou quatre sujets identiques ou différents répartis uniformément sur la surface du médaillon, l'intervalle compris entre les médaillons restant uni. On pourrait encore faire une autre composition comportant un motif central de décoration et un autre motif, du même style, formant le bord du médaillon que nous avons supposé uni pour plus de simplicité. Enfin l'opérateur ingénieux et de goût peut mettre à profit cet artifice pour se créer les modèles les plus variés avec des motifs de décoration en nombre relativement restreint.

Ici encore il peut utiliser une ou deux faces du modèle, comme nous l'avons vu faire pour la médaille, et former le dessous du médaillon d'une surface elle-même plus ou moins ornementée et, le tout monté sur un pied également obtenu par galvanoplastie peut faire un vide-poche, un plateau, etc.

### III. GALVANOPLASTIE DE MODÈLES
### FAITS DE TOUTE PIÈCE

Si nous avons pu nous créer des modèles plus ou moins variés avec des documents partiels d'ornementation, nous pouvons également nous faire des modèles de toute pièce, soit entièrement par nous-mêmes si nous avons l'habileté suffisante, soit avec le concours de mouleurs, de tourneurs, voire même de sculpteurs, et nous former ainsi une collection de modèles qui nous serviront à la confection d'objets d'ornementation, d'objets de luxe ou d'objets d'utilité.

On commence par fabriquer un cube en plâtre de la dimension de l'objet à créer, soit un coffret par exemple ; d'autre part, on prépare le socle dont on exécute ou fait exécuter les moulures du pourtour. Le couvercle se fait de la même façon ; on enchâsse soit des têtes, des médaillons, des bas-reliefs que l'on scelle solidement. Le tout étant bien ajusté, on moule chaque face du coffret, on réunit ces faces à onglets de manière à produire la carcasse d'un seul jet. Quant au couvercle et au socle, on les fait venir à part, puis on confie le tout à un monteur en bronze qui se charge de réunir l'ensemble et d'y souder des charnières. L'objet est fait en cuivre, qu'on peut ensuite dorer ou argenter. On peut même combiner les deux métaux et créer ainsi des motifs d'ornementation plus recherchés encore ; il suffira de mettre un vernis

Fig. 65.   Porte-montre.

d'épargne sur les endroits que le bain galvanique devra ne pas recouvrir, pour conserver à la pièce le premier dépôt effectué. On pourra ainsi composer des objets à la fois dorés et argentés. Nous donnons, figures 65, 66 et 67, différentes pièces que le galvanoplaste peut exécuter ainsi.

Le véritable amateur ou le galvanoplaste professionnel ne doit jamais laisser passer un motif d'ornementation qui lui vient dans les mains sans le reproduire ; ce sont en effet pour lui autant de documents dont il pourra faire usage plus tard, soit

Fig. 66.  Boîte à gants.

qu'il les emploie isolément, soit qu'il en fasse de véritables combinaisons qui lui procureront les matières premières, en quelque sorte, de ses tra-

Fig. 67.  Reliquaire.

vaux ultérieurs. Un joli pied de vase, un beau socle de coffret, etc., pourront être utilisés dans l'avenir, pour entrer heureusement dans la composition du modèle d'une pièce, souvent tout à fait différente de celle qui a fourni le motif. Cette recherche des documents exige à coup sûr un certain esprit de méthode et réclame, de la part du galvanoplaste, un certain tempérament artistique. Mais si la préparation du métal par lui-même est un travail purement mécanique, où la main humaine n'intervient que pour la bonne exécution du dépôt, tout ce que nous venons de dire relativement à la confection des objets divers devient de l'art véritable. Si le galvanoplaste ne saurait être comparé, au point de vue général, au sculpteur, au graveur ou au ciseleur, on peut, sans le flatter, dire qu'il est son auxiliaire précieux, car il reproduit, à une infinité d'exemplaires, le chef-d'œuvre qui a été souvent le fruit d'un travail fort long.

Pour la simplicité de nos explications, nous n'avons toujours parlé, dans ce qui précède, que de la confection d'un seul et unique objet, mais on comprend que, dans la pratique, on peut mener la reproduction du même objet en nombre quelconque d'éditions; il suffit à cet effet de prendre sur le modèle un nombre de moules correspondant à celui des éditions que l'on veut faire d'une même pièce.

Mais à côté des objets uniquement de luxe ou d'ornement, la galvanoplastie peut également fournir des pièces d'utilité; c'est elle, en effet, qui permettra de faire d'une façon tout à fait économique des sujets tels que monogrammes métalliques figurant sur les portefeuilles, les porte-monnaie, etc.; c'est à elle que s'adresse souvent le gainier pour obtenir ses fermoirs d'albums ou de missels, en tous points comparables, sous le rapport du fini, au travail du ciseleur, et que l'estampage ne peut procurer que d'une façon plus grossière, et dans des conditions économiques, seulement quand il doit reproduire un grand nombre de pièces.

## IV. CORVINIELLO

On désigne sous ce nom un procédé spécial de décoration pour l'obtention de laquelle on procède de la façon suivante : supposons que l'on veuille décorer en corviniello un plat par exemple, on polit le fond du modèle, qui est généralement en métal, et on y trace le dessin qui doit figurer l'assemblage des diverses pièces à mettre en œuvre : métal, jais, ambre et surtout pièces de mosaïque de Florence. En sciant, en limant, en polissant, en coupant, on donne aux diverses pièces la forme qui leur est imposée par la place qu'elles doivent occuper dans le dessin ; le devant doit être généralement plat. On colle provisoirement ces pièces par cette face sur le fond poli du modèle, aux endroits qu'elles doivent occuper dans le dessin. Le modèle étant ainsi chargé, on le prépare à la manière ordinaire usitée en galvanoplastie, et on dépose sur son fond un métal quelconque à l'aide d'un bain et du courant électrique. Ce dépôt métallique recouvre tout le fond du plat et enveloppe avec la plus grande précision les pièces collées et leur fond, à moins qu'on ne les isole à dessein en les enduisant de vernis ou de cire. Quand le dépôt métallique a atteint l'épaisseur voulue, on le détache du modèle, ce qui n'est pas difficile, car le vernis qui a servi à coller se détache facilement.

On a, par ce procédé, un plat dont le devant est poli, et dont les diverses parties, collées ensemble, sont jointes les unes aux autres avec une précision que n'obtiendrait pas la main la plus habile. On peut encore, par la gravure, décorer cette surface ou la noircir, l'argenter ou la dorer.

## V. GALVANOPLASTIE DES MODÈLES EN RONDE-BOSSE PAR LE PROCÉDÉ LENOIR

Nous n'avons encore examiné que la reproduction de modèles de dépouille, ou n'offrant que des parties très faibles hors de dépouille dont la gutta peut former le moule, et dont le démoulage sur l'objet se fait facilement en raison de l'élasticité de cette matière moulante ; nous avons examiné aussi les modèles faits en deux pièces et dont les reproductions sont ensuite réunies à l'aide d'une soudure. Nous allons voir dans le présent paragraphe que la galvanoplastie se prête également à la reproduction de modèles en ronde-bosse, c'est-à-dire d'objets complètement hors de dépouille ; c'est à Lenoir qu'est due l'invention de ce procédé qui rend aujourd'hui de si grands services dans les reproductions artistiques.

Pour décrire ce procédé, nous supposerons qu'il faille reproduire la statuette dont nous avons déjà donné la représentation figure 51, au chapitre XIV ; cette statuette, nous avons appris déjà à la reproduire, mais le moyen que nous avons donné et qui a été longtemps employé est d'abord très compliqué, nécessite ensuite, après que la reproduction est faite, une série de retouches qui, si soigneusement qu'elles soient faites, arrivent toujours à dénaturer même légèrement la conception de l'artiste, et enfin sacrifie le modèle puisque, ainsi que nous l'avons vu, celui-ci doit être débité par pièces et morceaux.

Le procédé Lenoir exige aussi que l'objet en ronde-bosse, ou hors de dépouille, soit fait par pièces détachées, mais celles-ci ne sont constituées que par le moule, et c'est lorsque toutes les parties de ce dernier sont réunies et forment l'ensemble du modèle, qu'on procède à la métallisation ; puis au dépôt métallique, le modèle ayant été respecté dans son entier. Donc, étant donné le modèle que nous avons choisi, on en prendra le moulage à la gutta par parties, permettant de reproduire chacune d'elles en deux parties, puis en ménageant dans l'épaisseur de la gutta des repères formés par des petits tenons en bois, on réunira toutes ces doubles portions de moulage les unes aux autres, et l'on aura l'objet entier en creux. Supposons, comme on dit, le problème résolu et le cuivre ou tout autre métal déposé sur ce moule, contre ses parois intérieures bien entendu, on aura la reproduction cherchée ; il suffira d'enlever, de dessus la pellicule métallique, toutes les parties du moule les unes après les autres pour mettre à nu la statuette en métal. Les retouches qu'il sera nécessaire d'apporter seront ici très simples, et se borneront à effacer à l'aide d'un outil suffisamment fin les petits traits saillants qui marqueront les lignes de jonction des différentes portions du moule. Par conséquent plus de soudure, plus d'irrégularités dans le jonctionnement des différentes pièces, irrégularités inévitables dues au jeu du métal au moment de la soudure, plus de dénaturation du modèle, dénaturation forcée puisque l'épaisseur seule de la scie qui sert à débiter le modèle, comme nous l'avons vu au chapitre XIV, enlève de la matière et modifie les dimensions de la partie débitée du modèle, modification d'autant plus sensible que la portion du modèle est plus petite. Avec le procédé Lenoir, aucun de ces inconvénients, on obtient exactement, rigoureusement la reproduction du modèle, avec juste des raies de métal à enlever.

Mais la pratique de ce procédé n'est pas aussi simple que ce que nous en venons de dire, et il a fallu à Lenoir le réel génie inventif qu'il possédait, pour arriver à vaincre les différentes difficultés contre lesquelles est venu se heurter l'application de son principe. Nous allons donc donner en détails la façon d'opérer en donnant, au fur et à mesure de notre description, l'explication des dispositions adoptées par l'illustre inventeur.

Le moule une fois terminé en autant de morceaux qu'il en a fallu pour obtenir le modèle complet en ronde-bosse, on métallise soigneusement l'intérieur de chacune des pièces du moule et on les assemble, ce qui donne, vue du dehors, une masse de gutta plus ou moins grossièrement contournée et ne rappelant que vaguement la forme du modèle, comme l'indique la partie hachurée A de notre dessin (fig. 68) dans lequel, pour la simplicité de l'explication, nous supposons le moule

G.

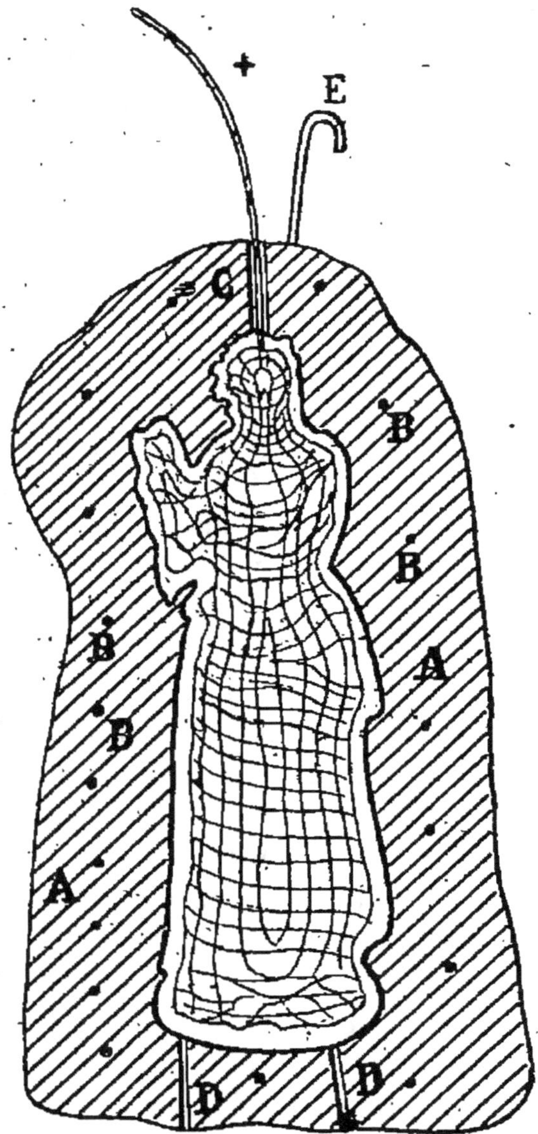



Fig. 68.

coupé exactement en deux parties. Les petits points
BBB indiquant les petites chevilles, servent de
repères. Au milieu de cette masse de gutta-percha,

se trouve le modèle en creux de la statuette prise comme modèle. L'intérieur du modèle, ou le creux est mis en communication avec l'extérieur par un petit canal C creusé dans la gutta au sommet de la tête du sujet et par deux petits canaux D.D situés en bas.

Lorsqu'on plongera le moule de gutta ainsi fait dans le bain de galvanoplastie, que nous supposerons être par exemple un bain de cuivre, ces canaux permettront au liquide du bain de pénétrer à l'intérieur du moule. La disposition de ces canaux peut varier suivant les sujets, nous n'en avons placé qu'un seul à la partie supérieure de notre modèle parce qu'à cet endroit celui-ci est très ouvragé et comme à la fin du travail il faudra, sur la reproduction, boucher le trou ainsi ménagé, nous avons voulu rendre ce travail aussi simple et aussi faible que possible. Dans le socle, au contraire, qui sera une surface unie, le bouchage des orifices des canaux sera très facile, aussi avonsnous ménagé deux canaux. Si notre sujet avait représenté un cheval, nous aurions fait un canal sous chaque sabot de l'animal. La disposition de ces canaux n'a rien de fixe, ils ont pour but de répandre aussi facilement que possible le liquide du bain dans l'intérieur du modèle, et de ne pratiquer dans la reproduction que des solutions de continuité qui pourront se boucher facilement, c'est par conséquent à l'opérateur d'assurer ces deux conditions, en cherchant à faire passer les canaux par les parties du modèle où le bouchage se dissimulera le mieux et le plus facilement.

Le moule est muni de son conducteur E reliant

au pôle négatif de la source d'électricité la partie métallisée de la gutta sur laquelle doit s'effectuer le dépôt métallique, comme nous l'avons vu pratiquer précédemment. En raison de la forme même du moule, il n'est plus possible de faire usage d'anodes solubles, or à cause même des nombreuses sinuosités intérieures du moule, celles-ci ne recevront qu'un dépôt fort irrégulier, le plus épais se produisant sur les parties les plus en saillie dans l'intérieur du moule et réciproquement. C'est pour obvier à ce défaut d'uniforme répartition du dépôt métallique que Lenoir a imaginé le subterfuge suivant : il consiste à faire un treillis, un véritable squelette en fil de platine (inattaquable par le liquide du bain), squelette rappelant d'une façon très grossière les formes générales du modèle et légèrement plus petit que le moule, de façon à n'en toucher nulle part les parois métallisées. Ce squelette est relié par un fil également en platine, et sortant par le canal C au pôle positif de la source d'électricité, nous l'indiquons sur la figure 61 par le signe +. Ce moyen assure la transmission du courant d'une manière uniforme sur toute la surface intérieure du moule et par suite avec une décomposition uniforme du liquide du bain un dépôt également uniforme du métal.

Mais ici se présente une nouvelle difficulté : malgré tous les soins et toute l'adresse de l'opérateur, peut-il être assuré qu'aucun point du squelette ne touchera pas la paroi intérieure du moule? Les premiers essais de Lenoir lui ont montré que la réponse était négative, aussi a-t-il eu l'idée fort ingénieuse d'entourer, sur toute sa longueur, le fil qui sert à faire ce squelette d'un fil en caoutchouc, ce dernier ne recouvrant pas entièrement, bien entendu, le fil de platine, mais décrivant autour de lui une spirale très allongée qui laisse la majeure partie du platine à nu, et forme un bourrelet en saillie qui, s'il vient à toucher la surface du moule, n'a plus aucun effet fâcheux puisque le caoutchouc n'est pas conducteur de l'électricité. Par cet artifice, on est assuré que le fil de platine sera toujours distant, de la surface du moule, de l'épaisseur au moins du fil de caoutchouc qui l'entoure.

Ce moyen semblait devoir donner toute satisfaction et logiquement, électriquement pour ainsi dire était infaillible. Il n'en est cependant pas tout à fait ainsi dans la pratique et, quelle que soit la surveillance qu'on apporte à la conduite du bain et à la distribution du courant qui le décompose, il peut se former au dépôt des parties formant pointes et qui viennent bientôt en contact avec le fil de platine, l'effet du courant devient nul puisqu'il circule librement d'un pôle à l'autre par ce conducteur qui s'est formé sans qu'on le veuille. L'inconvénient devient très grave dans la pratique industrielle où un même bain contient un plus ou moins grand nombre de moules; il suffit en effet qu'un seul présente le fait que nous venons d'indiquer pour que le bain entier cesse de fonctionner, car le courant électrique trouvant ainsi un chemin tout indiqué et de moindre résistance que le liquide, s'écoulera d'une façon continue et il n'y aura plus de dépôt possible dans tous les moules réunis dans le même bain.

Lenoir a encore trouvé un moyen très simple de remédier à cet inconvénient, et cela de la façon suivante : les parois plombaginées sur lesquelles doit s'opérer le dépôt sont munies d'un petit conducteur métallique qui se termine en dehors du bain par un fil de fer excessivement fin, et tous ces fils de fer se réunissent au pôle négatif du producteur d'électricité. Si le fait que nous venons d'indiquer vient à se produire, tout le courant électrique va tendre à passer directement du pôle positif au pôle négatif, c'est-à-dire du squelette en platine à la petite proéminence de cuivre avec laquelle il fait contact sur la surface du moule, de là se répandra dans toute la masse du dépôt métallique pour se rendre au pôle négatif par les fils de fer fins. Mais à cause de leur finesse même, ces fils de fer sont incapables de supporter la quantité de courant à laquelle ils doivent donner passage et brûlent spontanément, mettant ainsi le moule hors circuit, c'est-à-dire hors du passage du courant, ce dernier continuant son service dans les autres moules. L'opérateur est ainsi averti de ce qui se passe à l'intérieur du moule incriminé, et, s'il ne le voit pas, les autres sujets continuent à prendre du métal normalement.

Comme il est essentiel que cette combustion du fil de fer se fasse aussi spontanément que possible, outre qu'on le tient très fin, on ne lui donne qu'une très petite longueur, un à deux centimètres, le restant du conducteur étant formé d'un fil de cuivre ordinaire.

Ainsi perfectionné, le dispositif Lenoir est devenu tout à fait pratique, et les plus grandes statues ou monuments ont pu être exécutés avec la plus grande facilité. Disons cependant que le procédé a encore reçu un perfectionnement notable dû à Planté, le véritable inventeur de l'accumulateur électrique relaté au début de cet ouvrage. Il a remplacé le fil de platine, qui coûte fort cher et dont l'emploi serait impossible pour de grands sujets, par un simple fil de plomb. Celui-ci est beaucoup plus malléable que le platine ; en outre, il se couvre, dès le début de l'opération, d'une couche d'oxyde qui le préserve d'une attaque continue par le bain et remplit absolument le rôle du platine, avec un prix énormément moindre.

Quant à la marche du liquide dans l'intérieur du moule, elle s'explique facilement : ce liquide, décomposé par l'action du courant, devient de moins en moins dense et gagne la partie supérieure du moule pour s'échapper par le canal C. La partie la plus dense du liquide étant au fond du bain tend à s'élever en passant par les canaux D, et l'intérieur du moule se trouve ainsi empli d'un liquide presque continuellement à saturation.

Enfin nous dirons qu'il est essentiel que le conducteur +, qui sort par le canal C, n'ait aucun contact avec les parois métallisées du moule, et pour être assuré que cette condition est remplie, il faut avoir soin de le faire passer dans un petit tube de verre qui s'appuie sur le sommet du squelette et dépasse un peu le moule en gutta-percha.

Lorsque le dépôt métallique a pris l'épaisseur voulue, on sort le moule du bain, on le démonte pièce par pièce et l'on a l'objet en ronde-bosse complètement terminé. On peut s'exercer à tirer par les canaux les fils qui forment le squelette, mais l'opération, qui avait quelque intérêt quand il s'agissait de récupérer le platine, n'en a plus aujourd'hui que l'on se sert de plomb, et, généralement, on laisse simplement la carcasse à l'intérieur.

Lorsque l'objet est mis à nu, bien rincé et lavé, on bouche les orifices des canaux C et D, s'il s'agit d'un sujet de petites dimensions ; ces canaux sont eux-mêmes très petits et une simple tige de cuivre suffit à boucher ces trous. Si ce tampon ainsi mis se trouve dans une partie ouvragée (dans la chevelure de la statuette pour notre exemple) on fait en ciselure les raccords nécessaires pour dissimuler cette espèce de rapiéçage. Si, au contraire, il s'agissait d'une statue monumentale, les canaux sont assez larges, on les bouche alors avec une plaque de cuivre, brasée sur le dépôt et convenablement ajustée. Il ne reste plus qu'à faire disparaître les lignes des joints des différentes pièces du moule, lignes qui seront d'autant plus fines que le moule aura été mieux fait. Ce dernier travail, bien que simple, exige une réelle habileté et devient en quelque sorte la partie purement artistique de la série d'opérations que nous avons décrites. L'amateur pourra s'y exercer utilement et les moindres résultats seront la récompense de ses peines. Dans l'industrie, nous le répétons, on fait intervenir le ciseleur.

Ce procédé de galvanoplastie est très utilisé et est devenu industriel ; grâce à lui, un modèle original, une maquette d'artiste peut servir à la reproduction d'un grand nombre du même spécimen sans altérer en quoi que ce soit le modèle qui conserve toute sa valeur, et c'est grâce à lui qu'on peut avoir maintenant à des prix relativement réduits, des œuvres de très haute valeur artistique.

Nous pourrions multiplier à l'infini les exemples de reproduction, mais tous se rapprocheraient pour leur confection des principes que nous avons émis et, force nous est d'abandonner le galvanoplaste à son initiative personnelle lorsqu'il voudra procéder à la reproduction de modèles s'éloignant plus ou moins de celui que nous venons de donner, et que nous avons choisi intentionnellement comme représentant la généralité des cas qu'il pourra trouver dans la pratique de son art, assez intéressant pour passionner les esprits les plus calmes.

Des trois genres de galvanoplastie que nous avons passés en revue, celui de la galvanoplastie proprement dite donne les résultats les plus parfaits et les reproductions les plus fines, aussi est-il plus particulièrement utilisé à la confection d'objets artistiques, les deux autres genres de la galvanoplastie s'appliquant plus spécialement à la réalisation de conditions utilitaires. Chacun a son importance propre et, s'il est fort appréciable de pouvoir donner à des produits sans valeur, tels que la fonte ou le fer, l'aspect, la résistance et la solidité du cuivre, satisfaisant ainsi le plaisir des yeux et l'économie par la durée, il est non moins important de pouvoir répéter à un grand nombre d'exemplaires les œuvres d'artistes de talent, ce qui les fait connaître partout et ne peut que développer chez les hommes le goût des arts, lesquels si l'on en croit le vieux proverbe, embellissent la vie, et sûrement relèvent le niveau moral de notre pauvre humanité qui n'en a, malheureusement, que trop souvent besoin.

## CHAPITRE XVII

## Dorure et argenture des passementeries

Les passementiers donnent aux fils fins d'or, d'argent ou de cuivre le nom de *trait*, et l'usage du trait dans l'industrie passementière est excessivement répandu pour la fabrication des épaulettes, galons et autres ornements de la tenue militaire, pour la confection des riches broderies des vêtements sacerdotaux, ou pour l'ornementation de la toilette de nos élégantes, enfin l'industrie mobilière, la gainerie, etc., se servent également du trait sous forme de galons ou de bordures, pour l'ornementation des rideaux, des meubles, des coffres, etc. La passementerie au trait a été longtemps l'apanage unique de la fabrication lyonnaise, mais aujourd'hui avec nos habitudes de décentralisation, cette industrie s'est répandue un peu partout en France et si son importance est encore considérable à Lyon et à Paris, il existe nombre de grandes villes où elle s'exploite avec succès.

Dans l'origine, lorsque la passementerie au trait était localisée à Lyon, les produits étaient divisés en deux catégories : *le fin* et *le demi-fin*. Le fin était le fil d'or ou d'argent employé tel que ; le fil d'argent doré rentrant dans cette première catégorie ; le mi-fin était le cuivre doré ou argenté. Plus tard on a fait trois classifications, le fin étant le fil en métal pur (or ou argent) le demi-fin étant l'argent doré et enfin le cuivre doré ou argenté étant le faux. Aujourd'hui, la classification est encore modifiée, l'argent doré prend le titre de fin, le cuivre doré le titre de demi-fin et finalement le cuivre seul, mais suffisamment brillant se rapprochant par sa couleur de l'or, prend le titre de faux.

Avant l'application de la galvanoplastie à la dorure du trait, voici comment opéraient les fabricants de Lyon : ils forgeaient un bloc d'argent de 5 à 6 kilogrammes, sous forme d'un cylindre de 6 centimètres de diamètre et de 35 à 40 centimètres de longueur. La tige ainsi obtenue devait être sans défaut, ni pailles, ni gerçures, ce dont on s'assurait par un grattage à vif.

Après s'être assuré que la tige était parfaitement saine, on la portait dans un four d'où on ne la retirait que lorsqu'elle avait atteint la couleur rouge sombre. Alors, on la plaçait, par ses extrémités, sur deux tréteaux en fer. Là, un ouvrier commençait, après l'avoir bien brossée, et en partant d'une des extrémités, à l'entourer de lames d'or, sur lesquelles il appuyait avec une espèce de brunissoir, de manière à ne pas laisser d'air entre l'or et l'argent. Dès que le premier manchon d'or était posé, on passait au second, en ayant soin de faire mordre d'un demi-centimètre les feuilles du second manchon sur celles du premier, afin d'éviter toute solution de continuité entre les manchons. La tige étant ainsi couverte d'or, on recommençait l'opération du sens opposé, afin de croiser les reprises, et on collait ainsi les feuilles jusqu'à ce que l'on ait atteint le poids constituant le numéro de dorure demandée ; c'est ainsi que le n° 42 représentait un poids de 18 grammes d'or par kilogramme d'argent et le n° 24 le plus bas titre de dorure.

Une fois dorée, on portait la tige à la tréfilerie où on commençait de la tirer dans de très grosses filières en acier, aidant l'opération avec de la cire jaune. Il est à présumer que cette dernière emportait une assez grande quantité du métal précieux, puisqu'elle était revendue au prix de 20 centimes le gramme. Puis on réduisait progressivement les filières jusqu'à obtenir des fils de la ténuité voulue pour se prêter aux différents travaux de la passementerie. Mais nous n'insisterons pas sur cette partie des opérations qui se rapportent exclusivement à l'industrie de la tréfilerie.

D'autres fabricants, partant également du bloc d'argent, le doraient au mercure en déposant dessus un amalgame d'or et en exposant la tige ainsi préparée à un feu vif de charbon de bois ne dégageant pas de fumée, pour volatiliser le mercure et laisser le bloc d'argent recouvert d'une couche d'or. Cela fait, on passait la pièce à la tréfilerie, comme précédemment.

Les deux manières d'opérer que nous venons d'indiquer, présentent de gros inconvénients. Dans la première, le produit fini est assez bon et offre une couche d'or assez uniforme, mais les feuilles dont on se servait n'étaient jamais d'or pur et ne pouvaient pas l'être ; en outre, toutes ces opérations de superposition de feuilles d'or constituaient une main d'œuvre longue et coûteuse ; de plus en vue d'assurer une enveloppe complète d'or sur l'argent, ces feuilles devaient, comme nous l'avons dit, se recouvrir à leur jonction, d'où inégalité d'épaisseur sur le pourtour du fil, inégalité qui était d'autant plus sensible que le tréfilage était poussé plus loin, et que l'épaisseur de l'or sur l'argent devenait plus faible. Signalons encore la perte éprouvée par l'or abandonné à la cire, mais qui pouvait être réduite par récupération du métal.

Le second procédé a tous les inconvénients de la dorure au mercure et devait tout naturellement se trouver remplacé par la galvanoplastie, dont les premières applications dans la bijouterie en général et dans la dorure en particulier, ont eu pour but de supprimer l'emploi si dangereux du mercure. La galvanoplastie permettant aussi de faire un dépôt régulier et de métal absolument pur, se trouvait tout indiquée pour se substituer au premier procédé. C'est en raison de ces avantages que la dorure et l'argenture galvanique du trait est devenue absolument courante et appliquée d'une façon très générale dans la fabrication de ce produit.

Ainsi que nous l'avons vu dans le chapitre relatif à la dorure, la dorure du trait se fait aussi à chaud ou à froid. La disposition de l'appareil est très simple : une bassine en fonte émaillée plus longue que large et peu profonde est placée sur un fourneau et contient le bain d'or en tous points de même composition que ceux que nous avons vus,

Si l'on opère à chaud, on allume le fourneau et l'on amène le bain à la température voulue ; si l'on opère à froid, la même installation peut servir, il suffit de ne pas faire de feu sous le bain d'or. Ceci dit, voici comment se fait l'opération, en principe, nous reviendrons après sur les détails de l'installation. Le fil à dorer est enroulé sur une bobine et passe dans le bain d'or pendant un temps suffisamment long ; en sortant du bain d'or, il passe dans une première auge renfermant une solution faible de cyanure qui nettoie et éclaircit la dorure ; puis dans une seconde auge contenant de l'eau froide et dans laquelle le fil se rince ; de là, il passe dans un tube chauffé par un moyen quelconque, et vient enfin aboutir à une bobine sur lequel il s'enroule une fois fini. C'est cette dernière qui règle en quelque sorte la marche de l'opération, car c'est elle qui donne au trait, au fil son mouvement de translation et, suivant que ce mouvement est plus ou moins rapide, le trait reste plus ou moins longtemps dans le bain, plus ou moins longtemps dans la dissolution de cyanure, dans l'eau de rinçage et dans le tube de séchage. L'opération, on le voit est continue, et l'on arrive à dorer, par ce procédé, des longueurs ininterrompues de plusieurs kilomètres de fils ; en outre, dans l'industrie, l'appareil comporte, pour une même cuve, plusieurs bobines et la dorure s'effectue sur plusieurs traits à la fois.

Maintenant que nous connaissons la marche générale de l'opération, nous allons entrer dans les détails des dispositions permettant à tous nos lecteurs de constituer cette installation avec tous ses accessoires indispensables. D'abord, pour qu'il y ait dépôt d'or, il faut que le fil d'une part soit relié au pôle négatif d'un producteur d'électricité, et que le bain, d'autre part, soit relié au pôle positif du même producteur électrique; pour répondre à ces exigences, étant donné que le fil est doué d'un mouvement continu, voici comment on dispose la liaison au pôle négatif : en quittant la bobine sur laquelle il est enroulé, le fil, avant de plonger dans le bain d'or, vient frotter sur une tige ronde en cuivre, montée sur des supports isolants et reliée au pôle négatif ; par ce contact, le fil est constamment relié lui-même malgré son mouvement, au pôle négatif, comme tout objet immobile plongé dans le bain galvanique. Quant à ce dernier, il est relié au pôle positif par l'intermédiaire de tiges en platine, qui plongent dans le bain sans toucher le fond de la cuve et, se réunissant par une tige maîtresse en cuivre, aboutissent, par cet intermédiaire, au pôle positif. Le nombre des tiges de platine varie suivant le nombre de traits plongeant dans le bain de dorure. En principe, on établit deux tiges de chaque côté de la ligne suivie par le trait; si la cuve comporte deux lignes de traits, il y a donc trois rangées de deux tiges de platine; si elle comporte trois lignes de traits, il y a cinq rangées de tiges de platine, etc.

Voilà donc le fil placé dans le bain galvanique, dans les conditions requises pour recevoir le dépôt métallique dont on veut le couvrir. Il s'agit maintenant de l'y faire séjourner assez longtemps pour que ce dépôt soit d'une épaisseur suffisante, et sans pour cela qu'on soit obligé d'avoir une trop grande cuve et par suite une trop forte quantité du liquide formant le bain. Pour cela faire, plongent dans le bain en allant presque jusqu'au fond, deux armatures en fer convenablement isolées, placées aux deux extrémités du bain. Ces deux armatures sont munies à leur extrémité inférieure d'un tube en verre plein, sur lequel peuvent tourner librement autant de poulies en porcelaine qu'il y a de traits passant dans le bain. Cette disposition établie, le fil en sortant des bobines et frottant sur la tige de cuivre reliée au pôle négatif, plonge verticalement dans le bain, passe sous le tube en verre de la première armature et s'engage dans la gorge de la poulie de porcelaine, court parallèlement au fond de la cuve pour passer dans la gorge d'une poulie en porcelaine de la seconde armature, se relève verticalement pour sortir de la cuve.

A sa sortie de la cuve, le fil est amené sur deux rouleaux parallèles, tournant librement et qui ramènent le fil à une position horizontale. De là, le fil passe dans la première auge, au fond de laquelle est encore un rouleau fou sous lequel passe le fil de façon à le forcer à parcourir toute la profondeur de l'auge et à se bien rincer, il passe de la même façon dans la seconde auge puis dans l'appareil sécheur, qui est un fourneau quelconque, contenant autant de tubes chauffés qu'il y a de fils; ces derniers passent dans leurs tubes respectifs et viennent s'enrouler chacun sur une bobine fixée à un treuil qui tourne à une vitesse très uniforme, mouvement qu'on lui donne à la main ou au moteur.

Cet appareil est très simple et peut être établi

7.

sans connaissances spéciales en matière de mécanique, aussi son fonctionnement est-il parfait. Cependant sous le vocable fonctionnement, nous entendons parler de son fonctionnement mécanique, car il n'est pour rien dans la plus ou moins grande perfection de la dorure, laquelle dépend de toute une série de conditions que nous allons donner d'une façon aussi précise que possible.

Nous avons vu déjà que l'épaisseur du dépôt métallique dépend des trois circonstances à savoir : intensité du courant, richesse du bain et durée d'immersion de l'objet dans le bain ; or, dans la dorure du trait, celui-ci étant continuellement en mouvement, il faut pour que le dépôt soit régulier sur toute sa longueur que son mouvement de translation soit excessivement uniforme, aussi ne l'obtient-on guère que par le moteur et le moteur à vapeur principalement dont la marche est très régulière. Au début, des essais avaient été faits avec des moteurs à gaz, mais à ce moment-là surtout, leur construction encore dans l'enfance et leur fonctionnement assez mal défini, donnaient lieu à une marche tout à fait irrégulière qui causait dans l'avancement des traits des à-coups nuisibles à la bonne répartition du dépôt, aussi déclarait-on volontiers que ce genre de générateur du mouvement ne pouvait convenir dans la circonstance. Bien des progrès ont été réalisés depuis et nous pensons qu'aujourd'hui les moteurs à gaz, surtout d'une certaine puissance, qui actionneraient tout un atelier par exemple, pourraient être parfaitement utilisés. Néanmoins nous serions plus sûr du fonctionnement d'une machine à vapeur ou d'un moteur électrique. Donc première condition à réaliser : régularité absolue de marche.

Dans le bain que nous venons de décrire les anodes étant en platine et par suite insolubles et incapables d'entretenir le bain au même degré de richesse, il est indispensable de le surveiller de très près sous ce rapport et de l'entretenir par l'addition appropriée du sel métallique.

Enfin la régularité dans l'intensité jouant également un rôle important, elle est à surveiller fort attentivement et un ampèremètre devient dans la circonstance un accessoire presque indispensable. Sous ce rapport, quand on aura le choix du producteur d'électricité, il faudra prendre celui dont le débit est le moins variable et ce sera la dynamo munie de son rhéostat, à l'aide de ce dernier on pourra régler à tout instant le débit à volonté suivant les indications de l'ampèremètre. Après la dynamo, le choix doit se porter sur l'accumulateur; enfin en tout dernier lieu, on prendra la pile qu'il sera bon de choisir parmi celles que nous avons indiquées comme impolarisables, ce qu'on appelait autrefois à courant constant, et encore parmi celles-ci, le modèle donnant une force électro-motrice en rapport avec celle qui convient à l'opération. La pile Bunsen nous paraît la meilleure à indiquer dans la circonstance.

L'irrégularité de vitesse dans l'avancement du trait, comme celle de la richesse du bain, comme celle enfin de l'intensité du courant, modifiant l'épaisseur du dépôt métallique sur le fil, ce dernier prend des nuances différentes variant du blanc verdâtre (quand c'est de la dorure sur argent) lorsque le dépôt métallique est faible par suite d'une intensité de courant insuffisante, ou d'un bain trop pauvre, ou d'une vitesse d'avancement trop grande du trait, au rouge foncé quand ce sont des cas contraires qui se présentent dans l'ensemble des trois circonstances précitées ou dans l'une d'elles particulièrement. Or un trait d'une longueur de plusieurs centaines de mètres doit présenter la même coloration métallique, le même aspect sur toute sa longueur pour avoir sa véritable valeur ; c'est assez dire toute l'importance qu'il faut attacher au maintien des bonnes conditions que nous venons d'énumérer. Sans vouloir décourager notre lecteur dans ses tentatives, nous devons néanmoins à la vérité de dire que la dorure ou l'argenture du trait est une opération délicate exigeant les plus grands soins.

Un autre inconvénient qui se produit fréquemment c'est la cassure du fil, il est important de la prévoir et de la surveiller car, à la suite de cet accident, l'extrémité du fil cassé peut toucher sur des anodes, former en langage électrique un *court-circuit* offrant au courant électrique un passage plus court et moins résistant par où il passe en entier et l'opération est suspendue pour tout le bain, ce qui est d'autant plus préjudiciable que celui-ci contient un plus grand nombre de traits. Aussi dès qu'un fil casse il faut en nouer de suite les extrémités afin que l'opération ne soit pas arrêtée. Quelques fabricants ont imaginé des dispositifs, d'ailleurs fort simples, qui leur évitent la peine de surveiller continuellement le bain et les traits. Ils intercalent dans le circuit électrique de galvanisation un circuit de sonnerie, et celle-ci résonne dès qu'un trait vient à être rompu. On est ainsi averti, même de loin, de l'accident, qu'on s'empresse de réparer.

L'appareil, tel que nous l'avons décrit, a subi aussi quelques variantes que nous croyons bon de signaler. Bien des doreurs au trait ne sèchent pas le fil à sa sortie immédiate du bain, ils le font enrouler sur une bobine creuse en métal et d'un diamètre suffisant ; quand toute la longueur du fil est embobinée, la bobine est chauffée dans l'intérieur par un moyen quelconque, soit un peu de braise en ignition, soit une rampe à gaz, etc., d'autres industriels opèrent ce chauffage au fur et à mesure que le fil s'embobine ; un peu de vapeur distraite de la chaudière du moteur et introduite dans l'intérieur de la bobine, pendant son mouvement de rotation suffit à développer la chaleur nécessaire au séchage.

Les anodes en platine sont généralement montées de telle façon qu'on puisse les plonger plus ou moins profondément dans le bain ; cette disposition s'obtient très simplement de la façon suivante : une barre collectrice en cuivre réunit toute une rangée d'anodes ; cette réunion s'opère à l'aide de pinces de formes spéciales qui, immobiles sur la barre collectrice, présentent un œil avec une vis de pression ; l'anode passe dans l'œil et est maintenue à hauteur voulue par la vis.

Enfin dans tout ce que nous venons de dire nous avons supposé qu'il s'agissait de dorure, celle-ci se faisant soit sur argent, soit sur cuivre ; on agirait identiquement s'il s'agissait d'argenture, seule la composition du bain change. Cependant nous devons faire observer que, lorsqu'on veut dorer du trait de cuivre, on commencera souvent par l'argenter avant de passer à la dorure, cette manœuvre évite le décapage très compliqué du cuivre préparé à recevoir la dorure, décapage d'autant plus délicat ici qu'il s'agit de fils qui sont souvent d'une ténuité extrême et d'un maniement dificile.

Enfin, et bien qu'à partir de là ce ne soit plus de la galvanoplastie, nous dirons que les traits se dorent à l'état de fils ronds, mais certains travaux de passementerie exigeant du trait plat, on passe le trait rond dans les laminoirs spéciaux qui l'aplatissent. Suivant la nature des cylindres de ces laminoirs, on obtient des traits plats brillants ou des traits plats mats.

## IMPERMÉABILISATION DES MATIÈRES TEXTILES

### Soie, Fil, Coton

Puisque nous venons de parler du trait et de son emploi en passementerie d'or et d'argent, nous croyons que le sujet ci-dessus trouve ici sa place naturelle. Le galon d'or et d'argent est très employé dans toute une série d'ornements extérieurs : tenue des officiers et sous-officiers, tentures, etc., et tout le monde a pu se rendre compte de la rapidité avec laquelle il perd son éclat. Cette prompte flétrissure tient particulièrement à une cause inhérente à l'emploi des matières utilisées dans la fabrication du galon ; ces substances sont l'âme du trait pour le galon, et la grosse âme en coton pour les grosses torsades; il y a aussi le galon avec dessin en relief fourré d'étoupe, qui porte avec lui des germes de destruction plus ou moins rapide.

Tant que ces objets recouverts de trait sont exposés au soleil ou à une température privée d'humidité, ils conservent assez longtemps leur éclat et leur brillant; mais viennent-ils à recevoir une pluie, même légère, qu'ils ne tardent pas à se flétrir. Comment en serait-il autrement? Le fil métallique du passementier, ou *filet*, se compose d'un fil de soie sur lequel on enroule une fine lame de métal qui n'est autre qu'un trait aplati, comme nous l'avons dit; cette lame, suivant la valeur de l'objet, peut être en cuivre argenté et doré, en argent et argent doré. Ce travail se fait sur un métier disposé de telle façon qu'à mesure que l'âme de soie se déroule d'une bobine, elle est enveloppée de métal à l'aide d'une autre bobine placée sur une ailette percée dans le sens de sa longueur, par où passe l'âme, cette bobine portant la lame de métal et tournant autour de l'âme qu'elle recouvre pendant que celle-ci est sollicitée par un mouvement de rotation imprimé à une troisième bobine qui reçoit le filet ou fil recouvert prêt à servir.

La vitesse imprimée à celui de ces organes sur lequel s'enroule le filet, détermine l'écartement entre chaque spire de la lame recouvrante. Dans le filet de belle qualité cet écartement est faible, dans le filet ordinaire il est plus prononcé; pour le filet or, on dissimule cet écartement en employant une âme en soie teinte en beau jaune, pour le filet blanc l'âme est blanche.

Or c'est avec ce filet que l'on tisse le galon et foule d'autres spécialités de passementerie. Mais qu'arrive-t-il ? C'est qu'exposés à la pluie, l'eau pénètre l'âme du filet et l'imprègne en quantité d'autant plus nuisible que l'espace entre les spires est plus grand, que l'âme est plus grosse, que la matière qui forme cette dernière est plus spongieuse, et le centre du filet devient un foyer d'humidité qui réagit sur le métal et fait pousser au *vert-de-gris*, suivant la locution de métier.

Il est vrai que cet effet désastreux se produit d'une façon moins sensible sur le fin, mais il s'y produit néanmoins, au bout d'un temps plus long, voilà tout. On a reconnu, en effet, que deux métaux superposés constituent, à l'aide de l'humidité, une véritable pile locale. M. Brandely, qui fait autorité en matière de galvanoplastie, a trouvé le moyen d'éviter ce grave inconvénient par le procédé suivant, aussi ingénieux que simple :

L'appareil dont il se servait est, à peu de chose près, le même que celui décrit plus haut pour la dorure du trait, sauf que la cuve, au lieu d'être disposée pour former bain galvanique, est tout à fait ordinaire, dépouillée de ses accessoires conducteurs d'électricité, les auges de lavage sont supprimées. Le restant de l'installation persiste, c'est-à-dire les bobines sur lesquelles est enroulé le fil, les poulies dans le bas de la chaudière, le tube dessécheur et les bobines sur lesquelles s'enroule le trait terminé. Dans la cuve maintenue froide, M. Brandely verse une certaine quantité de caoutchouc pur dissous dans la benzine. Il ne faudrait pas, en effet, prendre, pour dissoudre le caoutchouc, du sulfure de carbone qui, bien que très volatil, ne manquerait pas d'attaquer l'or ou l'argent (le noircir) par la réaction du soufre qui pourrait se trouver mis en liberté. Les bobines de tête de l'appareil sont couvertes de fil de soie qui plonge dans la bassine contenant la solution de caoutchouc, exactement comme plonge le trait pour sa dorure, puis se dirige vers le tube dessécheur, qu'il est essentiel ici de chauffer à la vapeur pour éviter toute cause d'incendie, la benzine étant essentiellement inflammable. Par un excès de précaution fort judicieux, M. Brandely fait passer ensuite le fil dans une auge remplie de talc, de façon à l'assécher complètement s'il était encore poisseux et à éviter qu'au bobinage les différentes couches de fil ne se collent ensemble. Généralement, si le passage au tube chaud est suffisamment prolongé, ce collage n'est pas à craindre, car la mince pellicule de caoutchouc est suffisamment sèche.

La benzine étant un corps très volatil, il est bon de tenir fermée la cuve contenant la dissolution de caoutchouc, le couvercle ne comportant que juste les orifices suffisants pour l'entrée et la sortie des fils de soie.

L'âme des galons ou des traits ainsi préparée, on comprend que l'eau ne pouvant trouver accès dans les divers organes sous-jacents de la passementerie, la cause de flétrissure provenant de ce fait se trouve supprimée, et que, quoique mouillés accidentellement sur leur surface extérieure, les métaux déposés par voie électro-chimique ne subissent pas une altération sensible.

Bien que ce paragraphe semble s'éloigner du sujet que nous traitons dans le présent ouvrage, il nous a paru bon de le publier, attendu qu'il peut être assimilé à ceux figurant dans les divers Traités d'électro-métallurgie et traitant des vernis au point de vue de la préservation des métaux contre l'humidité. D'ailleurs les passementiers, qui sont pour la plupart instruits et intelligents, trouveront peut-être dans ce procédé des éléments de progrès et d'amélioration pour leur bel art. Il est néanmoins quelques recommandations que nous croyons encore utile de leur faire. D'abord ne jamais employer pour faire la dissolution de caoutchouc autre chose que cette gomme à l'état absolument pur; les vieux caoutchoucs ou résidus de quelque sorte que ce soit doivent être rigoureusement rejetés, car ils pourraient contenir, ils contiennent presque toujours, du soufre provenant de la vulcanisation, et ce corps, comme nous l'avons dit plus haut, présente le très grave défaut de noircir rapidement l'or, l'argent et le cuivre par la formation du sulfure de ces métaux; ils auraient ainsi évité un mal pour en retrouver un autre plus grave encore. Le petit surcroît de dépense occasionné par l'emploi du caoutchouc pur sera largement compensé par la qualité du travail fini.

La couche de caoutchouc ainsi déposée ne doit pas non plus effrayer le passementier au point de vue de la coloration qu'elle peut donner à l'âme du filet. Cette couche n'a besoin que d'être une simple pellicule fort mince; or, sous cette faible épaisseur, le caoutchouc est à peu près incolore et laissera très bien ressortir l'âme jaune dans le filet doré.

Enfin, on ne saurait trop prendre de précautions ; rappelons que la benzine est un produit excessivement inflammable et qu'il faut manier à l'abri de la lumière ou de toute autre source capable d'enflammer le dangereux liquide ou même seulement ses vapeurs.

# CHAPITRE XVIII

## Clichage galvanoplastique.
## Clichage des textes.

SOMMAIRE. — I. Clichage des gravures. — II. Renforcement des clichés et des caractères d'imprimerie.

De toutes les industries où intervient la galvanoplastie comme opération complémentaire, le clichage est certainement une des plus importantes ; il existe en effet, aujourd'hui, de nombreux et importants ateliers faisant uniquement le cliché par les méthodes les plus variées, mais qui se terminent toujours par une opération galvanoplastique. Aussi le mot cliché est-il devenu tout à fait général et appelle-t-on souvent, à tort, cliché un dessin reproduit en typographie et qui n'a rien de galvanoplastique. La véritable expression devrait être *galvanoplastie typographique* ou *électrotypie*, mais l'usage a consacré le mot général de cliché que l'on désigne encore souvent sous le nom de *galvano*.

Sacrifiant donc à la coutume, nous nous servirons également du mot cliché pour désigner la reproduction par la galvanoplastie des images de toutes sortes, qui ornent les ouvrages d'imprimerie les plus divers. C'est ainsi que toutes les illustrations qui figurent dans ce Manuel sont des clichés obtenus par la galvanoplastie.

Il sortirait de notre cadre de faire l'historique du clichage, nous n'en dirons donc que quelques mots qui feront ressortir toute l'importance qu'a prise la galvanoplastie dans ce genre de reproduction typographique. Tout le monde sait qu'une page d'imprimerie se compose d'une série de petites pièces en métal appelé matière (alliage de plomb et d'antimoine), chacune d'elles représentant une lettre en relief; la juxtaposition des lettres forme le texte qui, reporté sur papier, nous donne l'imprimé que nous lisons. Mais ce qu'on ignore davantage, c'est que ces petites pièces de métal ou lettres coûtent fort cher, et que le caractère qui a servi à imprimer le présent Manuel, par exemple, revient à l'imprimeur à environ 5 francs le kilogramme, et qu'une page de ce même Manuel composé avec ce caractère pèse plus d'un kilogramme. Le lecteur peut juger, par ce simple aperçu, le prix de la matière seule entrant dans les deux volumes. Il est vrai qu'après l'impression de l'ouvrage tous les caractères qui ont servi à le composer rentreront dans les casses et serviront à nouveau pour l'impression d'un autre volume, et cela jusqu'à ce que le caractère soit abîmé, déformé, empâté. On le refond alors et on obtient de nouveaux caractères neufs.

Le caractère constitue donc un véritable capital pour l'imprimeur, et, comme dans tout commerce, pour que ce capital rapporte convenablement, il faut qu'il serve beaucoup ; il faut donc que dans une imprimerie le caractère serve continuellement, c'est-à-dire qu'aussitôt après avoir servi à imprimer un ouvrage, il soit, ce qu'on appelle en imprimerie *distribué* et passe à la confection d'un autre imprimé. Mais il est des cas où il faut pouvoir conserver presque indéfiniment la composition d'un ouvrage, de manière à assurer l'identité absolue du texte dans les différentes éditions qui seront tirées ultérieurement ; cela se produit par exemple pour les tables de logarithmes, pour les textes d'auteurs anciens, etc. On conçoit donc qu'il y aurait, à conserver les caractères primitifs, un très gros capital qui resterait improductif.

On a donc songé depuis fort longtemps à reproduire en planches chaque page d'un livre imprimé ; cette planche servant d'original immuable et rendant la liberté aux caractères utilisés dans la première édition. Cette opération s'appelait la *stéréotypie* ; quoique ses origines soient assez mal connues, on en attribue la première application à Valleyre, imprimeur célèbre qui exerçait vers la fin du xvii<sup>e</sup> siècle. Il obtenait ses clichés en fondant du cuivre dans des moules d'argile dans lesquels la composition typographique avait été imprimée.

Depuis cette époque, la stéréotypie n'a fait que progresser, et des hommes tels que Firmin Didot se sont rendus célèbres par les progrès qu'ils ont fait faire à la stéréotypie. Mais si elle constituait déjà une très notable économie sur l'immobilisation des caractères, elle constituait une opération longue, coûteuse, et exigeant un véritable talent de fondeur. La galvanoplastie étant venue faire concurrence à la fonderie, il était tout naturel qu'elle le fît avec un succès au moins égal à la stéréotypie.

La conservation des textes se fait donc par la reproduction en cuivre des pages composées en caractères d'imprimerie, ce cuivre étant déposé galvaniquement.

Donc étant donnée une composition en caractères d'imprimerie dont on veut tirer un cliché galvanique, on opère de la façon suivante : la composition est d'abord parfaitement revue et corrigée, car s'il persistait la moindre faute, c'est la page tout entière qui serait à refaire. Cela fait, la composition est parfaitement mise de niveau sur le marbre et serrée fortement dans le châssis qui l'enveloppe. Si la composition se compose, comme c'est le cas le plus fréquent, de plusieurs pages, il faut que chacune d'elles soit séparée ; pour cela faire, on entoure la composition de chaque page de lingots un peu plus bas que le caractère d'imprimerie (6 points environ) ; enfin, tout autour de la totalité de la composition, on place des lingots de 12 ou 14 points plus élevés que les caractères, ces deux dernières opérations se faisant, bien entendu, avant le serrage de la composition dans le châssis.

Tout étant ainsi préparé, on se trouve vis-à-vis d'une véritable boîte à moule dont le fond est constitué par les caractères formant la composition, et les parois par les lingots plus hauts que celle-ci. Il n'y a plus qu'à mouler comme nous savons le faire, c'est-à-dire qu'on plombagine convenablement l'intérieur du moule et on fait le moulage par l'un des procédés que nous avons indiqués au chapitre moulage. En clicherie, on se sert principalement de la gélatine, de la gutta-percha et de la cire, mais comme nous l'avons dit précédemment, les clicheurs donnent généralement la préférence à la cire, puis à la gutta et enfin à la gélatine. Il en est qui font aussi des moulages à la stéarine, mais ils sont plus rares et c'est surtout la cire et la gutta qui servent le plus en clicherie.

Les clicheurs utilisent rarement la cire pure, non seulement pour éviter la grosse dépense qu'occasionne l'emploi de ce produit, mais encore pour former une matière de moulage plus ou moins dure suivant la nature du travail qu'ils ont à faire. Il est évident, en effet, que si la composition est en caractères particulièrement fins comme l'Elzévir, la matière de moulage devra être plus molle pour entrer dans tous les détails des lettres, pour en reproduire très exactement *l'œil* comme on dit en imprimerie, que s'il s'agissait d'une composition en caractères très gros.

Voici quelques formules de mélanges les plus employés :

I

| | |
|---|---|
| Cire vierge............... | 400 gram. |
| Suif .................... | 300 — |
| Résine .................. | 30 — |

II

| | |
|---|---|
| Cire vierge ............. | 400 gram. |
| Stéarine ................ | 200 — |

Vaseline . . . . . . . . . . . . . . . 200 gram.
Résine . . . . . . . . . . . . . . . . . 200  —

### III

Cire vierge . . . . . . . . . . . . . . 170 gram.
Blanc de baleine . . . . . . . . . . 425  —
Stéarine . . . . . . . . . . . . . . . 200  —
Bitume de Judée . . . . . . . . . . . 70  —
Graphite (plombagine) . . . . . . . . 70  —

### IV

Cire vierge . . . . . . . . . . . . . . 400 gram.
Blanc de baleine . . . . . . . . . . . 60  —
Stéarine . . . . . . . . . . . . . . . 500  —
Céruse . . . . . . . . . . . . . . . . 60  —

Enfin voici un mélange qui ne contient pas de cire :

Mélasse . . . . . . . . . . . . . . . . 200 gram.
Colle forte . . . . . . . . . . . . . . 800  —

La stéarine a surtout pour but de rendre la matière première moins coûteuse, le suif et la vaseline servent à rendre le mélange plus mou ; la résine, le graphite et la céruse à le rendre au contraire plus dur. Le blanc de baleine tend à donner plus· de finesse à la stéarine pour les empreintes. Malheureusement ce produit est très sophistiqué et nous n'engageons le lecteur à s'en servir que lorsqu'il est tout à fait sûr de sa pureté. On opère ensuite le moulage comme nous l'avons indiqué. Certains clicheurs néanmoins procèdent différemment à ce que nous avons dit au moulage à la cire; ils coulent un des mélanges ci-dessus dans des boîtes et quand il est suffisamment figé, ils plombaginent, mettent par-dessus la composition à clicher et passent à la presse, celle-ci étant du modèle dit à genouillère, spécial pour ce genre d'opération.

Une fois le moule obtenu, on le rectifie, on le corrige, comme nous avons appris à le faire, en ébarbant les excès de matière, en comblant avec de la cire les manques ou trous qui se seraient produits par la présence de bulles d'air mal chassées ou toute autre cause.

On est donc en présence du creux du modèle en relief, il suffira de le passer au bain de cuivre, comme tout autre moule pour y faire déposer le métal dans tous les creux et sur le côté de la composition. On laisse au bain jusqu'à ce que l'épaisseur de la couche atteigne, en général, de 5/10 à 8/10 de millimètre d'épaisseur, on rince, on démoule et l'on obtient ainsi la reproduction de l'impression qui est fort mince et qu'on désigne sous le nom de coquille. Le travail galvanoplastique proprement dit est terminé à ce moment, mais on comprend qu'à cet état de minceur la reproduction ne pourrait pas servir à l'impression et qu'elle ne résisterait pas à la pression de la presse typographique, il faut donc donner à la coquille la solidité voulue, opération qu'on désigne sous le nom de *garnissage*.

Avant de procéder au garnissage, ou soumet la coquille à un feu de charbon de bois ardent, destiné à brûler les dernières traces de gutta, de cire ou de stéarine qui auraient pu rester adhérentes à la coquille, afin que celle-ci présente une surface métallique bien nette.

Ceci fait, avec une pâte très claire obtenue en délayant du blanc de Meudon dans l'eau, et à l'aide d'un pinceau on enduit *l'œil* du cliché, c'est-à-dire la partie donnant la reproduction cherchée ou partie qui était en contact avec la matière moulante, on fait sécher cet enduit. On porte ensuite la coquille au-dessus du feu, l'œil tourné vers celui-ci et l'on verse dans la coquille une solution faible d'acide chlorhydrique ; quand celui-ci est à l'ébullition, on y verse de l'étamage avec une cuiller en fer, étamage fondu préalablement et composé de moitié plomb, moitié étain. Pour effectuer cette dernière opération, il faut avoir soin de se mettre au-dessus d'un vase en fer, large et bas, contenant de l'étamage en fusion. Les coquilles ainsi étamées sont lavées à l'eau pure avec une brosse, puis séchées.

Comme dans le moulage on a soin de faire venir avec le moule des parties étroites en dehors du modèle, la coquille se trouve munie de bords qui vont servir maintenant. On pose, en effet, sous ces bords des petites baguettes en bois blanc de 8 à 10 millimètres de largeur et de 5 à 6 millimètres d'épaisseur ; on cloue alors les bords de la coquille sur l'épaisseur de ses baguettes à l'aide de clous fins à tête plate ; cela fait, on retourne la coquille fixée aux baguettes sur un marbre en fonte et l'on pose les bords pris pour rabattre et river les clous qui les fixent. Les baguettes sont sciées de part en part à plusieurs endroits de leur longueur.

On prépare ensuite une pâte assez épaisse en délayant du blanc de Meudon dans l'eau, dont on garnit le dessus de la coquille, de manière à bien remplir tous les creux, qui forment le blanc des lettres après l'impression et l'on passe sur l'enduit une palette en bois mince, de manière à étendre la pâte uniformément et à enlever l'excès, puis l'on fait sécher devant un feu doux. La dessiccation obtenue, on frotte légèrement l'œil avec un morceau d'étoffe mis en tampon pour enlever complètement la pâte qui pourrait encore adhérer et l'on expose de nouveau la coquille à la chaleur.

On fait fondre la matière destinée à garnir la coquille, matière qui n'est autre que l'alliage qui sert à faire les caractères d'imprimerie, puis prenant le plateau de la presse à mouler, on le fait chauffer à la température convenable, on place dessus une feuille de papier épais et parfaitement lisse et sur ce papier, la coquille, le creux en haut, l'œil portant sur le papier, enfin, avec une cuiller en fer, on verse dans la coquille et en son milieu, la matière fondue, de manière à bien emplir exactement tout le creux de la coquille ; dès que la matière s'est assez refroidie pour n'être plus liquide mais simplement figée, on pousse le plateau de la presse sous la vis, en ayant soin de placer le centre de la coquille dans l'axe de celle-ci, pour que la pression soit uniforme et l'on presse ; cette dernière opération doit être réalisée très rapidement ; au bout de quelques instants on enlève le tout de la presse. La coquille ainsi garnie est débarrassée de ses rebords inutiles maintenant, avec la scie ; on lave à grande eau et l'on brosse pour enlever tout le blanc de Meudon et dégarnir complètement l'œil qui doit alors se présenter sous un aspect très net. On nettoie avec un mélange composé de poudre de charbon de bois impalpable, d'eau et d'une faible quantité d'acide sulfurique ; enfin, on sèche à la sciure de bois blanc et l'on a le cliché typographique, mais qui n'est pas encore bon à l'impression parce qu'il n'a pas la hauteur réglementaire des lettres, il faut encore une opération que l'on appelle le montage du cliché.

Avant de procéder au montage, le cliché est d'abord très scrupuleusement examiné ; sur l'œil on place une règle d'acier à biseau et l'on constate, malgré toutes les précautions prises, ainsi que nous venons de le dire en détail, certaines irrégularités de niveau, il y a des reliefs qui ressortent trop, comme il y a des creux qui ne rentrent pas assez. Pour obvier à l'inconvénient, on place le cliché sur le marbre, l'œil sur le marbre et l'on frappe sur le dessous du cliché à l'aide d'un marteau arrondi dont les angles de la tête sont eux-mêmes adoucis et en interposant entre le marteau et le cliché un petite plaque en bois dur garni de cuir de buffle, c'est ce que les imprimeurs appellent taquoir, on fait ressortir ainsi les parties de l'œil qui étaient au-dessous du niveau voulu. En retournant le cliché sens dessus dessous et répétant la même opération, on fait descendre les creux à leur niveau. Le cliché mis ainsi bien plan, est porté sur un tour, l'œil du côté du plateau et la matière en dehors, on amène alors le dessous du cliché d'abord à être parfaitement plan et ensuite à n'avoir que l'épaisseur stricte nécessaire qui varie entre 11 et 12 points.

Ceci terminé, on *échoppe* le cliché, c'est-à-dire qu'on enlève, soit au burin, soit à la fraiseuse, toutes les parties inutiles du métal qui risqueraient, sous l'effet d'une pression un peu forte de la machine, de marquer en noir dans le tirage ; on échoppe ainsi les clichés, non seulement dans leur pourtour, mais souvent même dans leur intérieur quand ils doivent présenter de grands blancs. C'est ainsi que dans la première partie de cet ouvrage, la figure 24 est obtenue par un cliché qu'on a échoppé dans l'intérieur des parties N et S en ne laissant de métal qu'au bord des contours, on est assuré ainsi que les deux parties en question viendront bien blanches au tirage.

Toutes ces opérations terminées, on monte le cliché, c'est-à-dire qu'on le fixe sur une plaque de bois de chêne, de façon à lui donner la hauteur des lettres d'imprimerie. Ce fixage sur le bois se fait avec de petits clous en acier qui traversent facilement la fine pellicule de cuivre et la couche plus épaisse de matière. Les clous sont répartis dans les différents blancs ou creux du cliché, les têtes bien enfoncées au chasse-pointe, de manière à ce qu'elles soient bien au-dessous du niveau qui recevra la couche d'encre et ne marquent pas à l'impression.

Comme bois et métal sont parfaitement unis, leurs surfaces coïncident très exactement et il suffit de répartir les clous en nombre voulu pour que les deux corps soient bien liés l'un à l'autre. Un cliché carré pas trop grand pourra se trouver très bien fixé à l'aide de quatre pointes, une dans chaque angle. Pour des clichés plus grands on en mettrait davantage, en suivant les prescriptions que nous avons données. Le cliché ainsi monté est prêt à passer sous la presse.

8.

Nous avons donné ici une méthode très générale, tendant à montrer la façon de procéder la plus courante. S'il s'agissait de prendre des empreintes destinées à être gardées longtemps, ou à servir à de nombreux tirages, il faudrait tenir la couche de cuivre plus épaisse et on peut la pousser alors jusqu'à plusieurs millimètres d'épaisseur. De même que quand il s'agit de tirages nombreux ou repris à intervalles assez éloignés, le montage ne se fait plus sur bois, cette matière étant susceptible de jouer même quand on emploie des essences dures comme le chêne. On monte alors le cliché sur des blocs en matière; le cliché se fabrique toujours de la même façon, mais on le soude sur des plaques d'épaisseur voulue en matière d'imprimerie. Ces plaques ou blocs sont plus ou moins évidés en dessous pour économiser du poids.

Le clichage tel que nous venons de le dire permet donc de conserver des textes indéfiniment et de les maintenir identiques à eux-mêmes, aussi nous le répétons, on n'en fait guère usage que pour des ouvrages qui doivent rester sans changement, et l'imprimeur économise ainsi à chaque édition tout le travail de composition, de justification, de correction, de mise en pages, etc., travail dont les frais sont considérables et qui ajoutés au prix du caractère immobilisé représente souvent une dépense très forte. C'est cette dépense que l'éditeur L. Mulo n'hésite pas à faire à chaque nouvelle édition d'un de ses Manuels, parce que si celle-ci constitue pour lui un gros sacrifice, elle lui permet de modifier souvent très profondément l'édition précédente, et de mettre la nouvelle au niveau de la science, dont les progrès sont journaliers. Mais le clichage typographique fournit un immense avantage pour la reproduction sans erreurs de documents immuables. Ainsi, les aide-mémoire qui contiennent des pages entières de tables donnant les carrés, les cubes, les racines, les logarithmes de certains nombres, seront très utilement clichés pour des éditions suivantes ; il en sera de même des tableaux de densité, de coefficients de dilatation, de formules algébriques usuelles, d'équivalents chimiques, de poids atomiques, de coefficients de conductibilité ; en un mot, de tous documents appelés à rester immuables, quels que soient les progrès de la science.

## I. CLICHAGE DES GRAVURES

Mais si le clichage de la typographie, c'est-à-dire de caractères d'imprimerie assemblés en page peut rendre de signalés services, bien plus précieux encore est le clichage galvanoplastique de la gravure.

Comment pouvait-on opérer avant lui ? La réponse est toute simple, il fallait qu'un artiste passât un temps souvent fort long à graver au burin soit du bois, soit du cuivre, soit de l'acier, et c'est cette planche, résultat d'un long travail, empreinte du cachet particulier à l'artiste, véritable œuvre d'art, que l'imprimeur était obligé de mettre sous sa presse pour en tirer les exemplaires sur papier. Mais quelle que fût la dureté du corps sur lequel le graveur avait buriné son œuvre, l'action de la presse avait rapidement fait de la détériorer ; au bout de peu de temps, c'étaient les traits qui s'empâtaient, les reliefs qui s'atténuaient, les creux qui se comblaient, etc. Donc, les tirages fournissaient des épreuves de moins en moins bonnes, jusqu'à ce qu'elles devinssent tout à fait mauvaises, et la planche avait perdu toute sa valeur ; l'œuvre était anéantie. La galvanoplastie est venue généreusement au secours de l'artiste ; en effet, que la gravure soit ou en creux ou en relief, le galvanoplaste en prendra l'empreinte, le moule, par un des moyens connus, passera au bain suivant toutes les règles indiquées et formera un cliché qui sera la reproduction exacte, fidèle de l'œuvre originale. Qu'importe maintenant que ce cliché s'abîme ? quand il ne vaudra plus rien on en fera un nouveau, puisque l'original aura été respecté et pourra durer indéfiniment comme modèle.

Puisque dans la gravure nous retrouvons tout ce que nous avons rencontré dans la composition typographique, nous reproduirons exactement la première comme la dernière, et nous ne nous arrêterons pas longuement sur les procédés mis en œuvre, qui tous ressortent de ce que nous avons déjà vu précédemment pour la reproduction de tous modèles ; nous compléterons seulement quelques points particuliers.

Par la méthode que nous venons d'indiquer ci-dessus, on peut obtenir un bon cliché pour l'impression, en deux jours. C'est, on le voit, bien peu de temps pour la reproduction d'une œuvre qui, comme certaines planches gravées sur acier, ont réclamé de l'artiste un travail de plusieurs années.

Mais si c'est très rapide comparativement au travail artistique, ce ne l'est pas assez pour la pratique, et l'impression de périodiques illustrés, par exemple, exige une plus grande rapidité encore ; aussi arrive-t-on aujourd'hui à faire les clichés de planches gravées en l'espace de douze heures par le procédé suivant.

Disons d'abord que dans le cas en question, le cliché ne doit généralement reproduire qu'une gravure sur bois, qui elle-même, peut s'effectuer rapidement. On prend donc la gravure sur bois, *le bois* comme on dit en terme de métier et qui, préparé spécialement pour la gravure, doit être d'abord nettoyé à l'essence de térébenthine à l'aide d'une brosse, puis convenablement séché. Une fois sec, le bois est saupoudré de plombagine très fine et bien tamisée, de façon à présenter une surface simplement noircie et brillante, sans le moindre grain perceptible, ce qu'on obtient en passant sur la gravure saupoudrée un blaireau très doux.

Le moulage s'opère à la cire, ce qui nous faisait dire au chapitre du moulage, que le procédé était surtout utilisé par les clicheurs, mais la cire est elle-même préparée spécialement comme suit : on fait fondre celle-ci à la chaleur dans une bassine en cuivre et, lorsqu'elle est entièrement liquide, on y incorpore petit à petit de la plombagine finement tamisée en ayant soin d'agiter constamment le mélange et de n'ajouter de nouvelle dose de plombagine que si la précédente est bien incorporée et ne forme pas de grumeaux dans la masse. On arrête l'addition de plombagine quand le mélange, tout en restant encore liquide, a pris une certaine consistance que l'opérateur juge à l'œil et par expérience. Toute cette opération se fait à chaud et à une température suffisante pour chasser toute l'humidité qui pourrait être contenue dans la cire, dans la plombagine ou dans ces deux matières, et pour chasser également les bulles d'air, entre autres celles qui se forment par l'agitation de la masse. C'est dire qu'une fois le mélange fini, on le laisse sous l'action de la chaleur sans le faire bouillir. Quand il ne se dégage plus ni humidité ni bulles d'air, on coule la cire ainsi préparée dans des caisses plates d'environ 6 millimètres de profondeur et posées bien horizontalement. On laisse reposer un instant, et dès que l'on voit se former une peau à la surface et une sorte de gerçure, on écume cette surface puis la cire se refroidissant, quand elle est à peu près prise, on l'applique sur le bois préparé comme nous l'avons dit et on presse légèrement. La boîte contenant la cire comme le bois portent des repères, ce qui permet, après cette première pression, de relever la presse, de découvrir le bois et de suivre l'opération. Si le bois est venu bien net, qu'aucune parcelle de cire n'y est restée adhérente, on presse à nouveau et l'on a un bon moule en cire, qui est soigneusement plombaginé pour être envoyé au bain galvanoplastique. Si après la première pressée, on voyait adhérer sur le bois des particules de cire, qui formeraient autant de défauts dans le moule, on les enlève, on plombagine à nouveau le bois, et l'on presse.

Pour hâter le dépôt métallique, qui est toujours du cuivre, on se sert de bains avec anodes solubles et courant fourni par une machine dynamo.

Les anodes solubles sont constituées par d'épaisses feuilles de cuivre, aux dimensions un peu plus grandes que les cadres contenant le moulage, et distantes de ces derniers de 3 centimètres environ. Au bout d'une dizaine de minutes, on relève le moulage du bain, on l'examine et, si le dépôt métallique se fait régulièrement, on remet au bain, on rapproche davantage encore les anodes du moule, et au bout de cinq à six heures, on peut avoir une coquille très suffisante pour faire un cliché destiné à un tirage ordinaire. La coquille n'a plus qu'à être traitée comme nous l'avons dit, et l'opération, dans son ensemble, n'a guère pris que de dix à douze heures pour être effectuée.

Bien qu'il soit, sinon impossible, du moins très difficile de fixer le prix de revient d'une semblable opération, prix variant d'un atelier à l'autre, et même d'une fabrication à l'autre, on peut sans crainte de commettre une trop grossière erreur, dire que ce prix varie de 1 à 2 centimes le centimètre carré de cliché obtenu, étant bien entendu qu'il s'agit d'une fabrication courante et non d'un cliché fait exceptionnellement et seul. A ce propos, il est à recommander que lorsqu'on dispose des bains pour clichés, de ne mettre, dans la même cuve que des surfaces de moules à peu près semblables pour obtenir de bons résultats. Il serait mauvais de mettre dans le même bain un grand cliché et des petits, le dépôt métallique s'effectuant irrégulièrement sur les uns par rapport aux autres. C'est du reste pour cela que les clicheurs se servent généralement, comme nous l'avons vu, de cuves hautes et peu larges, pouvant à la rigueur ne contenir qu'un seul cliché.

Telle est, dans son ensemble, la façon de procéder usitée aujourd'hui pour obtenir les reproductions galvanoplastiques des gravures destinées à passer sous la presse de l'imprimeur, et que nous n'avons voulu examiner surtout qu'au point de vue du galvanoplaste. Au point de vue du clicheur, il y aurait encore énormément à dire sur le sujet, car la photographie est venue donner une aide des plus précieuses à la confection, pour ainsi dire mécanique, des images de toutes sortes, permettant d'illustrer à très bon compte les ouvrages les plus divers et de répandre à profusion dans le public, en les mettant à la portée des bourses les plus modestes, soit les œuvres de nos grands artistes, soit les conceptions géniales de nos ingénieurs, de nos architectes, de nos mécaniciens.

Le lecteur désireux de s'initier à toutes ces reproductions consultera avec profit le Manuel-Roret du *Graveur en creux et en relief*, écrit de main de maître par A. M. Villon, que la mort a enlevé prématurément à la science aux progrès de laquelle il a puissamment contribué.

Toutefois, dans ce chapitre de galvanoplastie appliquée au clichage, nous donnerons un court aperçu du *Gillotage*, procédé économique de la reproduction des dessins, qui ne touche en rien à la galvanoplastie, mais que bien des personnes croyent dériver de cette industrie parce que l'on désigne encore trop souvent et d'une façon impropre sous le nom de galvanos les clichés obtenus par ce procédé.

## Gillotage

Le gillotage tient son nom de Gillot, qui inventa ce genre de reproduction en 1850 ; mais, malgré tous les avantages que présentait ce procédé, il n'eut pas grand succès et ce n'est que trente ans plus tard que les essais de Gillot, repris par son fils, furent couronnés d'un entier succès et que le procédé devint universellement appliqué, et un certain nombre des clichés figurant dans le présent ouvrage sont obtenus par gillotage. Cette méthode de reproduction respecte plus que la galvanoplastie le modèle, puisqu'elle ne le touche pas, et mieux encore, elle opère mécaniquement la gravure pour l'imprimerie sans passer par le graveur ; point n'est besoin par ce procédé d'une planche gravée pour faire un cliché ; un simple dessin suffit. Très brièvement résumé, voici en quoi consiste le gillotage :

Etant donné un dessin à l'encre noire (encre de Chine), on fait une photographie qu'on reporte sur une plaque de zinc préparée spécialement et sur laquelle tous les traits noirs se trouvent reproduits, alors que les blancs ne sont que le zinc nu. On passe de l'encre d'imprimerie sur cette plaque en zinc ainsi dessinée mécaniquement, encre qui ne se dépose que sur les traits à reproduire. Il suffit alors de soumettre la plaque de zinc à un bain acide pour que tout le métal nu soit attaqué et creusé, tandis qu'il est respecté à l'endroit des traits, ceux-ci étant préservés de l'attaque par l'encre d'imprimerie, et l'on obtient ainsi les creux et reliefs voulus. On pourrait opérer de même sur des plaques de cuivre, mais d'une façon générale le gillotage ne se fait guère que sur zinc, aussi appelle-t-on les clichés ainsi obtenus des zincs.

Ce que nous venons de dire en quelques mots ne constitue que le principe essentiel de ce genre de reproduction et la pratique en est évidemment beaucoup plus complexe et pour la bien faire saisir il nous faut entrer dans quelques détails complémentaires.

Il y a d'abord le dessin à reproduire qui doit être exécuté avec une très grande netteté, le même trait en doit être parfaitement uniforme dans toute sa longueur, aussi le dessinateur doit-il utiliser des plumes de qualité spéciale avec lesquelles l'encre coule bien, sans quoi le trait se montre plus faible au commencement et à la fin de son tracé, donnant ainsi des irrégularités que la photographie reproduit fidèlement, ainsi que le zinc, donnant à l'ensemble un mauvais aspect à la reproduction. Le choix du papier sur lequel s'exécute le dessin a également une importance considérable, il le faut aussi blanc que possible, et surtout parfaitement uni ; le papier bristol bien blanc, bien encollé est celui qui convient le mieux. Il faut rejeter complètement les papiers colorés rouges ou jaunes, ces couleurs antiphotogéniques ne convenant pas aux opérations photographiques. Du reste avec le développement considérable qu'a pris la confection des clichés par gillotage, non seulement il s'est créé des dessinateurs spéciaux pour l'exécution des dessins à reproduire, mais la plupart des bons dessinateurs de profession connaissent les conditions à remplir pour faire un bon modèle pour le gillotage.

En possession du dessin, que nous supposons être le plan d'une maison par exemple, il faut le photographier ; ici encore surgissent des dispositions spéciales à prendre : le dessin est fixé à un tableau et l'appareil photographique braqué dessus ; cet appareil peut ne pas différer des modèles que nous connaissons tous et l'on prend la photographie sur une plaque couverte de collodion spécial, cette photographie est une réduction plus ou moins grande du modèle, ce qui permet avec un seul modèle de fabriquer des clichés de toutes les tailles. La photographie faite et développée on a donc une image négative du modèle, c'est-à-dire que tous les traits noirs de ce dernier apparaissent transparents sur le cliché de verre, alors que les blancs se trouvent au contraire en noir. Mais en même temps ce cliché nous donne le dessin à l'envers, c'est-à-dire ce qui était à droite sur le modèle se trouve à gauche sur le cliché photographique et réciproquement ; si le modèle comporte des lettres celles-ci sont reproduites également à l'envers, il faut donc rétablir la véritable orientation, faire ce qu'on appelle le retournement du cliché.

Pour réaliser cette opération, le cliché photographique bien sec est recouvert d'une solution formée de 100 grammes de caoutchouc pur dans 1 kilogramme de benzine cristallisable. Après dessiccation complète de cette couche de caoutchouc, on la recouvre d'une couche de collodion normal et l'on fait encore bien sécher. Ce dernier point obtenu, on fait tremper le cliché quelques instants dans de l'eau contenue dans une cuvette ordinaire de photographe et l'on coupe, avec un canif, la pellicule qui recouvre le cliché aussi près que possible des bords de la plaque. Pendant ce temps, on a immergé dans l'eau, contenue dans une seconde cuvette, une feuille de papier encollé, ayant la dimension du cliché à enlever. On applique la feuille humide sur ce dernier, on facilite l'adhérence en passant dessus un rouleau en bois dur ou en cuivre, on laisse en contact quelques minutes, on soulève avec un couteau un des angles de la pellicule et l'on pince entre le pouce et l'index le papier et la pellicule de collodion ainsi réunis. On enlève alors la pellicule qui reste fixée au papier ; on la pose face en dessus sur une glace ou une feuille de zinc bien plane, on y applique une feuille de papier humide, on passe le rouleau comme précédemment pour faire adhérer et l'on sépare comme il vient d'être dit la pellicule de son premier support en papier. On passe à sa surface un blaireau imbibé d'une solution de gomme à 2 0/0, et on l'applique sur une nouvelle glace. Ceci fait cette dernière supporte bien l'épreuve photographique retournée, c'est-à-dire dans le même sens que le modèle.

C'est ce cliché que l'on reproduit sur zinc, absolument comme sur papier sensible, mais il faut, bien entendu, que le zinc soit lui-même sensibilisé ; pour cela, on prépare une dissolution de 4 parties de bitume de Judée dans 100 parties de benzine. On doit casser le bitume en petits morceaux, et le laver au préalable à l'éther ; cette dissolution doit être préparée deux ou trois jours à l'avance, et mise dans des flacons bouchés, à l'abri de la lumière.

On étend alors cette solution sur la plaque de zinc, bien nettoyée au blanc de Meudon et à l'alcool, absolument comme on étend le collodion, l'opération se faisant au cabinet noir, à l'abri de tout rayon lumineux. On laisse sécher et on passe un blaireau très doux pour enlever les fines poussières, s'il venait à s'en déposer, et qui donneraient lieu à autant de défauts ultérieurement. Tout ceci préparé, on met au châssis le cliché photographique retourné, la feuille de zinc, la partie sensible sur le cliché, on ferme le châssis et l'on expose à la lumière. Cette exposition doit être de quinze à vingt minutes en plein soleil, trente à quarante minutes à une lumière vive par temps bien clair, et enfin deux heures et même plus, par temps sombre.

La solution de bitume de Judée jouit de la propriété suivante : elle est insoluble dans l'essence de térébenthine lorsqu'elle a été frappée par les rayons lumineux, elle reste au contraire soluble lorsqu'elle n'a pas été influencée par la lumière. Il en résulte que, si après le temps d'exposition voulu, nous trempons la plaque de zinc dans l'essence de térébenthine, celle-ci dissoudra toutes les parties correspondant aux noirs du cliché photographique c'est-à-dire aux blancs du modèle original, et respectera les parties correspondant aux transparences du cliché photographique, c'est-à-dire aux traits noirs du modèle. La plaque de zinc sortant donc de la cuvette à essence de térébenthine, offrira le métal nu partout où le bitume a été dissous, soit partout où l'on doit avoir des blancs.

On passe alors sur la plaque de zinc ainsi préparée un rouleau portant une encre d'imprimerie spéciale contenant un peu de cire ; celle-ci ne prend que sur les parties recouvertes de bitume ; on badigeonne convenablement le dessous de la plaque de zinc, ainsi que ses tranches, d'un vernis inattaquable à l'eau acidulée et l'on plonge la plaque dans une cuvette contenant de l'eau additionnée de 0,5 0/0 d'acide azotique ; c'est ce qu'on appelle faire la *morsure*. L'eau acidulée n'a de prise que sur la partie dénudée du métal, et ronge en les creusant ces parties, alors qu'elle est sans action sur les parties recouvertes d'encre.

Mais il ne faut pas prolonger cette morsure, car l'acide, après avoir rongé le métal nu sur une certaine profondeur, attaquerait le trait sur ses parois verticales, et l'amincirait en dessous du bitume de Judée, jusqu'au moment même où il ne resterait que la mince pellicule de ce dernier. La première morsure doit donc être assez peu longue pour que la profondeur du creusement soit à peine sensible au toucher. Ceci obtenu, on retire la plaque du bain acide, on la lave à grande eau, on l'essuie et on la dépose sur une plaque en fonte ou *marbre*, chauffée à la vapeur ou au gaz. Sous l'action de la chaleur, l'encre d'imprimerie qui recouvrait les traits se liquéfie et s'écoule le long de ceux-ci en descendant vers le creux déjà légèrement formé. On retire la plaque de zinc, on la laisse refroidir, on l'encre à nouveau, et on la couvre en plein de résine en poudre impalpable, qui s'attache seulement aux parties encrées. On enlève au blaireau la résine non adhérente, et on remet la plaque au bain acide en forçant un peu ce dernier qui doit contenir 1 0/0 d'acide azotique. Puis, après une légère morsure, on recommence la même série des opérations qui ont suivi la première, et l'on fait ainsi jusqu'à douze morsures successives et en renforçant d'un demi 0/0 l'acidité de chacun des bains successifs. Un cliché bien exécuté doit présenter ses reliefs en forme de A, c'est-à-dire que chaque trait doit présenter sur sa hauteur de relief un talus très net qui procure au trait la force nécessaire pour résister au foulage de la presse.

Telle est, très brièvement résumée, la fabrication des clichés zinc par gillotage; elle est forcément fort incomplète et n'embrasse que les opérations successives, sans envisager les cas particuliers, les réparations possibles, les différentes formules adoptées, etc.; ce que nous avons tenu à montrer au lecteur, c'est que ce procédé n'a rien de galvanique, et l'empêcher de confondre le clichage galvanoplastique avec celui très répandu du gillotage. Il est vrai que le clicheur de profession opère avec les deux procédés, et il doit connaître aussi bien la galvanoplastie que le gillotage et tous les procédés de la photogravure, qui tiennent de l'un et de l'autre. Mais nous plaçant ici au point de vue galvanoplastique, nous renverrons pour la clicherie en général au Manuel-Roret que nous avons déjà signalé, celui du *Graveur en creux et en relief*.

---

## II. RENFORCEMENT DES CLICHÉS
## ET DES CARACTÈRES D'IMPRIMERIE

Après cette incursion dans le domaine de la clicherie par gillotage, il nous faut revenir au clichage galvanoplastique pour compléter l'énumération des opérations auxquelles il donne lieu. Ainsi que nous l'avons dit, les clichés galvanoplastiques se font généralement en cuivre; leur prix n'est pas élevé et permet de les remplacer facilement quand ils sont usés, car, comme tout ici-bas, les clichés s'usent à force de servir à l'impression. Or, il peut être intéressant de prolonger leur existence. Supposons que l'on veuille tirer un ou des clichés à un très grand nombre d'épreuves, pour un prospectus, par exemple. Au bout de quelque temps (25,000 épreuves tirées) le cliché peut être devenu défectueux, empâté, en un mot usé, et cependant la machine à imprimer roule, le papier est débité, l'imposition faite, il serait donc très désavantageux d'être obligé de s'arrêter, changer de cliché, refaire une imposition, recommencer une mise en train, opération toujours longue et délicate quand il s'agit d'impression d'image. Toutes choses qu'on éviterait si le cliché était plus dur.

Ce résultat s'obtient facilement en aciérant ou en nickelant le cliché; comme nous avons indiqué les moyens d'aciérage ou de nickelage, nous n'y reviendrons pas pour le cliché, qui se traitera exactement comme nous l'avons expliqué pour les autres objets métalliques. Les clichés nickelés ou aciérés présentent une plus grande résistance que les clichés en cuivre ; par contre ils donnent lieu à des reproductions moins fines. On comprend facilement, en effet, que le cliché galvanoplastique, tel que nous en avons expliqué la confection, est la reproduction exacte et fidèle du modèle, puisque dans la mise au bain de cuivrage le dépôt métallique vient prendre exactement la place de l'original ; il n'en est plus de même lorsque la coquille ainsi obtenue est recouverte d'une seconde enveloppe métallique, acier ou nickel, enveloppe qui vient épaissir le trait primitif.

Pour ces raisons, l'aciérage et le nickelage des clichés ne s'emploient guère que pour les travaux ne réclamant pas une grande finesse, comme pour l'illustration de prospectus se tirant à un grand nombre d'exemplaires, ou alors pour des clichés à dessins très nets sans finesse de traits, comme dans des représentations géométrales où ne figurent que des traits pleins, des traits pointillés et des hachures.

Plus encore que les clichés en cuivre, les caractères d'imprimerie, qui sont faits en métal relativement mou, sont susceptibles de s'user, de s'empâter à la suite d'un long tirage; il peut donc être utile de les renforcer pour leur assurer une résistance plus grande. On pourra obtenir cette augmentation de leur solidité en les cuivrant, ce qu'on peut faire comme nous l'avons dit au chapitre du cuivrage dans son application aux petits objets.

Voici un autre dispositif de l'opération que nous signalons, parce qu'il a le mérite de ne pas nécessiter un matériel spécial, condition qui peut convenir tout spécialement à un imprimeur qui n'est pas galvanoplaste et qui n'a besoin de recourir au cuivrage de ses caractères que d'une façon intermittante ou exceptionnelle.

Pour recouvrir les caractères d'imprimerie, on commence par les dégraisser en les laissant séjourner, pendant vingt-quatre heures, dans un vase contenant de l'alcool à 90 ou 95°. Pendant ce temps on prépare un bain alcalin au cyanure double de potassium et de cuivre, dans les proportions de 40 grammes du premier sel et de 12 à 15 grammes du second par litre d'eau. Ce bain sera préparé à chaud, mais sans dépasser 60° centigrades. Lorsque la dissolution sera froide, on la filtrera et on la versera dans une cuve servant de bain, cuve qui pourra être dans la circonstance un de ces vases en faïence servant aux bains de pieds et qui, contenant environ 30 à 40 litres, se trouvent d'une façon courante dans le commerce.

On coupe une bande de cuivre de 1/2 à 2 millimètres d'épaisseur, de 7 à 8 centimètres de largeur et assez longue pour former un cercle du diamètre intérieur du vase. Cette lame, percée de 3 ou 4 trous à un centimètre de son bord inférieur, est maintenue en place par des crochets de platine qui reposent sur le bord du vase. Un de ces crochets porte une presse à vis dans laquelle s'engage le conducteur venant du pôle négatif d'une pile.

D'autre part on se munit d'un morceau de toile métallique (en laiton) de forme ronde, de 16 à 18 centimètres de diamètre pour une cuve qui aurait 30 centimètres de diamètre intérieur environ. On place ce disque sur une partie plane, on applique dessus une rondelle de bois d'un diamètre inférieur de quatre centimètres à celui du disque en toile métallique, on relève les bords de celle-ci tout autour du disque, de manière à former une corbeille. Cette dernière, armée d'un conducteur en forme d'anse, est supportée par une tringle en laiton dont les deux extrémités portent sur les bords de la cuve. A l'une de ses extrémités cette tringle porte une presse qui reçoit le conducteur du pôle positif de la pile.

Lorsque le tout est ainsi disposé, on met la ou les piles en marche, on emplit la corbeille de caractères et on la suspend à sa tringle. Lorsque tous les caractères, qu'on agite de temps en temps pour qu'ils se recouvrent uniformément, ont acquis une couleur rose brillant, on enlève la corbeille, on laisse égoutter une seconde, puis on la trempe dans l'eau bouillante. Enfin les caractères sont portés dans une boîte remplie de sciure de bois blanc sans résine, où ils sont roulés et séchés.

On remarquera que nous nous sommes servis ici d'un bain de cuivre alcalin en raison de la nature du métal qui constitue les caractères d'imprimerie, observation que nous avons déjà faite au chapitre du cuivrage. Comme les caractères sont de très petits objets, qu'en outre, il ne faut pas trop en empâter l'œil ce qui est inévitable dans la superposition du cuivre et de la matière, le cuivrage obtenu avec le bain que nous avons indiqué est généralement très suffisant. Cependant s'il s'agissait de cuivrer à une couche plus épaisse ou un très grand nombre de caractères, on fera bien de ne se servir de ce bain que juste assez pour recouvrir les caractères d'une très fine pellicule de cuivre et protéger ainsi le métal sous-jacent. On les portera ensuite, pour renforcer la couche de cuivre, dans un bain à base de sulfate de cuivre qui revient à un prix bien plus modique. Nous ne nous étendrons pas plus longtemps sur ce sujet qui a été traité en détails dans le chapitre cuivrage.

Nous arrêterons ici l'application de la galvanoplastie à la confection des clichés, car si les méthodes de reproduction des dessins, gravures, etc., sont aussi nombreuses que variées, elles sont du ressort du clicheur proprement dit, métier essentiellement compliqué et dans lequel la galvanoplastie n'intervient qu'au dernier moment pour la reproduction en métal, laquelle rentre toujours dans un des cas que nous avons signalés dans le présent chapitre.

# CHAPITRE XIX

## Décoration par la galvanoplastie
## des verres, cristaux, porcelaines, etc.

—

Sommaire. — I. Pièces unies. — II. Pièces à reliefs. —
III. Procédés d'argenture du verre sans le concours
de l'électricité. — IV. Dorure du verre et de la porcelaine.

## I. PIÈCES UNIES

Le verre, le cristal, la porcelaine, la faïence, la
terre cuite peuvent comme tous autres corps recevoir un revêtement métallique par dépôt galvanoplastique et donner ainsi l'illusion complète d'un
vase en bronze, en argent ou en or. On peut même
combiner l'assemblage de ces différents métaux et
en tirer ainsi des motifs de décoration fort gracieux.

Nous avons vu que l'on pouvait faire des dépôts
métalliques sur corps mauvais conducteurs de
l'électricité, on comprend donc la possibilité de le
faire également sur les produits ci-dessus ; mais, le
cas étant un peu plus spécial, nous avons cru bon
de lui consacrer quelques pages afin de donner des
explications aussi complètes que possible sur le procédé de fabrication.

Examinons d'abord le cas le plus simple : nous
avons un vase en verre de peu de valeur, mais

d'une forme gracieuse et d'un style bien approprié à l'art du bronze ou à l'orfèvrerie; pouvons-nous lui donner l'apparence d'un vase en bronze ou en argent ou bien en or? La réponse est absolument affirmative, et voici comment nous nous y prendrons, l'opération n'exigeant ni appareil, ni outillage spécial, et tout amateur pouvant facilement se livrer à cet art charmant.

Etant donné le vase, pour le recouvrir de métal, il faut pouvoir le manœuvrer en tous sens; aussi fera-t-on bien de se munir d'un support très simple et que nous indiquons sur notre dessin figure 69;

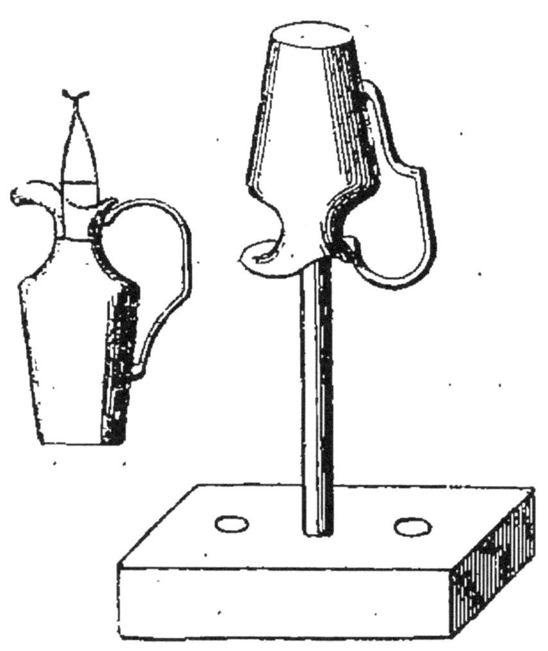

Fig. 69.  Support pour métalliser les vases en verre.

c'est une simple tige en bois blanc enfoncée dans une plaque de bois percée de plusieurs trous de manière à pouvoir placer la tige à l'endroit le plus commode pour l'opération ; on introduit le vase sur la tige qui est assez longue pour qu'on puisse facilement la tenir à la main et la tourner dans tous les sens. On couvre alors le vase d'un vernis qui n'est autre que le mordant des doreurs. Pour cela on a un pinceau en blaireau monté à plat que l'on trempe légèrement dans le vernis de manière à n'en déposer que le moins possible sur l'objet. On l'étale bien, en couche uniformément mince et en enlevant au pinceau tout excès qui pourrait, ultérieurement, produire un vide entre le métal et le verre. On vernit également sur une hauteur de quelques centimètres l'orifice du vase et, celui-ci placé sur le support dont nous avons donné la description, est mis à sécher.

Au bout de quelque temps, suivant la température, le mordant sèche, mais il ne faut pas attendre sa dessiccation complète et il faut que le vernis happe encore assez pour retenir la plombagine dont on recouvre entièrement toute la partie vernissée, y compris l'entrée de l'orifice. Ce plombaginage doit se faire comme nous l'avons déjà expliqué au chapitre métallisation, c'est-à-dire que toute la surface doit être parfaitement unie, d'un beau noir brillant, sans grains formant saillie et dont le relief serait reproduit et exagéré par le dépôt métallique. Il sera donc bon, pour étaler la plombagine, de se servir d'un gros blaireau que l'on chargera fortement de cette substance ; on tamponnera délicatement l'objet sur tous ses points et on ne lissera avec la fine brosse douce qu'avec une grande légèreté, sinon le vernis s'échaufferait et abandonnerait la plombagine sous une friction trop forte.

Arrivé à ce point de l'opération, il n'y a plus qu'à porter au bain de cuivrage, comme nous le savons faire. Cependant nous indiquerons le dispositif suivant qui pourra rendre service aux amateurs mal outillés ou aux débutants désireux de se faire un peu la main avant de s'engager dans des dépenses de matériel. On prend un morceau de fil de cuivre bien recuit, d'un diamètre plus ou moins fort suivant que l'objet à passer au bain est plus ou moins lourd, et d'une longueur également appropriée à l'installation que l'on possède. Ce fil est doublé et ses deux extrémités sont cordées sur une certaine longueur, tandis que dans le reste de sa longueur il forme une sorte d'étrier ou boucle. On introduit cette boucle dans le col du vase et, lorsqu'elle arrive à l'intérieur à une partie élargie de celui-ci, on élargit la boucle à l'intérieur formant ainsi une suspension très simple du vase. Il faut avoir soin, bien entendu, que les branches de la boucle soient en contact avec la partie plombaginée de l'orifice, puisque c'est ce support qui va servir de conducteur sur toute la surface à métalliser ; on peut, pour donner plus de solidité à cet étrier, en relier les deux branches par un fil de cuivre, ce qui empêche les branches de se rapprocher et, par conséquent, de réduire la largeur de la boucle introduite dans le vase. Cette disposition est indiquée sur la gauche de la figure 69.

Quant à l'appareil de cuivrage il pourra, nous l'avons dit, être l'un quelconque de ceux que nous avons déjà vus ; voici une disposition que tout le monde pourra réaliser aisément avec des matériaux qu'on a facilement sous la main. Dans un récipient cylindrique en faïence, en porcelaine ou mieux en verre, on place une lame de cuivre roulée en cylindre et suspendue sur les bords du récipient à l'aide de trois crochets en cuivre ou mieux en platine, si l'on en possède. Un de ces crochets est relié au pôle positif d'une pile, tandis que le pôle négatif est relié à une tringle en laiton reposant sur le bord du récipient, mais sans toucher les crochets supportant la lame de cuivre. Nous donnons, du reste, figure 70, ce genre de disposition, notre dessin n'explique rien de formel, il a simplement pour but de montrer le principe de l'appareil, la partie à droite de la figure étant une pile quelconque.

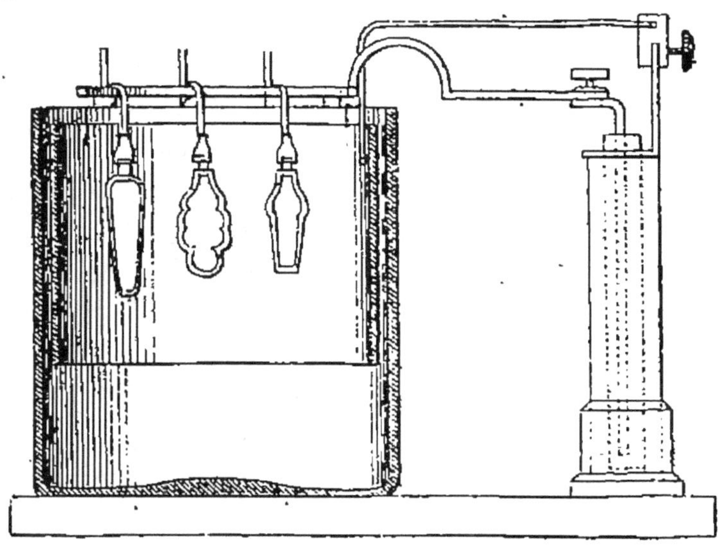

Fig. 70. Appareil pour dépôt métallique.

On place alors l'objet à couvrir au milieu de l'anode soluble, ou bien on les répartit également vis-à-vis de cette anode s'il y a plusieurs objets traités à la fois. Dans ce dernier cas, la tringle en laiton peut être circulaire. Il n'y a plus qu'à laisser au bain plus ou moins longtemps suivant l'épaisseur de la couche métallique que l'on veut obtenir et en prenant les soins et précautions que nous avons déjà indiqués.

Si le dépôt métallique a été bien conduit, si l'on a eu soin de prendre un modèle d'un style approprié et avec une patine convenablement choisie, on peut se procurer à très bon compte de fort jolis objets imitant parfaitement le bronze, en partant d'objets en verre souvent d'un prix minime, car la verrerie produit aujourd'hui, avec les procédés perfectionnés de moulage et de soufflage, des objets de toute beauté.

Ce que nous venons de dire pour le verre s'appliquerait en tous points au cristal, à la faïence, à la porcelaine et autres produits céramiques. Cette méthode a même tenté certains praticiens pour la confection d'objets culinaires entre autres, dont l'emploi courant était rendu impossible en raison de leur fragilité. On a essayé, en effet, de doubler ainsi d'une couche de cuivre des récipients en verre ou en porcelaine destinés à aller au feu, mais nous devons dire que les essais tentés dans ce sens n'ont jamais donné de résultats satisfaisants, à cause de la différence de dilatation qui se produit inévitablement entre l'enveloppe extérieure qui est en métal et le récipient qui est en une matière très différente. Il s'est toujours produit ainsi une séparation des deux couches, et presque toujours le bris de la couche intérieure qui, se refroidissant moins vite que l'enveloppe métallique, était serrée et brisée par la contraction de cette dernière. Nous avons tenu à signaler le fait pour prévenir nos lecteurs contre les tentatives d'expériences qui, pour paraître fort logiques, ne leur réserveraient que des déboires.

Dans le cuivrage d'un objet en verre tel que nous l'avons décrit plus haut, nous n'avons examiné la question que sous sa forme la plus simple et en ne constituant qu'une ornementation très sommaire. On comprend qu'on peut la varier presque à l'infini en faisant intervenir d'autres opérations. C'est ainsi que l'on peut, avec les appareils connus ou l'appareil sommaire que nous venons de donner, recouvrir la couche de cuivre d'une couche d'argent et former ainsi une véritable pièce d'orfèvrerie ; dans ce cas, on fait bien de tenir la couche de cuivre aussi mince que possible, elle ne sert alors qu'à supporter adhérente la couche d'argent que l'on déposera plus ou moins épaisse, à son gré. Si l'on veut encore perfectionner son œuvre, on peut, après avoir déposé la couche d'argent, confier l'objet à un graveur, qui l'ornementera de dessins appropriés au style et à la forme de l'objet, et qui en rehaussera l'éclat par un cachet artistique tout particulier. Dans ce cas, il est bon de tenir la couche d'argent à une épaisseur suffisante pour que le burin de l'artiste puisse faire des creux assez prononcés sans mettre le cuivre à nu. Ajoutons que la couche d'argent déposée galvaniquement forme une excellente matière se laissant parfaitement polir et graver.

Enfin on peut faire mieux encore et déposer sur la couche d'argent une couche d'or ; le ciseleur tirera parti de la superposition de ces deux métaux précieux pour mettre à nu des motifs spéciaux de décoration qui formeront un creux de couleur blanche tranchant nettement sur la surface dorée, brillante ou mate de la couche externe. On voit ainsi que la galvanoplastie trouve encore dans ces applications des ressources pour ainsi dire inépuisables.

## II. PIÈCES A RELIEFS

Ce n'est pas seulement aux dépôts sur pièces unies que se prête admirablement bien la galvanoplastie; elle permet encore de décorer de toutes pièces les objets les plus variés en verre, tels que : flacons, buires, hanaps, etc. C'est bien ce qu'ont compris les artistes professionnels de l'art de la verrerie, et nous allons indiquer aussi brièvement que possible la façon dont on procède dans cette branche de l'industrie artistique.

L'artiste commence par dessiner l'objet à produire, en modifie et rectifie les formes pour arriver au style qu'il lui convient d'établir, puis il trace ses ornements qui devront se présenter en relief avec les jours destinés à laisser passer la transparence du verre qui sera blanc ou de couleur. Ici intervient une question de goût et d'art pur dont on ne saurait fixer les principes immuables, mais on conçoit aisément que, suivant la couleur du verre que l'on va ornementer, le dessin, la forme, le style de ces ornements, le métal qui les formera peuvent varier à l'infini. Il est évident que des cristaux de nuances foncées auront leur transparence très agréablement rehaussée par des reliefs

ajourés en argent, des cristaux de nuances plutôt
claires produiront des jeux de lumière beaucoup
meilleurs au travers d'ornements d'or à la couleur
plus sombre. Enfin d'autres nuances, telles que
certains rouges, certains verts, etc., recevront très
heureusement le contraste offert par le ton or ou
argent indifféremment et feront encore très bon
effet du reflet de ces deux métaux agréablement
entrelacés dans les motifs d'ornementation. Mais
nous le répétons, il y a là une question d'art pur
qui n'est plus du métier et que l'on ne saurait
expliquer ni enseigner comme une opération toute
manuelle.

Donc, revenant au travail de l'artiste, quand
celui-ci a établi son dessin, que la forme d'ensemble comme celle des détails est satisfaisante, il
établit la maquette de l'objet à faire, c'est-à-dire
qu'il colorie son dessin de manière à juger de
l'effet produit par le jeu des couleurs qu'il a l'intention de fixer sur l'objet définitif. Quand cet
effet est satisfaisant, l'objet se trouve définitivement arrêté dans sa conception ; on en établit le
modèle, qui se fait généralement en plâtre, et on
l'envoie à la fabrique qui le réalisera en verre ou
en cristal nuancé suivant la demande, le laissera
uni ou le taillera à facettes plus ou moins nombreuses ou variées d'après le modèle soumis.

En possession de cet objet ainsi préparé, le galvanoplaste commence à jouer son rôle ; il produit
par la galvanoplastie les petites têtes en argent,
les camées, les mascarons, en un mot les différents
petits motifs qui seront englobés dans l'ornementation métallique. Il aura soin de munir ces petites

pièces d'un rebord de 2 à 3 millimètres de largeur; il limera, dressera ces rebords en les amincissant sur le bord extrême, et obtiendra ainsi un petit motif tel que celui que nous représentons à la droite du dessin de la figure 71. Avec du plâtre fin on scelle les motifs de ce genre à la place qu'ils doivent occuper sur l'objet, après quoi on couvre de vernis ou plutôt d'épargne toute la partie sculptée, n'exceptant que les rebords. On opérera de même si l'on veut placer dans la décoration des pierres de couleurs transparentes ou opaques, mais sans les couvrir d'épargne. Lorsque la pièce est ainsi disposée, on la recouvre de mordant comme il a été dit pour les pièces unies, en évitant de passer le pinceau sur le rebord en argent des petits motifs préparés spécialement, puis on opère comme pour les pièces unies.

Le cuivre enveloppe bientôt le vase (fig. 71), se porte sur les rebords des camées et enveloppe en entier les pierres, s'il y en a; on passe ensuite au bain d'argent en poussant l'épaisseur de ce métal suivant les besoins à satisfaire, et il emprisonne alors solidement tous les objets appliqués. Après avoir nettoyé et poli le vase, qui se présente sous l'aspect d'un objet entièrement métallique, on le confie au graveur, qui découvre les pierres de couleur en ménageant assez de matière pour les laisser solidement prises sous une collerette à laquelle il peut même donner l'apparence d'un beau serti. Se conformant aux indications fournies par la maquette, le graveur découvrira également toutes les parties qui doivent laisser le verre transparent. C'est là, nous ne saurions le dissimuler, un travail délicat exigeant à la fois l'habileté du ciseleur proprement dit pour reproduire exactement le modèle de l'artiste, et une douceur de toucher telle que le burin pénètre jusqu'au verre, mais sans toucher celui-ci, qui se trouverait forcément rayé par ce contact.

Fig. 71.  Ornements galvanoplastiques sur verre.

Nous avons supposé que l'ornementation était faite en argent, elle pourrait aussi bien être d'or ; elle pourrait aussi, comme précédemment, comporter la superposition de ces deux métaux précieux qui, mis à nu par le ciseleur, peuvent encore ajouter, par leur coloration différente, de l'éclat à l'ornementation combinée.

Tout ce que nous avons dit pour le cas d'un objet en cristal s'applique aussi bien à toute autre matière, telle que porcelaine, faïence, etc., et si nous avons énuméré toutes les opérations par lesquelles doit passer l'objet à ornementer de reliefs métalliques, c'est pour bien montrer à notre lecteur qu'il s'agit en l'espèce d'un art véritable doublé d'un métier fort délicat, et s'il est peu d'amateurs qui veuillent s'y livrer en passant par toutes les difficultés qu'ils offrent, ils peuvent réaliser ce genre d'ornementation sur une échelle plus réduite et en simplifiant les dessins. En un mot, qui peut le plus pouvant le moins, en donnant toute la série des opérations à effectuer, nous avons tenu à préciser entièrement le procédé, laissant aux amateurs ou aux débutants le soin de se fixer à eux-mêmes leur tâche, suivant les capacités ou la patience qu'ils se connaissent.

On fait aussi beaucoup usage du procédé Chablin, qui simplifie de beaucoup la série des opérations à effectuer, mais qui exige pour être exécuté que son application s'adresse à des produits capables de supporter sans dommage la haute température du moufle.

Dans cette méthode, on se sert pour la métallisation d'une légère couche d'or déposée au pinceau sur la porcelaine ou le cristal à la façon ordinaire; l'objet est alors porté au moufle, et la mince pellicule d'or qui se trouve adhérer parfaitement au cristal et à la porcelaine servira de conducteur pour recevoir le dépôt métallique ultérieur, qui sera de l'or, de l'argent ou même simplement du cuivre.

Prenons un exemple de la plus grande simplicité : nous avons une assiette munie de filets d'or, rien ne sera plus simple que de transformer ces filets, qui nous semblent ne faire aucune saillie sur l'assiette, en un relief très prononcé; il nous suffira, en effet, de porter cette assiette au bain de dorure, d'argenture ou de cuivrage, en ayant soin de disposer plusieurs conducteurs fins sur le pourtour de chaque filet, réunissant ces conducteurs au pôle négatif, alors que le liquide du bain sera relié au pôle positif par l'intermédiaire d'une anode soluble d'or, d'argent ou de cuivre. Notre assiette n'a eu besoin d'aucune autre préparation, étant mauvaise conductrice sur toute sa surface à l'exception de celle couverte par les filets; le dépôt métallique ne se fera que sur ces derniers, leur donnant un relief plus ou moins accentué suivant le plus ou moins de temps de séjour au bain.

Comme la couche d'or est absolument adhérente à l'objet et que le dépôt métallique est lui-même fort adhérent à la couche d'or, ce procédé permet les ornementations les plus riches, les plus solides et les plus variées. Un exemple fera mieux ressortir les qualités de ce procédé. Supposons que possédant un vase en verre ou en porcelaine absolument nu, de la forme de celui que représente la figure 71, et que nous voulions l'ornementer comme il l'est en laissant des parties nues ou transparentes : on dorera au pinceau tout le motif de décoration, ou plutôt toute la silhouette de ce motif, et l'on passera au bain de cuivrage, par exemple, en poussant le dépôt sur une épaisseur assez grande. Cela fait, le vase bien nettoyé, la partie métallique parfaitement polie, on confiera l'objet au ciseleur, qui creusera dans le métal pour en faire sortir les reliefs, et reproduira exactement le sujet qui lui aura été soumis. En raison de l'adhérence parfaite du dépôt, cette ciselure s'effectuera tout comme s'il s'agissait d'une plaque de métal.

Le cuivre ainsi préparé pourra recevoir une couche d'argent ou d'or, ou même des deux métaux en ménageant pour le second métal les réserves voulues de manière à ce que l'argent ne s'y dépose pas et que l'on n'ait pas en fin de compte des surépaisseurs.

Le procédé Chablin est certainement le plus usité pour la confection d'objets de valeur, car ici, comme nous venons de le voir, les motifs de décoration ne sont plus faits par galvanoplastie mais sont dus au burin de l'artiste. En outre, comme nous l'avons dit au début, il n'est applicable que sur des matières capables de résister à des températures élevées et ne saurait être employé avec des verres de qualités inférieures se ramollissant sous l'influence de températures relativement basses ou avec telles faïences ne supportant pas le grand feu. Enfin, il ne serait pas impossible de combiner les deux procédés en vue d'éviter la majeure partie du travail du ciseleur. Ainsi, reprenant nos camées faits par la galvanoplastie, il sera très simple de les fixer sur l'or, à la place qu'ils doivent occuper sur l'objet d'art et en les recouvrant d'un vernis d'épargne à l'exception du léger rebord qui les entoure, ils se trouveront pris par ce rebord dans le dépôt métallique, comme dans le premier procédé, et l'on pourra se procurer ainsi des reliefs puissants sans être obligé de pousser à l'épaisseur au bain de cuivrage et de faire enlever une grande quantité de métal par le burin du ciseleur.

## III. PROCÉDÉS D'ARGENTURE DU VERRE SANS LE CONCOURS DE L'ÉLECTRICITÉ

Bien que ces procédés n'empruntent pas le concours de l'électricité et par conséquent ne se rapportent en rien à la galvanoplastie, nous croyons qu'il n'est pas inutile de les donner ici, l'argenture des objets en verre pouvant être, dans certains cas, une nécessité pour achever une pièce ornementée galvanoplastiquement. Nous ne traiterons le sujet que d'une façon sommaire, les détails faisant plus spécialement la spécialité du glacier, que le Manuel-Roret du *Verrier et Fabricant de cristaux* reproduit avec les plus grands développements.

L'argenture des verres et des glaces est basée sur lé principe de la décomposition des solutions de sels d'argent par l'aldéhyde; il se dépose une mince couche d'argent métallique adhérente au verre et brillante; on obtient ainsi des miroirs très réfléchissants au travers desquels passent les rayons lumineux avec une couleur bleue. Divers composés organiques se comportent comme l'aldéhyde éthylique (essences de thym, de girofle, etc.), probablement parce qu'ils portent en eux un aldéhyde naturel. Les premiers essais d'argenture-industrielle des glaces par cette réaction remontent à 1843, et sont dus à Drayton, mais ils ne donnèrent pas d'excellents résultats ; les glaces ainsi préparées présentaient au bout de quelque temps une infinité de taches brunes ou rougeâtres provenant certainement d'impuretés contenues dans l'aldéhyde employé et qui s'oxydaient rapidement.

Le procédé fut repris plus tard (1857) par Wagner, qui proposait l'emploi d'essences de rue ou de camomille purifiées de leurs impuretés résineuses par un traitement au bisulfite de soude.

Mais c'est à Liebig que l'on doit une bonne étude de la question et il a donné le procédé suivant : on dissout 10 grammes de nitrate d'argent fondu dans 200 grammes d'eau distillée et l'on additionne d'ammoniaque en quantité juste suffisante pour redissoudre le précipité formé. On ajoute peu à peu 450 centimètres cubes d'une lessive de soude bien exempte de chlore et présentant une densité de 1,035 (5° à l'aréomètre Baumé); il se forme alors un abondant précipité brun noir que l'on fait disparaître par l'addition de quelques gouttes d'ammoniaque; on étend enfin le volume, en ajoutant de l'eau distillée, jusqu'à ce qu'il occupe 1,460 centimètres cubes; enfin on ajoute encore avec précaution et goutte à goutte une dissolution étendue de nitrate d'argent jusqu'à ce que la dernière goutte ajoutée fasse naître un précipité persistant.

On prépare d'un autre côté une solution d'une partie de sucre de lait dans 10 parties d'eau distillée que l'on mélange seulement au moment de s'en servir avec 8 ou 10 fois son volume de la première dissolution dont nous venons d'indiquer la préparation.

Ceci prêt, pour argenter une plaque de verre par exemple, il faut commencer par la nettoyer soigneusement avec de l'alcool, puis une fois bien sèche on la place dans une cuve plate de façon à ce qu'elle soit uniformément partout à un centimètre et demi du fond; pour cela on la supporte par quatre petits cônes placés aux quatre angles de la plaque. On verse alors la première liqueur dans la cuve jusqu'à ce qu'elle arrive à affleurer la face inférieure de la plaque, puis on ajoute dans le bain la proportion déterminée ci-dessus de la solution de sucre de lait et la réduction de l'argent commence aussitôt, donnant naissance à une surface parfaitement miroitante.

D'après Liebig, il se dépose, par ce procédé, environ 2 gr. 5 d'argent par mètre carré de glace; le restant de l'argent tombant au fond de la cuve, d'où on le recueille pour le traiter à nouveau. On lave soigneusement la glace à l'eau distillée en évitant de la frotter.

Si l'on veut protéger la couche très mince d'argent ainsi déposée et que Liebig estime à 1/300 de millimètre, on peut la recouvrir de cuivre par la galvanoplastie. Tout le succès de l'opération dépend de la minceur de la couche d'argent qui doit être telle que l'on puisse voir le soleil au travers, qui se présente sous la couleur bleu azuré.

S'il s'agissait d'argenter l'intérieur d'un vase, on mettrait la première solution dans le vase et la seconde opérerait la réduction sur les parois, avec excédent d'argent se déposant au fond. On n'aura qu'à vider ensuite le récipient, avec précaution pour ne pas rayer la couche d'argent. Le miroir ainsi fait se formera jusqu'au niveau auquel on aura mis du liquide. On comprend les ressources ornementales que peut offrir ce mode d'argenture dans l'ornementation galvanoplastique des cristaux. Si l'on a par exemple un objet creux ornementé à sa base par des reliefs métalliques, on pourra argenter l'intérieur jusqu'au niveau supérieur de l'ornementation métallique dont les motifs se refléteront dans cette surface miroitante, alors que toute la partie supérieure de l'objet restera parfaitement transparente.

Cette méthode d'argenture de Liebig a été et est encore très employée, elle réussit parfaitement surtout lorsqu'on opère avec des produits purs. Or tous ceux que nous avons signalés se préparent et s'obtiennent couramment à un parfait état de pureté, seule la lessive de soude est peut-être plus difficile à se procurer bien exempte de chlorure à moins de s'adresser aux bonnes maisons de produits chimiques et en leur spécifiant la condition de pureté qu'on exige.

C'est du reste à cette difficulté offerte par la lessive de soude que l'on doit un autre procédé, celui de Löwe, qui la remplace par du glucosate de chaux composé avec 50 grammes de sucre de raisin, 5 kilogrammes d'eau et 20 grammes de chaux vive. Cette solution obtenue, il l'ajoute à un sixième de son volume de la solution de nitrate d'argent ammoniacale exempte d'ammoniaque.

Après Löwe est venu Hill, qui emploie comme réducteur le glucose avec un peu de mannite et d'éther; Massi qui se sert d'acide tartrique; Delamotte qui utilise une solution de coton-poudre ou de nitro-mannite ou d'acide nitro-picrique. Enfin nous signalerons le procédé Petit-Jean qui a été fort en vogue en France et en Suisse et qui est le suivant :

On prépare deux dissolutions argentiques; la première se fait en traitant 100 grammes de nitrate d'argent par 62 grammes d'ammoniaque liquide concentrée, et l'on ajoute 500 grammes d'eau distillée, puis on filtre, et on étend la solution de 16 fois son volume d'eau distillée à laquelle on ajoute goutte à goutte en agitant fortement 7 gr. 5 d'acide tartrique dissous préalablement dans 30 grammes d'eau distillée. Cette première dissolution argentique constitue la liqueur n° 1.

La liqueur n° 2 est faite identiquement de la même façon, sauf qu'on double la quantité d'acide tartrique.

Ces deux préparations faites, voici comment on opère : on commence par nettoyer la glace soigneusement avec de la potée d'étain blanche et une peau de chamois, on la lave au moyen d'un rouleau de caoutchouc baigné dans l'eau distillée, puis on la place sur une table en fonte chauffée à 45° ou 50° C. recouverte d'un tissu imperméable, de préférence de la toile cirée. La glace étant posée bien horizontalement, on verse dessus la liqueur n° 1 tant que la glace en peut contenir sans bavures ; au bout de vingt à vingt-cinq minutes, la couche d'argent est formée ; on incline la glace de côté pour faire écouler le liquide que l'on recueille dans un récipient *ad hoc*, on la lave avec une peau de chamois et de l'eau distillée chaude (60° environ) et on la remet horizontalement. On verse immédiatement dessus la liqueur n° 2, comme on a fait avec la liqueur n° 1 et en douze ou quinze minutes le dépôt est complet. On lave comme précédemment, on fait sécher et l'on préserve la couche d'argent soit par un dépôt de cuivre galvanique, soit par une couche de peinture formée par du minium, de l'huile de lin siccative et de l'essence de térébenthine.

Tels sont les différents procédés d'argenture du verre qui sont les plus usités en industrie et dont l'on a cherché à étendre l'application à la fabrication des glaces pour supprimer l'emploi du mercure dans l'étamage ordinaire. Tout ce que nous avons dit en prenant la glace comme modèle de l'objet à argenter s'applique de toute évidence à quelque objet en verre ou en cristal que ce soit.

## IV. DORURE DU VERRE ET DE LA PORCELAINE

Dans ce qui précède, nous avons dit que pour faire des dépôts galvaniques sur verre et sur porcelaine, il fallait préalablement faire une véritable peinture à l'or, nous dirons donc quelques mots de ce genre de peinture. Cette peinture est un mélange de poudre d'or avec des corps agglutinants et un fondant.

Pour faire la poudre d'or, on prend du chlorure d'or bien exempt d'acide nitrique tel qu'on peut s'en procurer dans les bonnes maisons de produits chimiques ; on le dissout dans l'eau distillée et l'on ajoute à cette solution de l'acide oxalique additionné d'un peu d'acide chlorhydrique, on étend cette solution d'un grand volume d'eau distillée et l'on chauffe vers 30 ou 40°. Ce procédé dû à Knafll donne un produit très finement pulvérulent et la poudre que l'on obtient paraît bleuâtre par transmission, lorsqu'elle est en suspension dans l'eau.

Un autre procédé, dû à Brescius, consiste à dissoudre 120 grammes d'or dans de l'eau régale formée par 500 grammes d'acide azotique d'une densité de 1,2 et 1,000 grammes d'acide chlorhydrique d'une densité de 1,12; la dissolution complète obtenue, on sature peu à peu par une dissolution concentrée de 360 grammes de carbonate de potasse dans l'eau distillée. On étend ensuite le tout de quatre litres d'eau et l'on y ajoute une solution saturée à froid de 500 grammes d'acide oxalique en agitant constamment·le liquide. L'or se précipite sous la forme d'une poudre spongieuse brune, qu'on lave à fond.

Une fois qu'on a la poudre d'or on en fait une pâte avec de l'eau gommée ou de la colle de peau et un peu de céruse qui sert de fondant, c'est, dit-on, la formule chinoise pour la dorure sur porcelaine. En France, la manufacture de Sèvres remplace la céruse par le sous-nitrate de bismuth. On tient cette pâte plus ou moins épaisse suivant non seulement la finesse du dessin que l'on veut obtenir, mais encore suivant la quantité de poudre d'or qu'on veut incorporer, une pâte épaisse en retenant plus qu'une pâte claire. On dessine au pinceau le motif sur la porcelaine ou le verre et l'on passe l'objet au moufle. L'or ainsi appliqué est, comme nous l'avons dit, d'une adhérence parfaite, en outre il présente sa surface métallique à nu.

# CHAPITRE XX

## Dorure et argenture galvaniques appliquées à l'horlogerie

SOMMAIRE. — I. Dorure des pièces de montre. — II. Procédés particuliers. — III. Dorure des roues. — IV. Dorure de l'acier. — V. Blanchiment des cadrans d'argent.

C'est en Suisse que, pour la première fois, la dorure et l'argenture galvaniques ont été appliquées aux articles d'horlogerie, et ce progrès, inappréciable sous tant de rapports, surtout au point de vue de la santé des ouvriers, a été, nous pouvons le dire, dû, en grande partie, aux efforts de M. O. Mathey. Dans les paragraphes qui suivent, nous allons exposer aussi clairement que possible, et d'après cet habile praticien, comment, aujourd'hui encore, les choses se passent dans ce pays.

### I. DORURE DES PIÈCES DE MONTRE

#### PROCÉDÉS GÉNÉRAUX

Les fabricants remettent ordinairement les pièces au doreur après les avoir bien adoucies, sans qu'il y ait aucun trait.

#### Décapage

Comme l'adoucissage se fait avec une pierre noire d'un grain doux et de l'eau de savon, quelquefois même avec cette pierre et de l'huile, il est prudent, de la part du doreur, de donner aux objets un bouillon dans une eau de soude pour les dégraisser, sans quoi il s'exposerait : d'abord, à ce que le décapage (qui ne dissout pas les corps gras) n'avivât pas le laiton ; ensuite, à ce que le grainage, n'étant pas appliqué directement sur le laiton, mais sur la graisse, ne fût pas adhérent et s'enlevât au gratte-bossage. Il s'exposerait aussi à avoir des taches vertes à la dorure par la combinaison de l'huile avec la potasse du cyanure.

Après avoir été dégraissées, les pièces sont passées dans un fil de cuivre ou de laiton, et on les décape en les agitant, pendant deux ou trois secondes, dans un mélange de deux parties en poids d'acide sulfurique et une partie d'acide nitrique ; pour 1 kilogramme de décapage, on ajoute 5 grammes de sel de cuisine en poudre fine (1).

## Piquage

Le décapage achevé, on dispose les pièces pour recevoir le *grainé*. On appelle ainsi un mat particulier qui provient de la juxtaposition, sur une surface unie, de milliers de petits grains en relief. A cet effet, on pique les pièces de six montres sur une plaque de liège bien plane, à l'aide d'épingles

(1) On doit toujours éviter de mettre de l'eau dans le décapage. Il faut, au contraire, prendre les acides du commerce les plus forts. Quelquefois même, nous ajoutons un peu d'acide sulfurique fumant (*monohydraté*). Quand il y a de l'eau dans le décapage, le laiton est plus vite attaqué que par les acides concentrés.

à tête conique, et de manière qu'elles se touchent
en laissant entre elles le moins de vide possible, et
soient toutes à la même hauteur. On peut leur donner la même disposition, et avec avantage, au
moyen d'un procédé que nous avons inventé en
1853, et dont nous croyons devoir rendre publique
la construction. Dans notre système, les pièces décapées sont placées sur le fond d'un vase bien plan,
à bords évasés : nous employons pour cela une
cuvette à brâmer, grandeur demi-plaque, mais les
doreurs de profession pourraient rendre encore cette
forme plus commode, en rendant le fond mobile,
de manière à pouvoir l'enlever en poussant par
dessous. Ce vase peut être en fer, et même en bois
à condition que l'on ne chauffe pas.

Les pièces doivent être posées de manière qu'elles
se touchent toutes ou à peu près, et le beau côté,
celui qui doit être grainé, contre le fond, les pieds
en dessus. Cela fait, on mouille le tout avec de
l'eau, puis on applique dessus de la gutta-percha
que l'on a préalablement rendue pâteuse, en la
laissant quelques minutes dans l'eau bouillante. Il
est bon de mouiller les mains avec de l'eau de
savon, pour qu'en prenant la gutta-percha dans la
forme, de manière à la faire pénétrer entre les
pièces, elle ne s'attache pas aux doigts.

Au bout d'une heure la gutta-percha est suffisamment refroidie et durcie pour être enlevée de
la forme avec les pièces qui restent incrustées dedans, mais si l'on n'a pas le temps d'attendre une
heure, on peut hâter le refroidissement en plongeant le tout dans un grand vase rempli d'eau
froide. De cette manière, les pièces sont posées bien

plus plates, bien plus régulièrement, bien plus promptement que sur le liège ; il y a économie, puisque la même gutta-percha peut servir indéfiniment. On y gagne encore de ne pas enlever le grain sur les bords des pièces en gratte-bossant.

Ce n'est que lorsqu'elles sont grainées et gratte-bossées qu'on les enlève de la gutta-percha. Cette opération ne présente aucune difficulté ; on la fait avec une pointe d'os ou de laiton, et de façon à ne pas rayer les objets.

### Grainage

Après la fixation des pièces sur le liège ou la gutta-percha, vient le *grainage*. Comme son nom l'indique, cette opération a pour objet de produire le mat particulier appelé *grainé*. On ne l'effectue pas avec les acides, parce qu'entre autres inconvénients, ils auraient celui d'altérer les ajustements délicats, mais par l'application de poudres métalliques diversement composées, et qui sont ordinairement d'or ou d'argent. D'où l'on distingue le *grainage à l'or* et le *grainage à l'argent*.

Pour préparer les poudres destinées au *grainage à l'argent*, on fait dissoudre 30 grammes d'argent fin, où même d'argent de monnaie à 900/1000, dans 120 grammes d'acide nitrique, et l'on verse cette dissolution dans un grand vase contenant au moins 4 litres d'eau : plus la quantité d'eau est grande, plus la poudre est fine. Plaçant alors le vase dans l'obscurité, on ajoute des lames de cuivre, et, après vingt-quatre heures au moins, on décante le liquide ; on ajoute de nouveau de l'eau pour laver la poudre, en laissant les lames de cuivre, et, après l'avoir lavée deux ou trois fois, on la sépare en la roulant entre les doigts ; on agite l'eau, et après quelques instants la plus grosse poudre est déposée ; alors on décante la plus fine, qui est en suspension et qui se dépose à son tour, on désagrège de nouveau la grosse poudre, et ainsi de suite ; après cela on la sèche et elle est prête à être employée.

On peut également précipiter l'argent par le sel de cuisine. Dans ce cas, après que le chlorure d'argent s'est déposé on enlève le liquide avec un siphon et on laisse le chlorure d'argent en contact avec des lames de zinc et de l'eau contenant 1/20 d'acide sulfurique, qui réduit le chlorure. Lorsque la poudre est complètement gris métallique, et qu'il ne reste plus de grains blancs de chlorure, l'opération est terminée. Cette poudre donne un grainage différent de l'autre.

Du reste, la plupart des doreurs, au lieu de faire eux-mêmes leur poudre à grainer, préfèrent l'acheter toute faite. Ils emploient généralement celle que l'on appelle *poudre de Nuremberg* à Paris, et *poudre de Paris* en Suisse. Cette poudre, que le commerce tire principalement d'Allemagne, est très belle, très fine et très blanche. Pour l'obtenir, on mélange intimement du miel et des feuilles ou bractées d'argent, puis on broie le tout à la molette sur une glace dépolie, jusqu'à ce qu'on ait atteint le degré de finesse désiré. Il n'y a plus alors qu'à jeter la pâte dans l'eau bouillante, qui dissout le miel et permet d'isoler l'argent. Enfin, on jette

celui-ci sur un filtre pour le laver à plusieurs reprises.

Pour procéder au grainage, on prend une partie
en poids de poudre d'argent, douze parties de chlorure de sodium (sel de cuisine), très sec, pilé et
tamisé très fin, quatre parties de crème de tartre
(tartrate acide de potasse) également tamisée fin ;
on mélange le tout exactement dans un mortier
avec un pilon en bois, en évitant l'emploi de mortiers de porcelaine et autres corps durs, qui aplati-
raient en paillettes les molécules d'argent, lesquelles doivent s'appliquer à l'état spongieux pour
donner un beau grain facile à brillanter.

Lorsque le mélange est intime, on y ajoute de
l'eau de manière à former une pâte claire, dans laquelle on trempe légèrement une brosse faite spécialement pour cet usage. Cette brosse (fig. 72) est

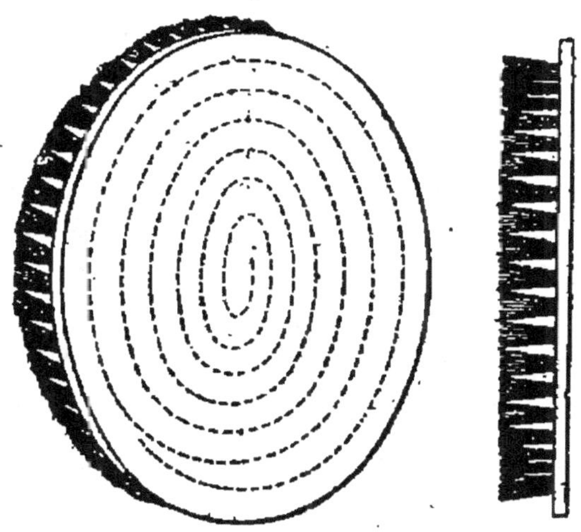

Fig. 72. Brosse.

ovale, de la grandeur d'une brosse pour habits,
mais beaucoup plus serrée, et les soies un peu plus

fines. Avant de s'en servir, il est bon de la laver à l'eau de soude, et, après l'avoir imprégnée avec la pâte, on frotte les pièces, piquées sur la plaque de liège ou de gutta-percha, toujours en tournant la plaque ou les pièces, afin de croiser les traits et. de faire un grain rond ; car, en frottant toujours dans le même sens, on aurait un grain allongé. Plus on frotte longtemps, plus le grain est gros; une à deux minutes suffisent ; si l'on poursuivait trop longtemps, tous les grains finiraient par se toucher, et l'on aurait une surface plane, sans grainage, mais avec des creux ; alors il faudrait limer l'argent appliqué, adoucir et recommencer. Cela n'arrive toutefois qu'à défaut d'expérience, car avec un peu d'habitude, on sent au mordant de la brosse quand le grain est bon. Il faut également avoir l'attention de faire un grain égal partout ; autrement on grainerait plus au centre que sur les bords.

Les proportions de sel et de crème de tartre que nous avons données peuvent être variées à volonté, suivant le résultat particulier qu'on veut avoir. Plus on ajoute de crème de tartre, plus le grain est fin et serré, mais aussi plus il est dur et difficile à brillanter avec le gratte-bosse. Si l'on demandait des dorures mates, on y arriverait parfaitement en mettant, pour une partie d'argent, 8 de sel de cuisine et 8 de crème de tartre. Plus on ajoute de sel, plus le grain est gros planté, rare, spongieux et facile à polir en l'écrouissant avec le gratte-bosse. Plus on ajoute d'argent en proportion des sels, plus le grainage se fait promptement. En suivant ces instructions, le doreur est parfaitement maître du procédé et peut, à coup sûr, arriver au but qu'il cherche et varier ses effets selon le caprice du fabricant pour lequel il travaille.

Pour les ouvrages soignés, on remplace le grainage à l'argent par le *grainage à l'or*. Comme on trouve rarement, dans le commerce, de la poudre de qualité convenable, nous engageons les doreurs à la préparer eux-mêmes ; le deuxième procédé que nous avons décrit page 339, tome I, est le plus simple qu'ils puissent employer.

Le grainage s'exécute de la même manière que le grainage à l'argent. La pâte doit être composée ainsi qu'il suit :

| | |
|---|---|
| Poudre d'or. . . . . . . . . . . . . . . . | 4 gram. |
| Alun . . . . . . . . . . . . . . . . . . . | 2 — |
| Crème de tartre. . . . . . . . . . . . . | 8 — |
| Sel de cuisine. . . . . . . . . . . . . . | 40 — |

Les sels, avant le mélange, doivent être passés à un fin tamis de soie, et après le mélange, il faut éviter de les broyer entre deux corps durs afin de ne pas mettre l'or en paillettes.

### Gratte-bossage

Ainsi que nous l'avons dit dans la partie consacrée à cette opération, le gratte-bossage consiste à frotter les objets avec une espèce de pinceau en fils de laiton, qu'on appelle *gratte-bosse*. Comme le brossage, cette opération se fait en rond, c'est-à-dire en faisant toujours tourner, soit le gratte-bosse, soit la plaque qui porte les pièces. Pour que l'instrument puisse glisser facilement, beaucoup de doreurs emploient de préférence une infusion de racines de saponaire.

Quand les objets sont suffisamment brillants, on les enlève du liège, on les passe à l'eau froide, puis on les enfile sur les rayons d'une étoile, pour qu'ils ne puissent pas se toucher dans le bain.

### Dorure

La dorure se fait par les procédés ordinaires. Quoiqu'on puisse, à la rigueur, employer l'un quelconque des bains que nous avons décrits, nous croyons néanmoins, au risque de quelques répétitions, devoir donner en détail la préparation de ceux dont l'usage a prévalu en Suisse.

### *Préparation des bains*

On commence par se procurer du chlorure d'or. A cet effet, on lamine un ducat, on le recuit pour brûler la graisse, puis on le place dans un matras où on le dissout avec 30 grammes d'une eau régale composée de trois parties en poids d'acide chlorhydrique et deux parties d'acide azotique. Quand l'or est dissous, soit à froid, soit à l'aide de la chaleur, on laisse reposer quelques minutes et l'on décante ensuite le liquide dans une capsule de porcelaine en laissant au fond du vase la poudre blanche de chlorure d'argent. On évapore lentement la liqueur en évitant l'ébullition qui projette toujours des gouttes de dissolution hors de la capsule, et l'on reconnaît que l'évaporation a été portée à un degré suffisant lorsque la liqueur a pris une couleur rouge et ne dégage plus de vapeur. En laissant refroidir, le chlorure d'or cristallise.

Quel que soit le genre de dissolution que l'on veuille faire, l'opération est la même jusqu'ici parce que c'est toujours le chlorure d'or que l'on convertit en un autre sel, en ammoniure ou en cyanure, par exemple, ou bien en oxyde d'or. Au lieu de faire cette conversion, on peut dissoudre le chlorure d'or directement dans le cyanure de potassium. Il se forme alors un peu de chlorure de potassium qui reste en dissolution. Ce procédé, qui est le plus simple, peut servir pour des amateurs, mais non pour des doreurs de profession, parce que les pièces les plus rapprochées de l'anode prennent une dorure plus forte et plus foncée que les plus éloignées. Ensuite, quand le bain s'épuise, il se forme sur les objets des taches que l'on ne peut faire disparaître au nettoyage. Enfin, le ton de cette dorure n'est pas aussi beau que celui qu'on obtient avec les autres dissolutions.

Quelques doreurs, dans les grands ateliers principalement, opèrent à chaud. Dans ce cas, ils se servent d'un bain au prussiate jaune de potasse, qui se prépare de la manière que voici : on décompose le chlorure d'or en ammoniure comme il est indiqué, et, après l'avoir lavé sur un filtre, au lieu de le dissoudre dans le cyanure simple, on met l'ammoniure d'un ducat dans une capsule contenant 1 litre d'eau distillée, 125 grammes de prussiate jaune de potasse et 30 grammes de potasse caustique (on peut remplacer la potasse par le carbonate de potasse pur); on fait bouillir pendant vingt minutes, et le bain est prêt à servir. Quelques doreurs font digérer pendant douze heures, et à froid, l'ammoniure de potasse, et ajoutent le prussiate au moment de l'ébullition. Nous ne savons trop pourquoi, ne trouvant aucune différence dans les résultats. Nous devons dire qu'après la filtration le bain est jaune et qu'il reste sur le filtre une pâte rouge-brun d'oxyde de fer que des ouvriers peu expérimentés pourraient prendre pour de l'or précipité.

Ce bain au prussiate jaune donne une dorure très belle, très éclatante, d'un ton chaud, principalement pour les rouges, mais il perd ces avantages, quand on veut y ajouter de l'argent pour obtenir les ors verts. On le chauffe de 30 à 60° C. et plus.

Les horlogers de Besançon se trouvent fort bien du bain suivant, dont nous empruntons la description à M. Roseleur :

« On prend quatre grammes d'or vierge finement laminé, qu'on recuit au rouge pour détruire si besoin est, le corps gras qu'aurait pu y laisser le laminoir.

« On place cet or recuit dans un ballon avec 6 grammes d'acide nitrique pur, et le double d'acide chlorhydrique également pur, et l'on chauffe.

« Lorsque l'or est dissous, et que la majeure partie des acides en excès s'est évaporée pour ne laisser dans le ballon qu'un liquide rouge foncé et presque sirupeux, on retire du feu et on laisse refroidir.

« On ajoute 50 ou 60 grammes d'eau distillée qui dissolvent le chlorure d'or, et l'on transvase le tout dans un grand verre ou conserve de cristal. On ajoute un demi-litre d'eau distillée environ, et l'on verse dans cette liqueur un excès d'ammoniaque (alcali volatil) qui précipite l'or sous forme d'une poudre jaune, laquelle n'est autre chose que du fulminate, ou azoture, ou ammoniure d'or, poudre très détonante si on la laissait sécher.

« On reconnaît que la quantité d'ammoniaque employée est suffisante, lorsqu'en ajoutant une nouvelle quantité de cette matière au liquide qui surnage la poudre jaune, il ne se forme pas de nouveau trouble ou précipité.

« On laisse la poudre se bien rassembler au fond du vase, puis, par décantation, on enlève la plus grande partie du liquide clair qui la surnage et on la met aux résidus de l'atelier.

« On verse ensuite le reste du liquide et la poudre précipitée sur un petit filtre en papier Joseph, préalablement lavé à l'eau distillée, on laisse égoutter et on lave à l'eau distillée jusqu'à ce que cette eau de lavage passe exempte d'aucune odeur ammoniacale. On prend ensuite le filtre avec la matière qu'il contient et on le met dans un autre vase de verre ou de porcelaine avec 1 litre d'eau distillée et 12 grammes de cyanure pur. Ce dernier dissout rapidement l'or et laisse le papier du filtre. On filtre de nouveau, on fait bouillir pendant quinze ou vingt minutes, on filtre une troisième fois, on laisse refroidir, et le bain est alors excellent pour dorer les pièces les plus délicates, sous l'influence d'un courant électrique convenable et proportionné aux surfaces à dorer ».

11.

## Opération de la dorure

Quel que soit le bain qu'on emploie, on le dispose dans un ou plusieurs vases de verre, de grès ou de porcelaine ayant ordinairement quatre à cinq litres de capacité et 10 à 12 centimètres de profondeur. On se sert habituellement d'une petite pile de Daniell, de 2, 4, 5 ou 6 couples. Il est bon de rejeter les piles de Grove, de Bunsen ou d'Archereau, parce que, non seulement elles exposent aux coups de pile, mais encore donnent lieu à des dégagements de vapeurs nuisibles.

On sait que, plus le dépôt se fait lentement, plus il est riche et adhérent, Quand on veut avoir une forte dorure, il faut mettre les pièces dans le bain plusieurs fois de suite, et, avant chaque immersion, on les gratte-bosse avec soin et on les passe au nitrate acide de mercure. En effet, il serait inutile de les laisser plus longtemps dans la dissolution quand elles se sont couvertes d'une couche brune et terne, parce que l'or qui se dépose ensuite n'a aucune adhérence. Il faut encore que toutes celles qui doivent être réunies se trouvent ensemble dans le bain, et, autant que possible, à la même distance ; autrement elles n'auraient pas la même couleur, surtout avec le bain au prussiate jaune de potasse et le bain préparé en dissolvant le chlorure d'or directement dans le cyanure de potassium. Enfin, quand on juge que la couche déposée est assez épaisse, on lave les objets à l'eau, et on les remet sur le liège pour leur donner un dernier gratte-bossage.

## Récapitulation

En terminant ces notions sur la dorure des pièces d'horlogerie, il nous semble utile de résumer, en suivant l'ordre dans lequel on les fait, les opérations qui servent à l'exécuter.

Quand les pièces sont bien adoucies, il faut :

1° Les faire bouillir dans une eau de soude, afin de les dégraisser. Toutefois si les parties d'acier sont fixées sur les pièces de laiton, il convient de substituer l'esprit-de-vin à la soude, parce que celle-ci noircirait l'acier ;

2° Les décaper dans le mélange d'acide sulfurique, d'acide nitrique et de sel de cuisine, ci-dessus indiqué. La durée de l'immersion ne doit pas dépasser deux à trois secondes, et il faut les secouer continuellement dans le bain. On les lave ensuite à grande eau, toujours en les secouant. Enfin, si l'on ne veut pas les piquer et les grainer immédiatement, on les sèche à la sciure de sapin chaude. A propos du décapage, nous ne saurions trop nous élever contre la mauvaise habitude qu'ont la plupart des doreurs de couvrir imparfaitement les vases dans lesquels ils opèrent. Ils ne devraient jamais perdre de vue que l'acide sulfurique absorbe très facilement l'humidité de l'atmosphère, et que, du moment où il renferme une notable quantité d'eau, il possède une action tellement énergique qu'il attaque et creuse le laiton. Aussi, recommandons-nous d'employer exclusivement des acides concentrés et d'éviter d'introduire de l'eau dans la liqueur ;

3° Les piquer sur une plaque de liège ou les fixer dans une lame de gutta-percha, puis les grainer avec la brosse et la poudre d'argent.

4° Les gratte-bosser jusqu'à ce que le grain soit brillant ;

5° Les passer au bain de dorure ;

6° Les laver à grande eau, puis les fixer de nouveau sur le liège ou la gutta-percha, et donner un gratte-bossage.

## II. PROCÉDÉS PARTICULIERS

### Dorure à la plaque

Dans l'horlogerie suisse, on se sert aussi quelquefois d'un procédé de dorure, appelé *dorure à la plaque* et qui tient le milieu entre la dorure à la pile et la dorure au trempé. Le bain qu'on emploie est préparé avec de l'or réduit en ammoniure et avec une quantité de cynanure de potassium égale à 30 grammes pour un ducat. Parfois au lieu d'une pile, on se contente tout bonnement de mettre dans le bain une feuille épaisse de zinc, carrée et fendue comme en A A dans la figure 73 et portant une forte tringle en cuivre recourbée comme dans le dessin de droite, où l'on voit la plaque de profil et disposée dans le bain de manière que la partie D est immergée dans celui-ci, tandis que les deux parties étroites AA servent à l'accrocher au vase et se trouvent en dehors. La dorure se fait très promptement de cette manière, et d'autant plus vite qu'il y a une plus grande surface de zinc en contact avec le liquide. Le zinc est attaqué et dissous par l'excès

de cyanure que contient le bain ; il y a un équivalent de zinc dissous, et il arrive sur la fin que l'on
a une dissolution de zinc au lieu d'une dissolution
d'or.

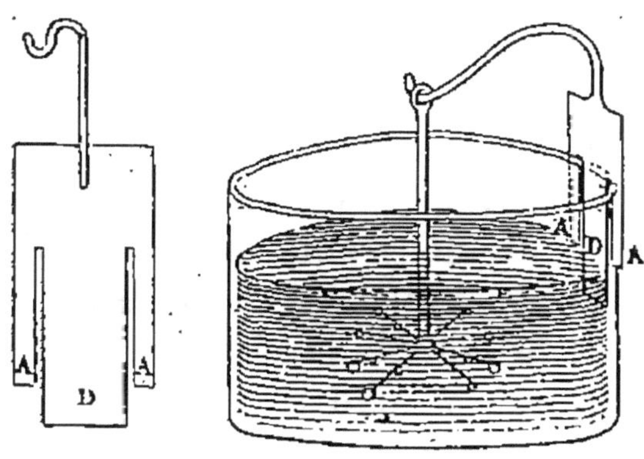

Fig. 73.  Appareil de dorure à la plaque.

Ainsi, au-lieu de se servir d'une pile indépen-
dante, on forme un couple dans le bain même au
moyen de la lame de zinc portant un gros fil de
cuivre auquel on attache les pièces à dorer, ce qui
constitue un diminutif ou, pour parler plus exactement, une modification de l'appareil simple à
membrane de baudruche qui est le premier appareil qui ait été employé et par conséquent le moins
avantageux, le moins parfait. C'est, suivant nous,
reculer au delà de l'origine et nous doutons que
l'on continue à se servir d'une lame de zinc au lieu
d'une pile. Même en enfermant le zinc dans une
vessie avec de l'eau salée, pour éviter le dépôt d'or
sur le zinc et la dissolution du zinc dans le bain,
ce sera toujours un mauvais procédé qui n'aura
jamais la sanction de la pratique.

Ce procédé est incontestablement le plus mauvais que nous connaissions, tant sous le rapport de la beauté, de la solidité, de la belle dorure, que sous celui de la santé et de l'économie, parce que : 1° la plaque de zinc se dore et épuise promptement le bain ; 2° qu'après deux ou trois jours on a de vilaines couleurs d'or ; 3° que la dorure est si peu adhérente qu'elle ne supporte même pas le brunissage sur le laiton, et encore moins sur l'argentan, où un léger frottement enlève la pellicule d'or ; 4° que le dégagement continuel et considérable d'acide cyanhydrique provoque de violents maux de tête et des ophthalmies à rendre aveugle.

### Dorages gravés avec reliefs polis

Lorsque les gravures sont faites et les reliefs bien adoucis, on décape comme précédemment. On dore à la pile, on gratte-bosse, on répète encore la dorure une ou deux fois, on met en couleur par le bain. On lapide les reliefs comme les fonds de boîtes de montre, on éclaircit avec la peau de chevreau et du rouge à polir sec. On peut remplacer le lapidage en brunissant, comme pour les roues polies, avec un brunissoir plan en acier.

### Dorages avec gravures dorées et reliefs en argent mat

On dore comme précédemment, mais moins fortement si l'on veut, on couvre de gomme-laque en chauffant la pièce, on lime la gomme-laque pour découvrir les reliefs et on graine à la brosse en se conformant à ce que nous avons dit, c'est-à-dire que pour avoir un grain fin, il faut mettre beaucoup de crème de tartre et peu de sel. Pour que l'argent s'applique très blanc, il faut une pâte épaisse, riche en argent et fraîchement préparée. Ces conditions sont nécessaires. Si le blanc n'était pas beau, on ferait subir aux objets le blanchiment des cadrans d'argent que nous indiquons plus loin.

On dissout la gomme-laque dans l'alcool, et l'on a une gravure dorée avec les reliefs blanc mat. Ce genre est plus beau, plus fin et plus employé que le précédent, qui est cependant plus riche.

Ainsi que nous le savons, la bonne réussite d'une dorure, son aspect mat ou brillant, sa couleur, sa solidité, dépendent en partie des opérations préparatoires qu'elle a subies et qui ne sont pas les mêmes pour tous les métaux. En général, pour tout objet poli, de quelque métal qu'il soit, on ne le décape pas, mais on le lave à l'eau de savon et avec une brosse douce pour enlever les corps gras.

## III. DORURE DES ROUES

Les roues de montre sont ordinairement en laiton, et, jusqu'à ce jour, on s'est généralement contenté de les faire polir lorsque les montres sont finies. Mais le laiton étant un alliage oxydable, il doit perdre bien vite son éclat, et les roues finissent toujours par devenir noires, ce qui est d'un effet désagréable. Un autre inconvénient, c'est que le laiton, lorsqu'il est exposé à un frottement continu sur l'acier, use ce dernier métal ; on peut s'en convaincre en examinant les palettes ou levées en acier trempé d'une verge de montre qui a marché longtemps ; on observera qu'elles sont creusées par les dents de rencontre en laiton. Nos ancêtres, qui étaient observateurs, savaient si bien cela qu'ils faisaient cette roue en or pour les montres d'un prix élevé, et il est certain que, s'ils avaient connu le moyen que nous possédons aujourd'hui de dorer les roues sur les pignons, et à froid afin qu'elles restent écrouies, ils se seraient emparés de cette découverte, et l'auraient utilisée avec empressement.

Le frottement du laiton contre l'acier a encore le désavantage de gripper.

On dorait déjà les roues, il y a bien des années, mais au mercure seulement et, par conséquent, au feu : alors le laiton, qui doit être bien écroui, se détendait, s'amollissait, et se tourmentait au point de rendre la marche des montres défectueuse. De plus, en chauffant pour volatiliser le mercure sur les roues, les pignons se détrempaient quelquefois, et, au lieu d'améliorer l'ouvrage, on sacrifiait l'utile au coup d'œil. Il eût mieux valu ne pas les dorer ; aussi y avait-on renoncé. Mais aujourd'hui qu'on peut le faire sans aucun inconvénient, les bons fabricants d'horlogerie s'empressent de mettre à profit cette découverte, et un jour viendra, nous l'espérons, où l'on fera dorer les roues de toutes les montres, soit avec grainage comme les mouvements, soit polies. Nous avons également vu avec plaisir, depuis quelque temps, des roues polies platinées qui imitent assez bien l'acier ; pour cela, on

prend le double chlorure de platine et de sodium
neutre et une dissolution un peu concentrée.

Le procédé de la dorure des roues a été le but des
recherches de beaucoup de doreurs ; il était d'autant plus difficile à trouver que toutes les résines,
tous les corps gras sont solubles dans le cyanure
de potassium ou la potasse, et qu'en se dissolvant,
ils laissent les pignons à découvert. Enfin, après
bien des tâtonnements, des essais infructueux,
nous sommes parvenu à trouver un moyen que
nous avons ensuite beaucoup perfectionné.

*Premier procédé.* — S'il suffisait seulement de
garantir les pignons de la dorure, un vernis peu soluble remplirait très bien le but ; mais comme il
faut appliquer le grainage de la même manière que
sur les mouvements, et que le frottement de la
brosse aurait bientôt découvert les pignons qui seraient alors rongés par le sel et la crème de tartre
et mis hors de service, il faut avoir recours à un
corps dur, capable de résister à ce frottement, et la
première idée qu'on ait eue a été de les couvrir
avec de petits tubes de verre ou de cuivre remplis
de gomme-laque contenant un quart de son poids
de térébenthine ; mais si ces tubes résistent bien à
la brosse, ils prennent trop d'épaisseur et ne per-
mettent pas de grainer et de dorer le centre de la
roue. On y a renoncé pour adopter le procédé suivant :

*Deuxième procédé.* — On se sert dans ce procédé d'un petit manche portant une virole en laiton
entaillée, comme on le voit dans la figure 74. On
chauffe sur la lampe à alcool le bout de la virole et
on le plonge dans un petit vase contenant de

l'épargne n° 1, ayant la composition ci-dessous :

Résine colophane. . . . . . . . . . . . 2 parties.
Cire jaune. . . . . . . . . . . . . . . 1   —
Oxyde rouge de fer. . . . . . . . . . . 1   —

qui fond et entre dans la virole. Pendant que cette composition est encore liquide, on l'applique sur le pignon en tournant de manière à le couvrir parfaitement des deux côtés, mais sans en remplir les

Fig. 74. Outil pour poser l'épargne.

creusures ; le tout se refroidit aussitôt. On passe alors toutes les roues dans un fil de cuivre, on les décape de la manière indiquée pour les mouvements, puis, après les avoir séchées à la sciure, on les pique sur une plaque de liège bien plane, percée de trous régulièrement alignés, assez grands et assez profonds pour contenir les pignons : les deux épingles qu'on emploie pour cela doivent être petites, coniques et placées comme on le voit dans la figure 75. Quant aux plaques de liège, il faut qu'elles aient au moins la grandeur de la main et portent de quarante à soixante trous.

Lorsque les roues ont un grain de grosseur convenable, fait au moyen de la brosse et de la poudre d'argent, on lave la plaque pour enlever la pâte d'argent, et on gratte-bosse sans rien déranger. Ensuite, on ôte les roues et l'on enlève la réserve dans l'huile d'olive, que l'on chauffe. Cette réserve enlevée, on lave les roues à l'eau de savon, et, après les avoir essuyées, on pose avec un pinceau l'épargne n° 2 ayant la composition ci-dessous :

Vernis copal très siccatif . . . . . . . 9 parties.
Noir de fumée ou noir léger . . . . . . 4 —

parce que la première ne résisterait pas bien au bain. Quand les roues sont suffisamment dorées, on dissout l'épargne n° 2 dans l'essence de térébenthine, que l'on chauffe avec la précaution d'avoir un couvercle près de soi pour couvrir le vase si l'essence prenait feu.

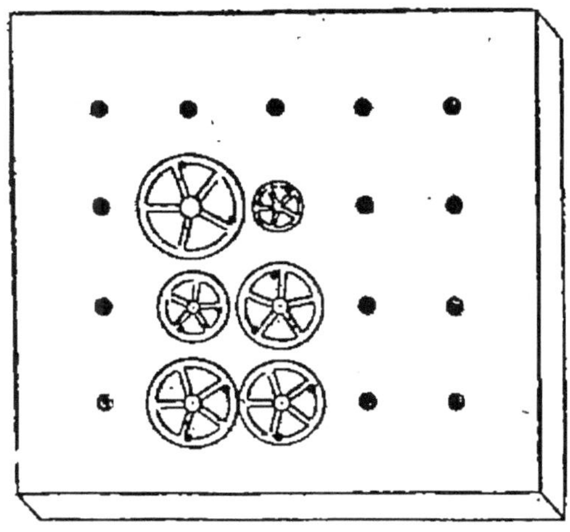

Fig. 75.  Plaque de liège.

Les pignons se doreraient promptement à mesure que l'épargne ou réserve se dissout dans le bain d'or en l'altérant. D'autres mastics, qui seraient moins solubles, ont l'inconvénient d'être difficiles à travailler, de mal couvrir ou d'attaquer l'acier.

*Troisième procédé.* — Le procédé qui précède réussit très bien, mais il a l'inconvénient d'être long, parce qu'il faut appliquer et dissoudre deux épargnes. Nous en avons imaginé un troisième qui simplifie beaucoup l'opération, puisqu'il suffit d'appliquer la troisième épargne qui a la composition suivante :

| | |
|---|---|
| Résine colophane. . . . . . . . . . . . | 3 parties. |
| Cire jaune. . . . . . . . . . . . . . . . | 1 — |
| Oxyde rouge de fer. . . . . . . . . . | 1 — |
| Bétuline. . . . . . . . . . . . . . . | 1 ou 2 — |

exactement comme le n° 1 et de la dissoudre également dans l'huile d'olive au moyen de la chaleur lorsque la dorure est complètement terminée. Cette nouvelle épargne résiste bien au bain d'or, même à une faible épaisseur, et, de plus, elle est la plus insoluble de toutes. De cette manière, on peut faire une quantité double d'ouvrage.

### Récapitulation

1° On lave les roues à l'alcool pour enlever les corps gras ; 2° on épargne les pignons ; 3° on décape et l'on sèche à la sciure ; 4° on pique sur le liège ; 5° on graine ; 6° on gratte-bosse ; 7° on met les roues sur une étoile en fil de cuivre et on les dore ; 8° on dissout l'épargne dans l'huile d'olive chaude ; 9° on gratte-bosse ; 10° on les passe dans l'alcool et on les essuie avec un linge fin.

### IV. DORURE DE L'ACIER

Depuis quelques années, la dorure de certaines pièces d'horlogerie en acier a pris faveur. On dore principalement les spiraux et les aiguilles.

Après avoir enlevé le bleu par l'eau acidulée de 1/15 d'acide sulfurique et lavé dans une eau de soude ou de potasse pour éviter la rouille, on dore avec un faible courant. Quelques instants suffisent pour un spiral, car, en le laissant longtemps, il se couvre d'un dépôt terne que l'on ne peut pas enlever sur un objet aussi délicat ; donc, il faut absolument qu'il sorte brillant du bain ; c'est pourquoi on ne peut faire qu'une faible dorure : d'ailleurs, une forte dorure rendrait la lame du spiral plus forte et ferait avancer la montre.

## V. BLANCHIMENT DES CADRANS D'ARGENT

On ajoute à 3 parties d'eau 1 partie d'acide sulfurique ; on fait bouillir cette eau acidulée dans une capsule de porcelaine ou d'argent fin ; on chauffe au rouge brun l'objet d'argent ou argenté, et, lorsqu'il n'est plus rouge, on le plonge dans cette eau bouillante, où on le laisse environ trente secondes ; quand on le retire de ce bain, il est d'un beau blanc mat. On le lave alors à l'eau chaude et on le sèche dans un moufle ou sur une lampe à alcool, ou mieux encore, on le plonge dans l'alcool pour enlever l'eau. Enfin, on l'essuie dans un linge fin.

Il arrive quelquefois que l'objet présente des taches grises. Dans ce cas, on recommence l'opération.

Une précaution à ne pas négliger, c'est de tenir la pièce qu'on veut blanchir, avec un fil de platine ou d'or, car autrement elle serait certainement tachée.

Si l'on dore un objet passé au blanc mat, comme ci-dessus dans le bain au prussiate jaune de potasse, chauffé à 40 ou 50° C., on a le beau mat doré, qu'on peut encore rehausser en brunissant quelques parties comme on le fait avec la dorure au feu. Si on laisse trop longtemps les pièces dans le bain, elles se couvrent d'un dépôt brun; alors il faut gratte-bosser et recommencer.

---

# CHAPITRE XXI

## Coloration des métaux. — Oxydation

---

Sommaire. — I. Composition de la liqueur ou bain. — II. Préparation des surfaces. — III. Coloration de métaux divers. — IV. Dissolution du fer. — V. Altération des couleurs.

La coloration des métaux, à laquelle on a donné le nom scientifique de *métallochromie* et que les profanes, le public en général, ont dénommée *oxydation*, ou plus communément encore *oxydé*, a été découverte depuis fort longtemps, avant même la galvanoplastie ; mais comme celle-ci permet de l'obtenir facilement et sûrement, nous avons pensé qu'une place spéciale lui devait être réservée dans cet ouvrage. Après avoir été surtout un objet de curiosité, la coloration des métaux ou la fabrication d'oxydés n'a pas joui de la faveur du public et est tombée un peu dans l'oubli, tuée, pouvons-nous dire, par la galvanoplastie, qui permettait à bon compte de recouvrir des métaux tout à fait communs d'une couche de métal précieux, ou permettant de protéger un métal facilement attaquable par les agents atmosphériques, d'un métal plus solide.

Il y a peu d'années encore, personne n'aurait songé à porter une montre en cuivre, dont les boîtiers fussent noircis ou bleuis, on préférait, et cela n'était pas trop condamnable, faire recouvrir lesdits boîtiers d'une couche galvanique d'argent ou d'or, donnant ainsi à la montre l'aspect d'un bijou précieux.

Mais si la galvanoplastie avait tué l'oxydé, elle devait le ressusciter, la mode aidant, et aussi les progrès de l'industrie. Et puisque nous avons pris la montre comme type, conservons-la. Il y a un demi-siècle, à peine, la montre était considérée comme un bijou dont l'usage était réservé aux gens appartenant à la classe aisée ; le mouvement, entièrement fait à la main, coûtait fort cher à lui seul, et méritait une enveloppe de prix, soit d'or, soit d'argent. Aujourd'hui que la mécanique a perfectionné tous les outillages, y compris celui de l'horloger, on fabrique les mouvements de montre à la machine, et leur prix est tombé à un niveau insoupçonné, car nous connaissons des fabriques importantes, capables de réaliser des mouvements complets de montre ne dépassant pas le prix de 5 francs. Un tel objet ne méritant plus les honneurs d'un boîtier en métal précieux, on l'a fait en cuivre, voire même en fer, et pour donner au tout un aspect plus agréable à l'œil, autant que pour préserver le métal des attaques de l'air, on l'a oxydé ; et c'est ainsi, qu'à notre époque, il n'est plus de bijoutier qui n'ait dans son étalage, à côté de montres en or et en argent, une collection complète de montres dites en acier, dont les boîtiers noirs, gris, bleus, etc., ne sont constitués que par des métaux communs : cuivre, laiton ou fer, recouverts galvaniquement d'une couche d'oxyde spécial.

Après la montre, qui devient ainsi un produit très-bon marché, à la portée de toutes les bourses, sont venus les bijoux, dits de fantaisie, dont Paris est le grand producteur, et qui réalisent souvent les dispositions à la fois les plus agréables et les plus riches, puis de menus objets d'usage journalier, et enfin des motifs de décoration, destinés au mobilier, à la céramique, à la verrerie, etc., et c'est ainsi qu'au lieu de recouvrir un métal d'un autre métal moins oxydable ou plus riche et d'un prix assez élevé, tels que l'or, l'argent, le platine, etc., on peut substituer à ces métaux précieux, des oxydes inaltérables à bas prix, comme les peroxydes de plomb, de fer, qui sont d'une grande fixité, le dernier surtout, pouvant donner des colorations très variées, et une vivacité d'autant plus grande que le métal sur lequel on l'applique est mieux poli.

Comme nous l'avons dit au début de ce chapitre, la découverte de la coloration des métaux est fort ancienne, et le principe en a été développé dans un Mémoire magistral, communiqué vers le milieu du siècle dernier à l'Académie des sciences de Paris par un de ses membres les plus distingués, Becquerel, Mémoire qui fait encore autorité à notre époque, et auquel nous faisons de larges emprunts.

Le phénomène de coloration électro-chimique produit sur les surfaces métalliques, est le même que celui des lames minces recouvrant les surfaces de certains corps, en laissant voir, par transparence, ces mêmes surfaces, avec des couleurs dont l'espèce et l'éclat dépendent des lames déposées, de la couleur du corps, et qui présentent souvent à nos yeux le brillant phénomène des anneaux colorés.

Nobili est le premier qui nous ait fait connaître la production des anneaux colorés sur des lames de métal, au moyen de dépôts produits par l'électricité voltaïque, analogues à ceux anciennement obtenus par Priestley, avec décharges successives de batteries électriques. Le physicien anglais avait observé qu'en transmettant à plusieurs reprises ces décharges d'une pointe métallique sur une lame de métal, il en résultait, sur cette dernière plusieurs séries d'anneaux qui étaient les mêmes, quelle que fût la direction de la décharge ; c'est-à-dire que l'électricité du pôle partît de la pointe ou de la lame. On dut en conclure que la coloration dépendait d'une cause agissant également des deux côtés. Les expériences ayant d'abord été faites sur le cuivre et l'acier, métaux qui se colorent par refroidissement, après avoir été exposés à l'action d'une chaleur aussi forte que celle qui se dégage pendant la décharge, on put croire que telle était la cause de la production des anneaux colorés ; mais comme on les obtint également ensuite sur le platine et l'or, on fut obligé d'admettre le transport de la matière même de la pointe qui, en se déposant sur la lame, en couches d'autant plus minces qu'elles s'éloignaient du point central, donnaient naissance à des anneaux colorés, conjecture qui s'est changée en certitude depuis les expériences de Fusinieri sur le transport de la matière à travers les substances métalliques par l'effet des décharges, quelles qu'aient été la direction de ces dernières.

« Pour avoir une idée bien nette des phénomènes « décrits d'abord par Priestley », dit Becquerel, « puis étudiés avec de grands développements par « Nobili, en se servant de l'électricité voltaïque, et « les comparer à ceux dont il va être question dans « ce Mémoire, je rapporterai les principaux résul- « tats obtenus par les deux physiciens ».

« Lorsqu'une plaque métallique est soumise à « l'action de plusieurs décharges d'une batterie « électrique au moyen d'une pointe également en « métal, la couleur de la plaque change à une dis- « tance considérable autour de la tache centrale, « et l'espace entier est recouvert d'un certain « nombre d'anneaux concentriques, dont chacun « présente les belles couleurs du spectre. Plus la « pointe est rapprochée de la lame, plus tôt on « voit naître les couleurs, et plus aussi les anneaux « sont serrés : si la distance est excessivement pe- « tite, les couleurs apparaissent à la première dé- « charge, mais alors elles sont confuses.

« Le nombre des anneaux augmente en raison « du degré de finesse de la pointe; plus celle-ci est « émoussée, plus les anneaux sont larges, mais

« aussi moins ils sont nombreux. Sur une lame
« d'acier, pour une distance donnée, les couleurs
« ne se manifestent pas immédiatement autour de
« la tache centrale; on obtient d'abord une zone
« rouge obscur, puis, après quatre ou cinq dé-
« charges, en regardant obliquement la surface,
« on aperçoit un espace circulaire légèrement om-
« bré ou empreint d'une couleur rouge extrême-
« ment faible, se remplissant par degrés d'anneaux
« colorés et dont les bords deviennent brunâtres ;
« si l'on continue les décharges au delà du premier
« espace annulaire, qui se dessine d'abord comme
« une ombre légère et qui est la première nuance
« de couleurs plus pâles se développant autour du
« rouge brun dont se compose la surface inté-
« rieure. Les teintes les plus prononcées se mon-
« trent d'abord autour de la tache centrale et
« reculent à mesure que l'on multiplie les explo-
« sions, pour faire place à de nouvelles couleurs.
« Après trente ou quarante décharges, on a trois
« anneaux bien distincts; en continuant, les cer-
« cles colorés deviennent moins beaux et moins
« nets, par la raison que le rouge domine, et ter-
« nit plus ou moins les autres couleurs.

« Les anneaux adhèrent suffisamment pour
« qu'une plume, le doigt même mouillé, ne les al-
« tèrent en rien ; néanmoins, on peut les enlever
« avec l'ongle. Les anneaux intérieurs sont plus
« résistants ; toutefois, ils ne peuvent résister à un
« frottement un peu fort.

« Quand les décharges sont trop énergiques et
« qu'on opère sur l'acier, la surface se corrode et
« il en résulte des érosions qui nuisent à la netteté

« des effets produits. Ces érosions n'ont pas lieu
« sur l'argent, l'étain et le bronze poli. Les an-
« neaux colorés, ainsi que les effets précédemment
« décrits qui les accompagnent, se montrent sur
« l'or, l'argent, le cuivre, le bronze, le fer, le
« plomb et l'étain, et toujours, quel que soit le
« sens de la décharge.

« Pour obtenir les anneaux colorés au moyen
« de l'électricité voltaïque, il faut, comme Nobili
« l'a fait le premier, concentrer le courant venant
« d'un des pôles de la pile dans un fil de platine
« dont la pointe seulement plonge dans le liquide
« à décomposer, tandis que l'autre pôle est en re-
« lation avec une lame de métal se trouvant dans
« le même liquide. Cette lame est placée perpendi-
« culairement à la direction du fil et à environ un
« millimètre de la pointe. Les effets produits dé-
« pendent de la nature de la lame métallique, de
« sa polarité (positive ou négative) et de la nature
« de la dissolution. On les obtient facilement en
« peu de secondes avec une pile ordinaire.

« Nobili ayant soumis à l'expérience un grand
« nombre de dissolutions avec un fil de platine et
« des lames de platine, d'or, d'argent, d'étain, de
« bismuth, de cuivre, de laiton, etc., il a obtenu
« des résultats très variés dont voici les princi-
« paux :


« *Dissolution de sulfate de cuivre.* — Sur lame
« *d'argent positive*, quatre ou cinq cercles concen-
« triques alternativement clairs et obscurs ;

« Sur lame *d'argent négative*, trois petits cercles
« concentriques, le plus grand et le plus petit d'un

« rouge foncé, le cercle intermédiaire d'une teinte
« plus claire ;

« Sur lame *de laiton positive*, traces légères de
« cinq cercles concentriques de la couleur du lai-
« ton, les uns plus clairs, les autres moins, et al-
« ternant ainsi entre eux ;

« Sur lame *de laiton négative*, cercles de deux
« nuances de cuivre métallique alternant comme
« sur l'argent.

« *Dissolution du sulfate de zinc*. — Sur lame
« *d'argent positive*, tache obscure au centre, cercle
« jaune clair, puis un cercle d'un bleu léger, et
« enfin une belle zone tirant sur le jaune ;

« Sur lame *de laiton positive*, cinq petits cercles
« provenant de cuivre mis à découvert par l'action
« du courant et présentant deux teintes alternati-
« ves, l'une claire, l'autre sombre.

« *Dissolution de sulfate de manganèse*. — Sur
« lame *d'argent positive*, cinq cercles concentriques
« alternativement clairs et foncés, le cinquième plus
« distinct que les autres, et entouré d'une auréole
« d'un jaune pâle qui se fond en une teinte viola-
« cée. Ces cercles ont de l'analogie avec ceux ob-
« tenus avec le sulfate de cuivre.

« *Dissolution d'acétate de plomb*. — Sur lames
« *d'or et de platine positives*, irisé, concentrique,
« composé d'anneaux naissant les uns des autres
« et se propageant à la manière des ondes ;

« Sur lame *d'argent positive*, irisé, moins direct
« que sur l'or et le platine.

« *Dissolution d'acétate de cuivre*. — Sur lames
« de *platine, d'or* et *d'argent positives*, rien de re-
« marquable.

« *Mêmes lames négatives* : avec l'argent, par
« exemple, souvent quatre cercles concentriques
« qui, exposés à l'air, prennent les teintes suivan-
« tes : bleu foncé au centre, puis rouge jaunâtre,
« bleu moins foncé, et rouge jaunâtre présentant
« une autre nuance que la seconde teinte.

« *Dissolution d'acétate de potasse.* — Sur lame
« *d'argent positive*, un cercle au milieu de trois au-
« tres de un centimètre de diamètre, environné
« d'un filet d'argent très brillant auquel succède
« une auréole de couleurs diverses, mais faibles.


« Des résultats analogues ont été obtenus par
« Nobili avec beaucoup d'autres dissolutions, et
« notamment avec des liquides extraits de corps
« organiques, tels que le suc de carotte, d'oignon,
« de persil, d'ail, de pomme, de raifort, de choux,
« de feuilles de céleri, de betteraves, etc. Les
« effets obtenus avec ces liqueurs sont tellement
« curieux qu'il est bon d'en signaler quelques-
« uns :

« *Suc de carotte* sur lame *d'argent positive*,
« centre obscur entouré de deux cercles, l'un jau-
« nâtre, l'autre verdâtre, puis diverses zones forte-
« ment colorées.

« *Suc de raifort* sur lame *d'argent positive*, au
« centre, un point obscur, autour un petit cercle
« blanc ; une zone verdâtre, terminée par un cercle
« bleu, ensuite un ou deux cercles d'un beau jaune
« d'or, et enfin quelques irisés assez faibles.

« *Suc de betterave* sur lame *d'argent positive*,
« au centre un point rouge environné de quatre
« cercles, le premier jaune, le deuxième bleu, le

« troisième rouge et le quatrième vert; plus loin,
« deux ou trois beaux irisés ».

Nobili a tiré de ces expériences les déductions
suivantes :

1° Il existe une différence entre le mode d'action
des deux pôles, relativement à la faculté qu'ils possèdent de se recouvrir de matière, le pôle positif
l'emportant néanmoins de beaucoup sur le pôle négatif, surtout à l'égard des matières organiques.

2ᵘ En général, l'effet du pôle négatif est augmenté en opérant avec un courant plus intense, ou
bien en ajoutant aux sels métalliques un sel à
base alcaline.

Le même physicien avait pensé qu'il pourrait
bien se faire que les effets de coloration qu'il avait
obtenus fussent dus à des dépôts de lames minces,
mais il ne s'était pas rendu compte de la nature de
ces dépôts. Par exemple, en rapportant ce qui se
passe avec un mélange de deux acétates de cuivre
et de plomb, il ajoute : « Mais si les iris provien-
« nent, comme cela pourrait être, de quelqu'une
« des substances électro-négatives de la solution
« qui se déposent en lames minces à la surface de
« ces deux métaux, pourquoi n'en arriverait-il
« pas autant avec les autres métaux ? C'est là peut-
« être une question qui n'est pas indigne d'exercer
« la sagacité des chimistes. »

Tels sont les résultats obtenus d'une part par
Priestley, et de l'autre par Nobili, dans leurs expériences sur la production des anneaux colorés au
moyen de l'électricité. Il était bon de les signaler

pour indiquer l'état de la question à son origine et permettre aux chercheurs de s'inspirer des premières études pour perfectionner l'œuvre des savants qui ont été les premiers à interpréter des phénomènes physiques dont l'industrie a su tirer parti au moins dans une certaine mesure.

Cette incursion, presque obligatoire, faite dans le domaine de la science, nous revenons à la pratique, et c'est encore dans le beau Mémoire de Becquerel que nous puiserons les meilleurs principes.

## I. COMPOSITION DE LA LIQUEUR OU BAIN

*Bain plombique.* — On dissout 400 ou 450 grammes de potasse caustique dans un litre d'eau distillée ; on ajoute environ 125 grammes de *massicot* (protoxyde de plomb), ou à défaut de ce produit, on prend de la litharge et l'on fait bouillir dix minutes. La solution alcaline doit être complètement saturée d'oxyde de plomb, sans quoi les couches déposées de protoxyde ne tarderaient pas à se dissoudre dans l'alcali, aussitôt que le courant cesserait de circuler, ou seulement quand il y aurait un ralentissement dans son action chimique. Il est donc nécessaire, quand elle a servi, de la faire bouillir de temps à autre avec un excès de litharge dans un ballon à long col étroit, pour la mettre hors du contact de l'air autant que possible, afin d'empêcher que la potasse n'absorbe de l'acide carbonique. Quand elle a servi pendant longtemps et qu'elle renferme par conséquent du carbonate de potasse, il faut la faire bouillir avec de la chaux caustique, laisser déposer le carbonate de chaux formé, et filtrer s'il est nécessaire, ou bien décanter la partie claire de la dissolution, que l'on verse dans un vase de forme convenable. Cette dissolution doit marquer 24° à 25° à l'aréomètre Baumé, car l'expérience a prouvé que cette densité est la plus convenable pour obtenir les meilleurs effets. Quand elle ne sert plus, on la remet dans un ballon de verre que l'on bouche avec soin.

La température de la liqueur doit être celle ambiante, c'est-à-dire qu'elle ne doit pas dépasser 12° à 15°.

Le succès de l'opération dépend de la bonne composition de la liqueur, de sa densité, de sa température, et en outre de l'intensité du courant et du parfait nettoyage des pièces. Cette opération est aussi essentielle à la coloration des métaux qu'à la dorure électro-chimique. La présence des corps gras et autres substances non conductrices sur les surfaces métalliques exige ce parfait nettoyage.

En employant le bain préparé comme nous venons de l'indiquer, il arrivera, lorsque les objets présenteront des aspérités, qu'ils ne prendront pas une teinte uniforme, c'est probablement parce que le liquide n'est pas aussi bon conducteur d'électricité que le métal ; mais on peut facilement y remédier en augmentant cette conductibilité par l'addition d'un acide, ou en chauffant le bain à la température de 30 ou 40 degrés. On a indiqué aussi l'emploi du tartrate acide de potasse (crème de tartre), mais il a été reconnu que les autres sels acides produisent le même effet.

Ainsi, ceux qui ont préconisé l'emploi de la

crème de tartre, ne se rendent nullement compte de son action, puisque si, au lieu de bitartrate de potasse, on prend le tartrate neutre de potasse, même en forte proportion, la dissolution n'éprouve aucun changement ; que de tous les sels et de tous les oxacides, c'est le moins bon. Il présente entre autres inconvénients, celui de faire changer les couleurs beaucoup plus vite ; que, dans la crème de tartre, c'est purement et simplement l'acide tartrique qui agit, et qu'on le remplace avantageusement par les acides nitrique, oxalique, acétique, etc.

En résumé, il est probable que l'on aura le même résultat avec tous les acides qui ne précipitent pas le plomb de sa solution potassique. Nous devons faire observer encore qu'en ajoutant la crème de tartre ou un acide quelconque, on nuit considérablement à la solidité de la couleur qui, par ce moyen, est modifiée au bout de vingt-quatre heures. Cette addition peut donc être envisagée plutôt comme nuisible qu'avantageuse, et ne constitue pas un perfectionnement. Aujourd'hui que l'on est maître du procédé, qu'on peut le varier de mille manières, la crème de tartre est devenue absolument inutile pour obtenir des couleurs sur acier.


## II. PRÉPARATION DES SURFACES


« Telle est la surface du métal, telle est la couche déposée, pourvu que cette couche soit très mince », a dit fort justement Becquerel dans son Mémoire sur la dorure galvanique. Ce principe s'applique également à la coloration des métaux, à la formation des objets en oxydé, à condition de comprendre par là que l'état de la surface du métal doit être pour ainsi dire impeccable de propreté et de netteté. Aussi, d'accord avec l'illustre savant, faut-il recommander aux opérateurs de faire le décapage des pièces comme pour la dorure. et l'argenture et avec les mêmes précautions. Becquerel recommande encore de plonger les pièces immédiatement dans le bain de coloration, plutôt que de les passer à la sciure. Les pièces brunies ou polies, pourvu qu'elles soient bien nettoyées, sont celles qui présentent les couleurs les plus vives. La coloration ne se produira pas, lorsqu'il se déposera beaucoup de plomb sur l'électrode négative, car le protoxyde de plomb n'étant pas peroxydé, sera réduit.

## Appareils de décomposition

Au moment où il poursuivait ses recherches sur l'importante question de la coloration des métaux, Becquerel ne disposait pas de producteurs d'électricité bien perfectionnés, aussi se servait-il de l'appareil simple que voici, et dont nous donnons la disposition dans notre dessin figure 76. Il comprend un vase en verre A renfermant de l'acide azotique étendu, dans lequel plonge un vase poreux B contenant la liqueur plombique. Dans l'acide baigne une lame de platine L qui porte un conducteur C, auquel est attaché l'objet à colorer pour le faire arriver dans la dissolution plombique.

Cet appareil fort primitif peut rendre néanmoins

d'excellents services aux amateurs ou débutants.
Dans l'industrie on lui préfère les producteurs
d'électricité que nous connaissons, et qui sont à
même de fournir régulièrement un courant d'intensité absolument constante, et dont le maniement
offre de nombreux avantages sur lesquels nous ne
reviendrons pas ici.

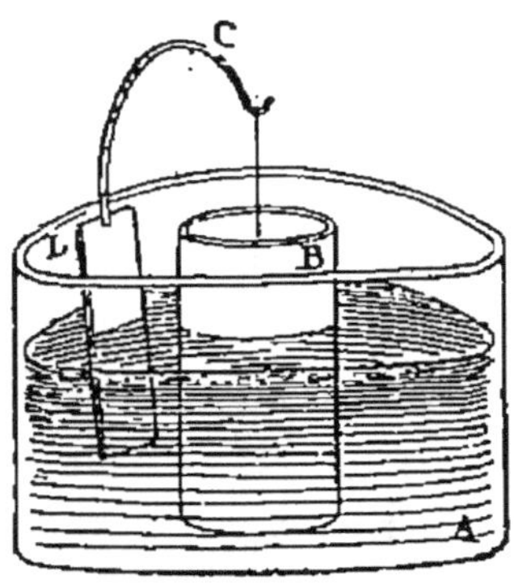

Fig. 76.   Appareil simple Becquerel.

On peut aussi se servir de piles indépendantes,
quand les opérations n'ont pas pour but de traiter
des objets trop volumineux.

Les conducteurs, ainsi que l'électrode négative,
doivent être en fer ou en platine. L'électrode se
termine ordinairement en pointe (fig. 78), quand
on veut colorer des aiguilles par exemple. Mais,
lorsqu'on a un objet d'une grande surface à
colorer, on doit le suspendre par deux ou un plus
grand nombre de conducteurs attachés aux angles
opposés.

Si la pièce est de grande dimension et qu'on
veuille la colorer sur ses deux faces, ce genre d'é-
lectrode ne suffit plus ; il faut prendre alors un

tube à plusieurs branches dont chacune est en
communication avec le pôle négatif de l'appareil
de décomposition, par un fil qui vient y aboutir.
Ces fils sont passés dans un bouchon de liège A
(fig. 77), afin de pouvoir les faire glisser l'un sur
l'autre dans le sens de leur longueur. La lame est
placée entre deux pointes, chaque surface étant à
la même distance de la pointe en regard. On peut
encore réunir et disposer un grand nombre de fils
en forme de pinceau.

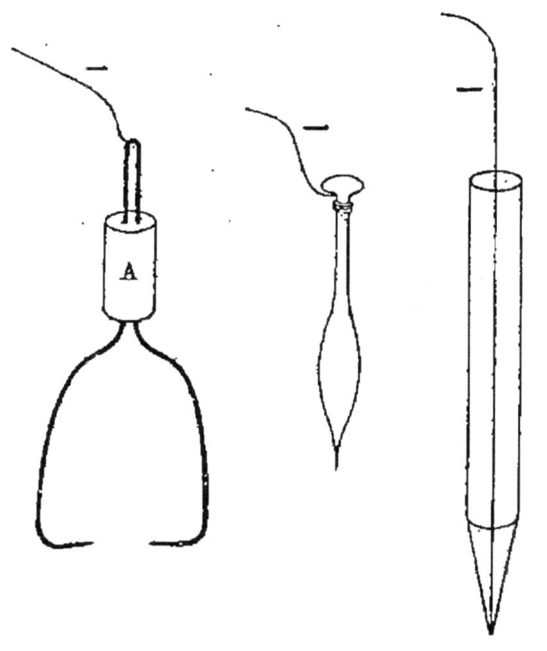

Fig. 77.          Fig. 78.          Fig. 79.

Modèles d'électrodes.

Enfin on fait encore les électrodes comme l'indique la figure 79, elles sont formées d'un fil de platine de 1/10 de millimètre à un millimètre de dia-

mètre. Chaque fil est introduit dans l'intérieur d'un tube de verre, dont l'une des extrémités est fondue à la lampe et le fil coupé ras à cette extrémité, afin d'avoir, en dehors du tube, une pointe métallique plus ou moins fine par laquelle le courant débouche. De cette manière, on peut faire circuler dans le liquide un courant produit par une très petite quantité d'électricité. A l'autre extrémité, le fil est fixé par du mastic, et on lui donne une certaine longueur, afin de le mettre en relation avec le pôle négatif de l'appareil de décomposition. On prépare ainsi un certain nombre de tubes, tous en communication avec ce pôle, afin de prendre celui qui convient à l'étendue de la surface soumise à l'expérience. L'électrode négative étant ainsi réduite aux plus petites dimensions possibles, puisqu'elle ne peut avoir que la section d'un fil métallique presque microscopique, le dépôt des couches est graduel. Bien entendu, il faut enlever de temps à autre le dépôt de plomb qui, du reste, n'est pas considérable quand l'action est lente.

Au lieu d'un tube *électrode* ainsi formé, on peut en réunir plusieurs semblables en les accolant les uns aux autres, de manière à ce que toutes les pointes soient dans le même plan, ou bien on introduit dans le même tube un certain nombre de fils de platine, en fermant à la lampe l'extrémité par laquelle ils doivent plonger dans la dissolution. On les couche à une certaine distance du tube et on les écarte de manière à avoir un véritable pinceau tel que nous le signalions plus haut.

## Ordre de coloration

La coloration sur les surfaces métalliques, par le dépôt de couches successives de peroxyde de plomb, est due, comme il a été dit, au phénomène des lames minces qui laissent voir par transparence, quand il n'y a pas d'oxydation, la surface métallique sur laquelle elles sont déposées. Si cette surface est colorée, les couleurs dépendent de l'épaisseur des lames qui se mêlent avec celle qui lui est propre; d'où résultent des effets qui, bien qu'altérant les couleurs, ne changent en rien la succession des ordres différents, lesquels ne sont plus alors composés de couleurs simples. Avec l'or, par exemple, il est impossible d'obtenir le bleu, puisque sa couleur jaune, se mêlant au bleu, donne un vert bleuâtre, très beau à la vérité, mais qui n'est pas le bleu. Avec le platine, on arrive au bleu, au bleu-outremer, au plus beau bleu que l'on puisse obtenir.

Voici du reste comment se succèdent, sur une lame d'or, les couleurs dues au dépôt des couches successives de peroxyde de plomb :

*Premier ordre :* léger dépôt dont la couleur ne peut être caractérisée, tant elle est fugitive, orangé, orangé foncé, gris perle, tirant sur le verdâtre, le jaune d'or, rouge faible, beau rouge prismatique.

*Deuxième ordre :* rouge tirant sur le violet, vert bleuâtre, beau vert, jaune, rouge.

*Troisième ordre :* violet vineux, vert foncé, vert tirant au rouge, les couleurs au delà prennent de plus en plus un aspect foncé et enfin on arrive au noir de jais.

Sur le cuivre, on observe les mêmes ordres de couleur, si ce n'est qu'elles ne sont plus mélangées de jaune, mais bien d'une teinte rougeâtre qui leur donne de l'intensité.

Sur l'argent parfaitement poli, on commence par apercevoir une couleur jaune verdâtre due en partie à l'oxydation de l'argent, puis le jaune, le rouge, le blanc et le vert ; ensuite d'autres couleurs qui deviennent de plus en plus foncées.

Sur le platine, toutes les couleurs précédentes prennent de plus en plus une teinte bleue, aussi celles qui sont bleues ou vert bleuâtre donnent-elles le plus beau bleu, le bleu éclatant de l'outre-mer.

Sur le fer et surtout l'acier, les différents ordres de couleur se montrent avec assez d'intensité ; mais, en général, elles sont assombries par la couleur grise du métal.

### Conduite de l'opération

Pour obtenir des teintes uniformes, il faut disposer l'objet pour que l'action du courant soit la même sur tous les points de la surface, sans quoi il y aurait des parties plus recouvertes de peroxyde que d'autres ; de là des couleurs prismatiques ou des teintes plus ou moins variées sur la même surface, ce qui produirait une irisation qui nuirait souvent à l'effet cherché. Pour avoir une seule couleur, il faut remplir plusieurs conditions qui dépendent des propriétés chimiques des courants et de l'habileté de l'opérateur.

Les dépôts de peroxyde doivent être successifs

et extrêmement minces, afin de ne pas passer brusquement d'une couleur à une autre, c'est-à-dire qu'il faut s'arranger pour obtenir successivement toutes les teintes d'une même couleur ; dans ce cas on ne court aucun risque d'avoir, sur une même surface, des teintes assez rapprochées de cette même couleur. On y parvient en prenant pour électrodes négatives, une de celles que nous avons décrites plus haut, suivant les pièces à traiter.

Les objets, nous l'avons déjà vu, communiquent avec le pôle positif de l'appareil de décomposition. Quand ils n'ont qu'une étendue de deux à trois centimètres, on se borne à les attacher avec un fil de fer ou un fil de cuivre en relation avec ce pôle, ou bien on tient l'objet avec une pince de fer en relation avec l'appareil, en ayant soin de limer fréquemment l'intérieur des branches afin d'enlever le peroxyde déposé qui, n'étant pas conducteur, empêcherait le courant de circuler.

Nous ne saurions entrer ici dans les détails de disposition de tous les supports qu'on peut imaginer, leur forme variant suivant les objets à colorer, nous nous bornerons à en indiquer un que nous représentons figure 80 et qui sert pour la coloration des aiguilles de montre.

Il se compose d'un véritable râteau en acier dont les branches ont la forme et l'élasticité nécessaires pour livrer passage au canon de chaque aiguille par une pression et la fixer solidement. Le conducteur A est mis en communication avec le pôle positif ; on plonge le râteau chargé de six paires d'aiguilles par exemple, et l'on imprime quelques secousses afin de dégager les bulles d'air qui sont retenues aux trous des têtes de ces aiguilles. Le râteau doit être tenu à une profondeur de 3 centimètres environ de la surface du liquide : si on l'enfonçait d'avantage, l'épaisseur de la couche du liquide empêcherait de voir passer les différentes nuances, et l'on n'atteindrait pas aussi facilement la teinte voulue.

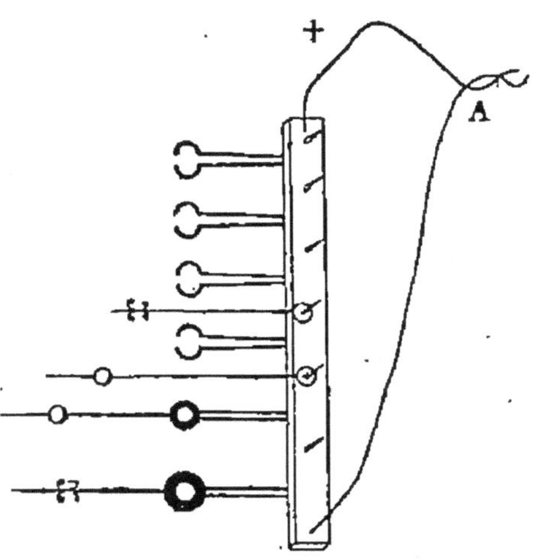

Fig. 80.   Support pour colorer les aiguilles de montres.

Tout étant ainsi disposé, on promène l'électrode (fig. 77 et 78) à la surface du bain de manière que la pointe seulement plonge un peu. Après cinq ou six secondes, on voit les aiguilles changer ; on laisse passer le premier ordre de couleur et lorsque les aiguilles sont grises, c'est que le second ordre commence. On voit, en effet, le gris disparaître pour faire place au jaune qui, à son tour, s'évanouit et laisse apercevoir le rouge. C'est à ce moment que l'opérateur doit prêter la plus grande attention pour ne pas dépasser la nuance exacte qu'il désire, car les couleurs paraissent toujours moins foncées dans le bain qu'elles ne le sont en réalité. Ainsi, quand les aiguilles paraissent rouges dans le bain, elles sont violettes après avoir été essuyées. Pour les avoir rouges, il faut donc les sortir lorsqu'elles paraissent orangées seulement. S'il arrive que la pointe ait pris sa couleur voulue avant la tête, on sort du liquide la partie assez colorée pour laisser le reste dans le bain, dans lequel on fait arriver le courant par intervalle, c'est-à-dire que l'on pique un instant le liquide avec l'électrode et l'on répète l'opération jusqu'à ce que l'on ait obtenu le résultat voulu.

Le temps nécessaire pour colorer varie de 30 à 40 secondes suivant l'intensité du courant et la dimension de l'objet ; il va sans dire que, dans cet espace de temps, on peut passer ensemble un grand nombre de paires d'aiguilles en communication avec le même conducteur ; elles viennent ainsi d'une couleur plus uniforme.

Si l'objet a une certaine étendue, il faut multiplier les fils de communication afin que le courant débouche par un plus grand nombre de points. On peut saisir aussi l'objet avec une griffe en métal en changeant de place de temps à autre, sans quoi les points d'attache ne se coloreraient pas. Enfin, plus le nombre de points de contact sera multiplié, plus le dépôt approchera de l'uniformité. S'il s'agit d'une surface carrée de peu d'étendue, on attachera chaque angle à un fil ; si l'étendue est considérable, on fera poser la lame sur deux fils croisés à angle droit passant par le milieu des côtés. Avec un triangle, le point d'attache doit être au centre. Enfin, la loi de symétrie, relativement à la position des points de jonction, doit être satisfaite, car c'est le seul moyen de rendre uniforme l'action décomposante du courant.

S'il s'agit d'un anneau cylindrique, on placera la pince à l'intérieur, et l'on ouvrira les branches en les tenant écartées par un coin en bois, ou bien on introduira à l'intérieur de l'anneau un mandrin conique qui permettra, en l'enfonçant plus ou moins, d'appliquer la pièce sur le mandrin mis en relation avec le pôle positif, et en ayant soin d'enlever le peroxyde déposé par le moyen que nous donnerons plus loin. Connaissant le mode de communication des objets avec le pôle positif, voici maintenant comment on opère avec l'électrode :

L'électrode ne doit jamais rester au repos, car le dépôt serait toujours plus abondant dans les points les plus rapprochés de l'objet. Il est donc indispensable de la promener continuellement au-dessus de la surface à colorer, en la tenant toujours sensiblement à la même distance, laquelle doit être d'autant plus faible que les objets ont moins de surface. C'est le seul moyen de rendre égale la distance entre la pointe métallique et tous les points de la surface, puisque les lignes obliques diffèrent de moins en moins de la perpendiculaire. Cette différence est surtout moins grande à l'égard des creux et des reliefs qui, sans cette précaution, présenteraient des différences dans leur coloration. Quand les corps ont de grandes dimensions, il faut écarter davantage la pointe de la surface ; il faut accélérer le mouvement de l'électrode, de manière à porter sans cesse la pointe, s'il s'agit d'un objet plan, du centre à la périphérie. Il est des cas où la pointe doit être éloignée de 10 à 20 centimètres de la surface.

On pourrait croire qu'en employant des dissolutions de plombate de potasse plus ou moins étendues, on arriverait plus sûrement au but qu'on se propose, c'est-à-dire à une coloration lente et successive. La théorie l'indiquait en effet, mais l'expérience a prouvé le contraire. Les meilleurs résultats s'obtiennent avec la solution plombique saturée de potasse, marquant 24 à 25 degrés à l'aréomètre Baumé à la température ordinaire (15° C.). Avec les dissolutions moins saturées, les couleurs sont moins vives, ont moins d'éclat, et sont si lentes à se former qu'il faudrait un temps considérable pour arriver à toutes les successions de teintes que l'on veut avoir.

Le vase dans lequel on opère (fig. 76) doit avoir de grandes dimensions dans tous les sens, afin d'être libre dans la manœuvre et de pouvoir écarter les électrodes de la surface des objets autant qu'on le juge convenable, en vue des résultats que l'on veut obtenir. La forme cylindrique, indiquée dans la figure, est la plus convenable, parce qu'elle permet d'obtenir une action régulière en promenant l'électrode appliquée le long de la paroi intérieure. Quand les objets ont de grandes dimensions, le diamètre du vase doit être deux ou trois fois celui des objets.

Pour fixer les idées sur la manière de manœuvrer l'électrode, voici quelques exemples : S'agit-il de couvrir uniformément, non plus la surface supérieure d'une lame carrée, mais les deux surfaces? Après avoir établi un conducteur à chacun des quatre angles, on place horizontalement cette lame dans la cuve contenant la dissolution, et l'on promène l'électrode à une distance convenable des bords, en maintenant constamment sa pointe au niveau de la lame et dans le même plan qu'elle, afin que l'action du courant soit la même au-dessus et au-dessous. Si la pièce a de plus grandes dimensions, après y avoir attaché le nombre convenable de conducteurs, l'électrode à une pointe ne suffit plus, on prend alors une électrode à deux ou plusieurs pointes comme celle que nous avons indiquée fig. 77. Il en est de cette électrode comme de celle à une seule pointe, elle doit être continuellement en mouvement, en ayant soin que chaque pointe soit toujours à égale distance de la surface en regard, sans quoi l'action électro-chimique serait plus forte d'un côté que de l'autre. On remplit cette condition au moyen de la disposition suivante : on fixe sur la paroi supérieure du vase deux petits tubes ou deux baguettes de bois dans une direction parallèle, et l'on place l'objet, si c'est une lame carrée, de manière que deux des côtés soient à égale distance de ses bords. On applique le bord inférieur de la grande courbure de l'électrode sur l'un des tubes. De cette manière, les deux pointes sont à égale distance des deux surfaces. Si l'on veut opérer régulièrement sur une surface circulaire, on fait glisser l'électrode dans l'intérieur d'une spirale horizontale en cuivre, dont le sommet correspond au centre du cercle, et dont tous les points sont également éloignés de la surface supérieure de l'objet.

Veut-on colorer intérieurement une surface hémisphérique, on remplit la capacité de la solution plombique et l'on met l'objet formant ainsi le vase en communication avec le pôle positif, en le posant par exemple sur une plaque de cuivre en relation avec ce pôle. On immerge l'électrode de manière à placer la pointe au centre de la section, et on l'y laisse dans une position fixe. Dans ce cas, l'action décomposante du courant est la même sur tous les points de la surface. Avec un vase cylindrique, l'électrode doit être placée suivant l'axe du vase, et la pointe portée constamment de haut en bas. S'il s'agissait d'une sphère, il faudrait que la pointe fût placée au centre immobile. On voit que dans toutes ces dispositions on a observé la loi de symétrie.

Pour être assuré que l'on passe successivement par toutes les teintes intermédiaires, et pouvoir s'arrêter non seulement à la couleur, mais encore à la teinte que l'on désire avoir, l'immersion de l'électrode ne doit durer que quelques secondes, surtout à l'approche de cette couleur ou de cette teinte. On retire alors la pièce du bain, on juge de l'état de coloration, mais quand on cesse, il faut immédiatement laver à grande eau et faire tomber sur la pièce un courant d'eau froide, afin d'enlever les moindres traces de potasse qui ne manqueraient pas d'altérer assez promptement les couleurs.

On peut aussi donner à une surface ou à une portion de surface des couleurs différentes ou des teintes d'inégale intensité, comme on voudrait le faire pour colorer les pétales et autres parties d'une fleur. Pour cela il faut partir de ces deux principes que les dépôts formés sur les lignes transversales sont les plus forts, ainsi que les parties les plus rapprochées de la pointe de l'électrode. Rien n'est plus simple, à l'aide de ces deux principes, et en prenant un certain nombre de fils de communication, d'arriver au but qu'on se propose.

Supposons un cercle représentant la projection horizontale d'une rose, et que l'on veuille colorer en vert la partie centrale, on commence par mettre l'électrode pendant quelques instants au-dessus de cette partie ; la surface se couvrira d'un dépôt qui sera plus fort là que partout ailleurs. Cela fait, on portera le tube bien au-dessus de la première position, pour que l'action soit bien uniforme partout ; le vert se produira dans la partie centrale, tandis que les parties latérales rouges auront une teinte d'autant plus uniforme qu'elles s'éloignent du centre. Si l'on veut la nuancer, on promènera l'électrode en décrivant sensiblement une spirale qui aboutira au centre. Avec une certaine habitude, on parvient à peindre positivement une fleur avec les électrodes simples ou composées, avec toutes ses nuances ; de sorte que ces électrodes peuvent être comparées, jusqu'à un certain point, à des pinceaux. La perfection des objets dépend : 1° des connaissances électro-chimiques de l'opérateur ; de son adresse ; 3° de son talent artistique.

Quand une pièce est manquée, rien n'est plus simple que d'enlever les couches de peroxyde, il faut la plonger pendant quelques instants dans l'acide acétique pour décomposer le peroxyde et dissoudre le protoxyde, brosser la surface, puis laver.

Il existe encore un autre moyen de faire disparaître la couche de peroxyde de plomb sur un objet par suite d'une répartition inégale ou d'un manque quelconque : on met l'objet coloré en communication avec le pôle négatif et l'électrode avec le pôle positif, et l'on place le tout dans la dissolution plombique. L'oxyde de plomb sera dissous sans que le métal soit terni, et l'on pourra immédiatement remettre l'objet à la coloration en rétablissant la liaison aux pôles comme on doit le faire pour cette opération. Ce moyen est même préférable au précédent.

Si l'on voulait garder dans l'ornementation due à la coloration la couleur du métal primitif, il faudrait s'y prendre autrement que nous venons de le dire. Soit, par exemple, un groupe de fleurs ciselées et gravées sur une plaque en métal pour former un bijou ; si la plaque n'est pas en or, on commence par la dorer fortement après avoir maté ou frisé le fond, et c'est sur ce fond mat et doré que l'on opérera la coloration. On couvrira le fond et tout ce qui doit rester or avec l'épargne liquide, au moyen d'un pinceau, après quoi on passera à la coloration. Lorsque toutes les fleurs auront la coloration rouge clair, on couvrira celles ou les parties de celles qui doivent rester de cette couleur, puis on passera le reste au violet ; ensuite on couvrira d'épargne celles qui doivent rester violettes et l'on continuera à passer en couleur jusqu'au bleu, que l'on couvrira également d'épargne. Il ne pourra rester à la fois de découvert que juste les feuilles ; alors on poussera la coloration jusqu'au vert, couleur qu'on pourra encore nuancer, puisque le premier vert qui paraîtra sera foncé. Si l'on tenait l'objet dans le bain un instant de plus, il deviendrait plus clair et finirait par devenir jaune.

La pièce une fois colorée de cette façon, on dissout l'épargne avec de l'essence de térébenthine à froid, on lave à la brosse avec de l'eau douce et de l'eau de savon, puis avec de l'eau chaude, et l'on essuie avec un linge fin.

Ces diverses colorations fournissent des jeux de lumière et un effet des plus agréables, et rehaussent fort heureusement un bijou, souvent assez ordinaire, d'un cachet tout à fait artistique.

C'est par ce procédé que l'on colore les vis de montre et l'opération se fait avec la plus grande facilité. On prend une plaque de fer percée de trous de différentes grandeurs, dans lesquels la tige de la vis peut entrer librement sans laisser passer la tête ; cette plaque mince est tenue par une tige, comme nous l'avons vu pour le râteau (fig. 80). Les vis d'acier doivent être préalablement trempées et polies très noires, contrairement à celles que l'on bleuit par la chaleur, qui demandent un poli gris. Les vis du mouvement d'une montre ainsi colorées en rouge, font un fort bel effet, et, si la tête est bombée (en goutte de suif très proéminente), elles imitent assez bien les rubis auprès desquels elles se trouvent placées ; il en est de même d'un balancier à facettes polies et d'autres parties d'un mouvement qu'on peut ornementer de la sorte sans dépense ni sans abîmer le métal qui les compose.

Tout ce qui vient d'être dit s'applique à l'or ou aux métaux préalablement dorés, mais les autres métaux peuvent également recevoir des colorations plus ou moins variées, que nous allons examiner.

## III. COLORATION DE MÉTAUX DIVERS

*Laiton.* — Parmi tous les métaux auxquels la coloration peut s'appliquer, celui qui sert le plus dans la fabrication des objets dits en oxydé est certainement le laiton, d'abord parce qu'il se prête facilement à tous les genres de travaux : moulage, estampage, fonte, etc., et ensuite parce qu'il est d'un prix peu élevé. Nous consacrerons donc à sa coloration une place spéciale, en entrant dans les divers détails des opérations qu'il doit subir à cet effet, et que nous empruntons à un excellent Mémoire dû à Mathey, Mémoire actuellement épuisé et qui n'a pas été publié de nouveau.

Pour terminer l'ornementation d'objets en laiton par la coloration, plusieurs procédés ont été adoptés pour obtenir des effets variés de couleur. Ainsi, en plongeant les objets dans des bains acides, de composition variée, on produit diverses teintes jaunes, depuis le citron pâle jusqu'à l'oranger éclatant; ou bien encore d'autres substances sont employées pour donner une teinte plus ou moins noire à certaines pièces de laiton, comme on peut le voir dans les instruments d'optique ou de physique. Pour produire une teinte noire sur le laiton, on fait usage généralement d'une solution de chlorure de platine; mais comme ce sel est d'un prix élevé, son emploi est forcément limité à l'usage spécial des instruments d'optique.

Afin d'obtenir une teinte noire pouvant être appliquée sur de grandes pièces de laiton, et plus économiquement qu'avec le sel de platine, Mathey a entrepris une série d'expériences. Le laiton étant plus difficile à noircir que le cuivre, il a employé le moyen suivant, qui ne donne pas, il est vrai, une teinte noire intense, mais diverses teintes brunes variant de la couleur chocolat à la teinte sépia foncé ; les résultats obtenus sont très satisfaisants, tant au point de vue artistique, qu'au point de vue économique.

Sachant que le noir déposé sur le laiton à l'aide du chlorure de platine s'enlève très facilement, l'auteur essaya d'obtenir un dépôt solide et adhérent, résistant à un frottement assez rude. Comme ces résultats ne pouvaient être obtenus sur le laiton, il commença d'abord par déposer sur l'alliage une mince couche de cuivre, à l'aide d'un bain de sulfate de cuivre. Après avoir plongé l'objet en laiton dans le bain acide ordinaire, composé d'acide sulfurique, d'acide azotique et d'eau, et l'avoir ensuite lavé, il le plaça dans un bain composé d'une livre de sulfate de cuivre (0 kil. 453), d'une d'acide sulfurique et d'un gallon (4 litres 54) d'eau. Dans l'espace de cinq à dix minutes, avec le courant d'un seul élément Daniell, le dépôt de cuivre fut suffisamment épais, l'objet fut enlevé du bain, puis très bien rincé à l'eau chaude. Une solution de sulfure de baryum, environ 5 grains (0 gr. 31) pour une once (31 gr. 09) d'eau, fut versée dans une cuvette, et l'objet cuivré retenu par des fils de suspension, fut ensuite plongé dans le liquide. Aussitôt l'objet en contact avec le sulfure, une légère teinte brune se produisit immédiatement et augmenta graduellement d'intensité. Après quelques instants d'immersion, la surface de l'objet prit une teinte noire intense et brillante. L'objet fut enlevé du bain à ce moment, plongé d'abord dans l'eau chaude, puis dans l'eau bouillante, et enfin la pièce fut mise à sécher, ce qui ne demanda que peu de temps. La couche noire, ainsi obtenue, est très solide et fort adhérente ; si on la frotte avec une peau de chamois, elle acquiert un poli très brillant.

D'autres objets de formes très variées ont été traités de la même manière, et pour leur donner la couleur brun chocolat, il a suffi de laisser l'objet dans la solution de sulfure environ une demi-minute, ou même moins, lorsqu'on veut obtenir un ton brun plus agréable, ayant un reflet tout à fait métallique. Les sulfures d'ammonium ou de potassium peuvent être employés de la même manière. Il est évident que les effets les plus variés peuvent être obtenus par ces procédés : par exemple, un objet d'ornement en laiton, peut recevoir une teinte brune sur une de ses faces, noire sur une autre ; on peut aussi laisser certaines parties avec la couleur naturelle du laiton, tandis que d'autres recevront la riche couleur rouge du cuivre électrolytique.

C'est dans cet ordre d'idées que l'on peut opérer comme suit : les parties de l'objet qui doivent rester jaunes (ou être brunies) sont recouvertes d'une légère couche de paraffine appliquée à une douce chaleur ; on place ensuite l'objet dans le bain de cuivre, et lorsque le dépôt est suffisant, on le rince très bien et finalement, on le trempe dans l'eau tiède ; après quoi, on l'essuie, jusqu'à ce qu'il soit sec, avec un linge doux très propre. Pour obtenir les colorations brunes et noires sur diverses parties de cet objet, on prépare deux pâtes faites avec du rouge à polir et de l'eau, auxquelles on ajoute plus ou moins de sulfure de baryum, suivant la nuance que l'on désire ; ces pâtes sont appliquées avec un pinceau sur les parties à colorer, et cette opération doit être faite le plus rapidement possible afin d'obtenir des teintes uniformes.

Lorsque toutes les surfaces ont été ainsi préparées, on place l'objet sous un robinet, on fait couler l'eau et, à l'aide d'un pinceau doux et à longues soies, on enlève rapidement toute trace de la mixture rouge. On doit employer un courant d'eau pour ce lavage, afin d'éviter que des parcelles de sulfure contenues dans la pâte, ne s'arrêtent sur les parties cuivrées des surfaces qui doivent conserver leur couleur naturelle. On a reconnu cependant qu'une légère décoloration se produisait sur les parties cuivrées réservées, décoloration provenant de la cause qui vient d'être signalée ; mais ces taches peuvent être ensuite enlevées, ainsi que les traces d'oxydation, en plongeant l'objet pendant un instant, dans une solution de cyanure de potassium, de concentration moyenne, en lavant ensuite parfaitement à l'eau bouillante, ce qui a aussi pour effet de faire disparaître la paraffine sur les parties de laiton.

La pièce est ensuite lavée à nouveau à l'eau bouillante, et légèrement brossée ; elle est enfin essuyée jusqu'à ce qu'elle soit sèche. Le noir ou les parties colorées en brun, sont polies avec une peau de chamois. Finalement, on recouvre l'objet d'une mince couche de vernis incolore.

*Laiton poli.* — Les objets en laiton poli sont passés dans des bains bouillants, composés de divers sels. Suivant la durée du contact, les nuances obtenues sont plus ou moins intenses et couvrantes.

1° Pour avoir des tons verdâtres, on se sert d'un bain composé de :

<pre>
Eau . . . . . . . . . . . . . . . .   100 gram.
Sulfate de cuivre . . . . . . . . .     8  —
Sel ammoniac. . . . . . . . . . .       2  —
</pre>

2° Pour les tons brun orange ou brun cannelle, la dissolution à prendre est la suivante :

<pre>
Eau. . . . . . . . . . . . . . . .   2.000 gram.
Chlorate de potasse. . . . . . . .      10  —
Sulfate de cuivre. . . . . . . . .      10  —
</pre>

3° Pour les tons rosâtres, puis violets, puis bleus :

<pre>
Eau . . . . . . . . . . . . . . . .   400 gram.
Sulfate de cuivre . . . . . . . . .    30  —
Hyposulfite de soude. . . . . . . .    20  —
Crème de tartre. . . . . . . . . .     10  —
</pre>

4° Pour obtenir des nuances jaunâtres, orangées ou roses, puis bleutées, on immerge les objets plus ou moins longtemps dans le bain ci-dessus, auquel on ajoute les produits suivants :

<pre>
Sulfate ferreux ammoniacal . . . .   20 gram.
Hyposulfite de soude. . . . . . . .   20  —
</pre>

En prolongeant l'ébullition, la teinte bleue s'efface pour faire place de nouveau au jaune, et finalement à un beau gris. L'argent, dans les mêmes conditions, prend de fort belles colorations.

5° Le brun jaune ayant un feu rouge remarquable, s'obtient avec le bain :

| | | |
|---|---|---|
| Eau | 250 | gram. |
| Chlorate de potasse | 5 | — |
| Carbonate de nickel | 2 | — |
| Sel de nickel | 5 | — |

6° Le brun foncé, avec le bain suivant :

| | | |
|---|---|---|
| Eau | 250 | gram. |
| Sel de nickel | 10 | — |
| Chlorate de potasse | 5 | — |

7° Le jaune brun avec :

| | | |
|---|---|---|
| Eau | 250 | gram. |
| Sel de soude cristallisé | 10 | — |
| Orpiment | 5 | — |

8° Le marbré métallique avec :

| | | |
|---|---|---|
| 1° Crème de tartre | 5 | gram. |
| Sulfate de cuivre | 5 | — |
| Eau | 250 | — |
| 2° Eau | 125 | — |
| Hyposulfite de soude | 15 | — |

9° Enfin, une belle couleur bleue se forme dans le bain suivant :

| | | |
|---|---|---|
| Eau | 140 | gram. |
| Ammoniaque | 5 | — |
| Foie de soufre | 1 | — |

Ou encore :

Eau . . . . . . . . . . . . . . . . . 100 gram.
Sulfhydrate d'ammoniaque en solu-
tion concentrée . . . . . . . . . . 5 —

*Nickel.* — La coloration du nickel s'obtient, comme pour l'or et les métaux dorés, à l'aide du peroxyde de plomb et du courant électrique ; nous empruntons la méthode de coloration de ce métal à un article publié par M. Montpellier dans la *Revue internationale d'électricité*, d'après une étude parue dans l'*Electrical Rewiew*, de Londres.

M. Alexandre Watt pensa que la couleur très blanche du nickel, ainsi que son brillant, rendraient ce métal, plus que tout autre, susceptible d'augmenter l'effet d'irisation de la couche déposée. Pour s'assurer de ce fait, il prit plusieurs plaques de laiton d'environ 3 pouces carrés qui furent d'abord très bien polies, puis recouvertes de nickel : ces plaques furent ensuite confiées à un ouvrier habile qui leur donna tout le fini possible. Une solution saturée d'acétate de plomb, fraîchement préparée et soigneusement filtrée, fut versée dans une cuvette profonde recouverte d'une plaque de verre pour mettre le liquide à l'abri de la poussière. Trois petits éléments zinc-cuivre, montés en série, furent employés comme producteurs d'électricité. Tout étant ainsi disposé une plaque nickelée fut placée horizontalement dans le bain d'acétate et reliée au pôle positif de la pile. L'électrode négative fut ensuite plongée dans le liquide, aussi près que possible de la plaque nickelée, mais sans la toucher ; aussitôt le dépôt coloré commença à se former et en quelques secondes le maximum de coloration fut obtenu. Ainsi que cela avait été prévu, les brillantes couleurs obtenues formèrent un contraste frappant avec le nickel poli et produisirent un très bel effet, surtout lorsque la lumière était réfléchie à la surface de la plaque à l'aide d'une feuille de papier blanc.

A la suite d'expériences ultérieures dans lesquelles on avait fait varier l'intensité du courant, il fut reconnu qu'un courant trop intense ne produisait qu'une couleur brune.

Pour rendre la coloration pratiquement applicable aux objets d'ornement nickelés, il y a plusieurs points qu'il ne faut pas négliger. La couche de nickel doit être assez épaisse, sans quoi il se forme un couple voltaïque entre le nickel et le métal qu'il recouvre quand la plaque est plongée dans la solution d'acétate de plomb, ce qui a pour résultat de détacher le nickelage. Le métal dont est fait l'objet (le laiton par exemple) doit être exempt de trous ou de défauts qui nuiraient à la beauté de la couche colorée.

Pour produire les colorations sur les surfaces nickelées, M. Watt a adopté la méthode suivante : un fil de cuivre est placé suivant le contour d'un dessin donné, et dans le centre de chaque dessin, un fil vertical d'environ 6 pouces de long ($0^m15$) est fixé à l'aide d'une soudure à l'argent faite au chalumeau. Ainsi, pour faire une croix, par exemple, on prend deux bouts de fil de cuivre fin, un d'environ trois quarts de pouce de long ($0^m019$), l'autre d'un demi-pouce, on les dispose en croix et on les soude ensemble; puis au centre de la croix, on soude de la même manière un fil conducteur vertical, destiné à être relié à la pile. Pour produire un dépôt coloré suivant ce dessin, le fil conducteur soudé à la croix est d'abord relié au pôle négatif de la pile ; la plaque nickelée est ensuite plongée dans le bain d'acétate et reliée avec le pôle positif comme il a été dit. Cela fait, la croix de fil est plongée dans le bain de manière à approcher la plaque de très près ; le dessin coloré commence aussitôt à se former. Il faut tenir constamment le modèle dans une position horizontale, ce qui présente au début quelque difficulté, mais on en vient à bout facilement avec un peu d'habitude. Si on ne le tient pas de telle façon que toutes les parties de la croix se trouvent à égale distance de la plaque, le dépôt n'aura pas partout la même largeur, et le dessin ne sera pas régulier. Pour éviter cet inconvénient, il est nécessaire, en immergeant le modèle en fil dans le bain, de le laisser au contact de l'anode pendant un instant, puis de le soulever à environ 80 millimètres de la plaque aussitôt que le coloré commence à paraître.

Dans toutes les opérations de ce genre, il faut avoir bien soin d'éviter qu'aucune parcelle du dépôt spongieux de plomb qui se dépose sur la cathode, ne tombe sur la plaque, car il se produirait en ces endroits des taches blanches qui empêcheraient le dépôt de se former partout où elles couvriraient le métal. Il est également indispensable de préserver le bain du contact des poussières, parce que ces particules de substances étrangères, tombant sur la surface qui doit recevoir le dépôt, produiraient des taches dans le dessin et enlèveraient tout le bel aspect de la couche.

Après qu'on a fait un certain nombre d'opérations avec le même bain d'acétate, il devient acide, et, dans ces conditions, le dépôt coloré se dissoudra partiellement ou en entier, suivant que la plaque sera restée plus ou moins longtemps dans le bain une fois le dessin formé. Il est préférable d'enlever l'objet du bain le plus promptement possible et de le plonger aussitôt dans l'eau froide. Si, toutefois on veut produire différents dessins sur une pièce nickelée, il faudra faire usage d'une solution neutre fraîchement préparée. Lorsque le bain sera devenu trop acide pour permettre d'opérer sûrement, on le versera dans un flacon, on y ajoutera un peu d'oxyde ou de carbonate de plomb, et l'on agitera plusieurs fois le mélange. Après une heure au plus, la solution sera filtrée et pourra être employée de nouveau.

Si l'on a plusieurs solutions pour le travail journalier, dès qu'un bain devient trop acide pour être employé, il sera mis de côté pour être régénéré de la manière indiquée, et un bain neuf ou régénéré sera versé dans la cuvette pour les opérations suivantes ; le vase, cependant, devra être rincé et essuyé à sec, chaque fois, avant d'y verser la solution filtrée. Une autre précaution qu'il ne faut pas négliger de prendre, consiste à enlever le dépôt de plomb qui s'est formé sur la cathode, chaque fois que l'on veut s'en servir de nouveau, ce qui peut être facilement fait en trempant le modèle dans un vase plein d'eau froide et en enlevant le plomb à l'aide d'une brosse douce.

*Cuivre.* — Le cuivre rouge ou cuivre pur se colore bien par le procédé de Becquerel que nous avons indiqué en premier lieu.

*Laiton.* — Le laiton présente quelques difficultés à la coloration par le procédé Becquerel, c'est pourquoi nous avons consacré à cet alliage un paragraphe spécial dans lequel le lecteur a pu voir que la coloration n'avait plus besoin du concours du courant électrique, mais nous l'avons indiquée et classée dans ce chapitre car, voulant examiner la question surtout à son point de vue pratique, il nous a paru bon d'indiquer la méthode la plus usitée. Cependant nous serions incomplet si, dans un traité de galvanoplastie, nous ne faisions pas figurer aussi l'application d'un procédé électrique qui réussit également bien, moyennant l'observation de certaines conditions spéciales.

Voici ce qu'en dit Becquerel : Si la pièce en laiton est petite (1 à 2 centimètres de superficie) la coloration s'opère dès que le circuit est fermé, et d'autant plus rapidement que la surface est faible ; mais quand elle est plus grande, la pièce reste brillante pendant plus longtemps, et conserve même son état. La surface se trouve donc dans un état passif analogue à celui qu'on fait acquérir au fer par différents moyens, puisqu'il ne s'opère aucun effet de coloration. Cet état apparent de passivité que présentent aussi d'autres métaux est-il dû à un simple dépôt d'oxygène sur la surface, ou à une couche de cuivre qui se produit avant la formation du peroxyde de plomb ? Les faits qui vont suivre laisseront entrevoir la cause du phénomène. L'état apparent de passivité est indiqué par un dépôt abondant de plomb sur l'électrode négative, ce qui s'explique facilement puisqu'il ne se forme pas de peroxyde.

L'expérience ayant appris qu'une très petite surface se colore immédiatement, il s'ensuit qu'elle acquiert la modification nécessaire pour que le phénomène ait lieu. Cela posé, on peut faire acquérir à de grandes surfaces de laiton cette modification pour que la coloration s'opère comme sur les petites surfaces. Il faut pour cela plonger d'abord dans la dissolution plombique une petite portion de la surface qui se colore aussitôt, et continuer à immerger les parties voisines jusqu'à ce que toute la pièce soit en contact avec le liquide.

La modification qu'acquiert alors la pièce est indiquée par un nuage fugitif qui la recouvre toute entière et dont on ne peut définir la couleur tant elle est fugasse ; mais ce qu'il y a de particulier, c'est que la première partie plongée qui s'est colorée presque entièrement, perd sa couleur et reprend sensiblement celle du métal sans qu'il soit possible de la recolorer ; une fois le nuage étendu comme une ombre sur toute la surface, en très peu d'instants on voit toutes les phases de la coloration se produire telles qu'elles ont été décrites plus haut et avec des couleurs qui rivalisent pour l'éclat avec ce que présente l'or le mieux poli.

Quand on veut colorer une pièce ayant certaines dimensions, en suivant la marche qui vient d'être indiquée, on la pose sur un plan incliné plongeant dans la dissolution et le long duquel on la fait descendre lentement. Au moyen de cette disposition, il n'y a, à chaque instant, en contact avec la liqueur, qu'une petite portion de la surface non encore soumise à l'action voltaïque. On serait tenté de croire, en raison des effets produits, que si l'on augmentait les dimensions de l'électrode négative, on rendrait promptement active une grande surface, mais il n'en est rien ; car que cette électrode soit grande ou petite, la surface positive, quand elle a une certaine étendue, reste toujours passive, de sorte que pour la rendre active, il faut suivre la marche qui vient d'être indiquée.

*Argent.* — L'argent n'est jamais passif quand sa surface est préparée comme nous l'avons indiqué ; mais sa coloration ne ressemble en rien à celle des autres métaux, quoique l'on puisse suivre les différents ordres que nous avons donnés plus haut. Cela provient de ce que ce métal éprouve promptement une oxydation qui donne une teinte jaunâtre vineuse à toutes les couleurs quand la surface est parfaitement polie, et que le courant n'est pas assez intense pour altérer bien sensiblement l'argent, alors on peut obtenir des couleurs assez vives.

*Platine.* — Le platine et surtout le cuivre platiné se colorent des plus riches couleurs bleues que l'art puisse produire. Tout porte à croire que l'oxydation du platine intervient dans la production de ces couleurs, qui seraient le résultat de la combinaison ou du mélange d'un oxyde de platine et de peroxyde de plomb. Bien que le bleu soit la couleur dominante, on obtient néanmoins plusieurs couleurs des ordres indiqués. Les couleurs de violettes et de bleuets sont particulièrement belles et se rapprochent de celles des fleurs naturelles.

*Maillechort*. — Le maillechort, frotté à sec avec de la ponce très fine et une brosse, se colore très bien sans que sa surface devienne passive, du moins dans la plupart des cas. Quand sa surface est polie, on peut y développer de très belles couleurs.

*Acier*. — L'acier poli se colore facilement quand sa surface a été convenablement préparée. On retrouve les diverses teintes qu'il prend quand on le chauffe, outre les tons qui dépendent de dépôts successifs des couleurs de peroxyde.

## IV. DISSOLUTION DU FER

Bien que la dissolution plombique soit la plus utilisée pour la coloration des métaux, on se sert aussi d'une dissolution ferreuse ; celle-ci présente dans son emploi certaines difficultés mais qui ne doivent pas la faire rejeter, car elle est d'un usage indispensable dans certains cas et donne des nuances que l'on n'obtient pas avec la dissolution plombique.

Pour préparer cette liqueur, on fait dissoudre à chaud dans l'eau distillée du protosulfate de fer pur ; celui-ci doit être d'un vert pâle transparent et surtout exempt de taches de rouille et, si l'on ne dispose pas d'une machine pneumatique, il faut avoir soin de faire dégager par l'ébullition tout l'air que contient le liquide. On enferme ensuite le produit dans un flacon bien bouché à l'émeri. Lorsqu'on veut s'en servir, on en verse une certaine quantité dans un vase en verre ou en porcelaine ;

on ajoute de l'ammoniaque également privée d'air jusqu'à ce que l'on dissolve le précipité qui se forme au début. La liqueur ainsi préparée ne peut pas servir plus d'une heure, parce que l'oxygène de l'air ambiant, agissant à la surface du bain, précipite de l'oxyde vert ; il se produit en outre un dégagement d'ammoniaque qui est désagréable à respirer quand il faut être près du bain en opérant sur des objets délicats. Les couleurs que l'on obtient avec cette dissolution ont l'avantage d'être beaucoup moins altérables que celles obtenues avec la solution plombique ; elles sont plus vives et sont aussi solides que le bleu obtenu par la chaleur.

## V. ALTÉRATION DES COULEURS

Les couleurs produites par le dépôt des couches minces de peroxyde de plomb peuvent s'altérer plus ou moins suivant les circonstances particulières auxquelles elles sont exposées.

Toutes les causes qui décomposent le peroxyde de plomb altèrent nécessairement cette substance. Ainsi les acides et les alcalis font passer le peroxyde à un état d'oxydation moindre en se combinant avec le peroxyde. On doit donc éviter de laisser les objets colorés exposés aux émanations acides ou ammoniacales qui, en décomposant le peroxyde de plomb, altéreraient les couleurs. Le seul moyen d'empêcher le contact des émanations acides ou ammoniacales est de placer les objets sous verre étanche, ou bien de recouvrir leur surface d'un vernis résistant, et qui, en s'opposant à l'action des vapeurs, n'altèrent que le moins possible leur couleur. Le choix du vernis est donc d'une grande importance pour la conservation des métaux colorés, et nous ne saurions mieux faire que de recourir encore à ce qu'en dit Becquerel qui a fait à ce sujet un très grand nombre d'expériences, dans les détails desquelles nous ne pouvons entrer ici, mais que nous voulons résumer.

### Moyens de prévenir l'altération des couleurs

Comme nous venons de le dire, le meilleur moyen de prévenir l'altération des couleurs serait de les couvrir d'une couche de vernis et le meilleur vernis serait, sans aucun doute, celui qui, étant saturé d'oxygène, n'en enlèverait pas au corps qu'il recouvre. Or, aucun vernis ne possède cette propriété ; on est forcé de prendre en conséquence celui qui est le moins altérable à l'air.

On distingue quatre espèces de vernis : 1° vernis à l'alcool, 2° vernis à l'essence de térébenthine, 3° vernis à l'huile de lin, 4° vernis à l'huile de lin lithargirée. Les résines employées pour faire les trois premiers étant la gomme-laque, ou la gomme copal, ils ne peuvent donc convenir, car ce sont ceux qui altèrent le plus les couleurs. Le quatrième vernis les altère aussi, mais moins, surtout quand il est saturé de litharge, parce qu'alors il est moins disposé à réagir sur le peroxyde. Voici la manière de faire ce vernis : dans un pot vernissé, on met un demi-litre d'huile de lin, de 4 à 8 grammes de litharge en poudre fine, 2 grammes de sulfate de zinc et l'on chauffe à une chaleur modérée pendant plusieurs heures. Quand la dissolution de l'oxyde de plomb est faite, on filtre pour séparer la litharge en excès. Si l'huile est trop épaissie par ce traitement, on l'étend avec de l'essence de térébenthine qu'on a fait bouillir préalablement dans un ballon sur de la litharge pour enlever l'acide succinique qui pourrait s'y trouver, lequel altérerait les couleurs.

Le vernis préparé, on l'étend sur la pièce en couche très mince à l'aide d'un pinceau et on le fait sécher à une douce température. Quand la pièce est très sèche, on met une seconde couche et l'on fait également sécher. A la première application du vernis, voici les effets que l'on observe : le bleu du second ordre disparaît, de sorte que le vert bleuâtre devient vert jaune. Le jaune et le rouge changent très peu. Quant aux couleurs du troisième ordre, surtout le vert foncé, elles sont intactes.

Il en résulte qu'au moyen du vernis, les pièces sont tout à fait préservées. Quand on veut obtenir et conserver les couleurs du deuxième ordre à l'exception du vert bleuâtre ou vert pré, il faut, dès l'instant qu'on a passé le vert bleuâtre et que le vert jaune commence à paraître, s'arrêter, laver, faire sécher, mettre le vernis ; alors la couleur est préservée. Il faut dire que ce vernis ne jouissant pas d'une transparence parfaite, puisqu'il est plus ou moins coloré en brun, les couleurs perdent de leur éclat, mais gagnent en solidité. On peut se demander pourquoi les couleurs du troisième ordre sont plus facilement préservées que celles du deuxième et surtout du premier. On pourrait croire

que les couches de peroxyde étant plus épaisses,
sont préservées plus facilement ; mais alors, la
première couche disparaissant, on devrait voir la
couche qui précède, ce qui ne paraît pas être. Au
surplus, la disparition du bleu du second ordre
montre une action particulière du vernis qu'il est
bien difficile d'expliquer à priori, parce que les
couches de peroxyde de plomb sont si minces,
qu'on ne peut pas analyser les effets produits. On
ne peut qu'observer les effets, les décrire en s'appuyant sur les données que la physique et la chimie nous fournissent. On fait aujourd'hui des vernis à la gomme copal, et la maison Lefranc entre
autres qui, loin d'altérer le bleu produit sur le
cuivre platiné, lui donnent, au contraire, plus
d'éclat, du moins pour certaines teintes. Ce vernis
est le plus résistant que l'on connaisse.

# CHAPITRE XXII

## Photographie métallisée ou photo-métallographie

—

Sommaire. — I. Méthode par reports. — II. Méthode directe. — III. Avantages et inconvénients des deux méthodes.


Cette opération, que l'on désigne assez communément sous le nom de *photo-métallographie*, consiste à dorer une photographie sur un objet en métal : zinc, argent, nickel, aluminium, etc., ou à argenter cette photographie sur un modèle tel que l'or, le cuivre doré, le cuivre, etc. Elle permet de reproduire toutes les lignes et toutes les nuances d'une photographie, si compliquée qu'elle soit, à l'aide d'un métal d'une couleur déterminée sur un autre métal d'une couleur différente.

Bien que cette industrie ressorte également de l'art du photographe pour une partie des opérations, elle emprunte également le concours du galvanoplaste, puisqu'il s'agit de reproduire métalliquement un modèle déterminé qui est ici une photographie ou plutôt un cliché photographique sur verre, cliché qui peut être soit un négatif, soit un positif, c'est pourquoi nous avons cru devoir l'indiquer dans ce Manuel. Du reste, nous ne parlerons en rien de la partie purement photographique, nous supposerons cette partie terminée et l'opérateur en possession du cliché fini prêt à la reproduction.

La reproduction métallique d'un cliché photographique peut se traiter par deux méthodes différentes : 1ª la méthode par reports ; 2° la méthode directe.

## I. MÉTHODE PAR REPORTS

Ainsi que son nom l'indique, cette méthode consiste à reporter sur le métal la photographie dont on a le cliché, et voici comment on opère dans ce cas :

On prépare dans la chambre obscure du photographe une dissolution composée des éléments suivants :

| | |
|---|---|
| Eau distillée . . . . . . . . . . . | 1.000 gram. |
| Gélatine . . . . . . . . . . . . . | 150 — |
| Colle de poisson. . . . . . . . . . | 15 — |
| Sucre. . . . . . . . . . . . . . . | 20 — |
| Glycérine. . . . . . . . . . . . . | 10 — |
| Bichromate de potasse. . . . . . | 15 — |

que l'on met dans une cuvette de photographe, la solution étant maintenue à la température aussi constante que possible de 35°. On plonge ensuite sur ce liquide à sa surface, et pendant trois minutes, une feuille de papier encollé, en ayant soin d'imprimer à la cuvette un mouvement de balancement de droite à gauche, afin d'empêcher les bulles d'air d'adhérer à la surface du papier. Cela fait, on fixe la feuille de papier sur une planchette légèrement inclinée, et on laisse le papier sécher dans le cabinet noir, ce qui demande environ deux heures à une température moyenne de 20°.

On obtient ainsi ce qu'on appelle, en photographie, un papier sensible. Il suffit alors de prendre un châssis photographique, de placer le cliché à reproduire sur la glace du châssis, le papier sensible qu'on vient de préparer, sur le cliché, puis de fermer le châssis et d'exposer ce dernier au soleil pendant trois minutes, ou dix minutes à la lumière diffuse.

Le papier insolé, ou, comme l'on dit, impressionné par la lumière, il faut le laver, ce qu'on fait en le mettant tremper dans une cuvette pendant une heure, en balançant celle-ci comme précédemment. Cette opération a pour but de dissoudre la préparation chromique dont nous venons de donner la formule, étant entendu que ce lavage ne dissout que la partie qui n'a pas été impressionnée par la lumière, autrement dit toutes les parties qui se présentaient en noir sur le cliché, car toutes les parties impressionnées deviennent insolubles.

Le papier est ensuite étendu sans plis sur une plaque de zinc bien plane, et l'on encre la face qui porte la préparation chromique non dissoute, avec une encre lithographique, à l'aide d'un rouleau en gélatine tel que celui dont se servent les imprimeurs pour tirer les épreuves.

On fait ainsi plusieurs encrages jusqu'à ce que l'on reconnaisse que l'épreuve vient bien nette avec tous ses détails, on peut alors procéder aux reports. Pour cela on tire les épreuves sur papier autographique, dont on mouille l'envers avec une éponge imbibée d'eau, et l'on applique l'épreuve sur l'objet métallique qui doit porter la photographie métallisée, l'image sur l'objet, bien entendu. On recouvre l'épreuve d'un papier légèrement encollé et l'on passe à la presse. Au sortir de celle-ci, on mouille légèrement le papier autographique, qu'on enlève alors délicatement en prenant bien soin de ne pas faire de traînées qui seraient reproduites sur l'objet. En un mot, on a imprimé à l'encre lithographique la photographie sur le métal où elle doit être reproduite dorée ou argentée.

Ce report bien exécuté, il suffit de passer l'objet métallique au bain de dorure ou d'argenture, ou de cuivrage, etc., comme nous avons appris à le faire. Car en résumé, que se passera-t-il ? partout où l'objet aura reçu de l'encre lithographique, il se sera formé des réserves sur lesquelles le dépôt métallique ne se formera pas, tandis que les parties non couvertes de cette encre, offrant une surface métallique, recevront le dépôt.

La métallisation terminée, on opérera comme pour toutes pièces comportant des réserves ; on commencera par bien laver l'objet pour le débarrasser de toutes traces de bain métallique, puis sécher, on fera dissoudre la réserve en laissant tremper l'objet dans de l'essence de pétrole, ou dans de l'alcool, de l'éther ou du chloroforme, corps qui dissolvent l'encre d'imprimerie.

Comme observation principale à ce procédé, nous dirons que l'opérateur doit savoir d'avance quel cliché il doit prendre : positif ou négatif. Pour cela il suffit de suivre l'opération ; supposons, en effet, qu'on ait un cliché sur verre positif : il deviendra négatif sur la gélatine bichromatée et se reproduira comme tel sur le métal. Or, suivant le mode de décoration, on peut avoir besoin soit d'un cliché positif, soit d'un cliché négatif. Ainsi l'on voudrait, par exemple, reproduire un cliché argenté sur un métal doré, il peut être préférable d'avoir toutes les parties lumineuses, bien éclairées, bien en saillie ; on devra, dans ce cas, partir d'un cliché positif qui, reproduit en négatif sur le métal doré, aura tous les fonds en or après métallisation, tandis que toutes les parties éclairées seront d'argent. Mais tout cela est affaire de goût ou simplement du sujet traité, et s'il paraît à première vue logique de faire ressortir en blanc d'argent les parties claires et les fonds en or, il peut se présenter des reproductions où au contraire on obtiendra des effets meilleurs, plus artistiques ou plus originaux, en agissant d'une façon inverse.

Bien que l'on puisse se procurer partout aujourd'hui des encres lithographiques, en voici deux formules différentes dont l'opérateur se trouvera bien pour faire ses reports.

### Première formule

| | |
|---|---|
| Cire jaune | 60 gram. |
| Gomme-laque | 40 — |
| Mastic | 30 — |
| Savon blanc | 20 — |

### Deuxième formule

| | |
|---|---|
| Acide stéarique (stéarine) | 50 gram. |
| Cérésine | 100 — |
| Colophane | 50 — |

Mastic . . . . . . . . . . . . . . . . . .    25 gram.
Savon de résine. . . . . . . . . . . .    20   —
Savon blanc . . . . . . . . . . . . . .    15   —
Noir de fumée. . . . . . . . . . . . .    25   —

On entend par *mastic*, que l'on voit figurer dans les deux formules ci-dessus, une résine ou gomme spéciale qui se vend sous forme de petits grains assez blancs et de la grosseur d'un pois à peu près.

Il existe bon nombre d'autres formules d'encres lithographiques dont le lecteur pourra prendre connaissance dans le Manuel-Roret *Le Fabricant d'Encres* ; il pourra ainsi en essayer de différentes qualités et faire son choix de celle qui lui donnera les meilleurs résultats.

## II. MÉTHODE DIRECTE

La méthode directe consiste à reproduire directement le cliché photographique de verre sur l'objet à décorer. Pour l'appliquer, on prépare la dissolution suivante :

Benzine cristallisable . . . . . . . . .    600 gram.
Bitume de Judée. . . . . . . . . . . .    25   —

Cette dissolution se fait à froid en mettant le bitume de Judée en petits morceaux dans la benzine cristallisable, enfermée dans un flacon bouchant hermétiquement et en agitant de temps à autre pour aider la dissolution. L'opération doit se faire dans l'obscurité du cabinet noir. On étend sur l'objet à décorer un peu de cette solution, en en versant sur le centre de l'objet et en faisant décrire à celui-ci un balancement circulaire qui amène le liquide en couche uniforme sur toute la surface. En un mot, on s'y prend comme les photographes lorsqu'ils collodionnent leurs plaques de verre, et en se tenant dans l'obscurité.

On laisse alors sécher, ce qui demande environ dix minutes, la benzine cristallisable s'évaporant très vite. Puis on place sur l'objet ainsi préparé le cliché photographique, positif ou négatif suivant le cas, et le tout, disposé dans un châssis approprié à la forme et aux dimensions de l'objet, est porté à l'action de la lumière. Si l'exposition a lieu en plein soleil, il suffit qu'elle dure vingt-cinq minutes, et si c'est à la lumière diffuse, il faut un temps de pose qui varie de une heure et demie à deux heures.

Toutes les parties du bitume de Judée qui ont subi l'influence de la lumière deviennent insolubles dans l'essence de térébenthine, de sorte que si l'on plonge l'objet après son exposition à la lumière, dans de l'essence, celle-ci ne dissoudra que les parties non insolées, c'est-à-dire celles correspondant aux noirs du cliché. On aide à la dissolution en frottant légèrement l'objet immergé dans l'essence avec un blaireau, et cela jusqu'à ce que les fonds soient complètement dépouillés de la matière restée soluble, ce dont on se rend facilement compte par le reflet du métal sous-jacent. On lave ensuite à grande eau et l'on passe au décapage approprié au genre de métal sur lequel on a opéré.

Ce décapage est rendu nécessaire par la présence de l'essence de térébenthine et du bitume de Judée, .

dont l'objet a été recouvert et qui tendent à lui donner une sorte de gras spécial.

Il n'y a plus qu'à passer au bain galvanique à la façon ordinaire, comme lorsque l'on traite des pièces où il a été fait des réserves. Au sortir du bain on rince à grande eau, toujours comme à l'ordinaire, on sèche et l'on n'a plus qu'à dissoudre le bitume qui était devenu insoluble, ce à quoi l'on arrive en trempant l'objet dans un récipient contenant de la benzine bouillante.

Lorsque l'on veut avoir une photographie à plusieurs teintes, on opère dans des bains galvaniques différents, en couvrant chaque fois, avec du vernis liquide, les parties de la couleur qui a été déjà obtenue et qu'il faut conserver sur l'objet terminé. Le vernis liquide que l'on emploie dans ce cas est composé de la façon suivante :

| | |
|---|---|
| Essence de térébenthine . . . . . . | 100 gram. |
| Paraffine . . . . . . . . . . . . . | 15 — |
| Résine . . . . . . . . . . . . . . | 5 — |
| Cire . . . . . . . . . . . . . . . | 5 — |

Les combinaisons de couleurs ainsi obtenues sont souvent d'un très heureux effet et le procédé se prête, à ce point de vue, à des motifs de décoration aussi variés que gracieux. Il est évident cependant que la réussite dans son application dépend à la fois du goût et de l'habileté de l'opérateur.

## III. AVANTAGES ET INCONVÉNIENTS DES DEUX MÉTHODES

Les deux méthodes de reproduction que nous venons d'indiquer ont leurs qualités et leurs défauts, mais disons de suite qu'elles se complètent dans l'usage et qu'il est bon en conséquence de signaler leur bon et leur mauvais côté.

La méthode par reports a les inconvénients suivants : d'abord elle est longue puisqu'il faut passer du cliché photographique à l'objet par une opération intermédiaire qui est la reproduction du cliché sur papier autographique; ensuite elle donne lieu à des images un peu empâtées par suite des reprises successives qu'il faut faire depuis le modèle jusqu'à la pièce à décorer. Par contre, cette méthode se montre avantageuse quand il s'agit de répéter un certain nombre de fois la même reproduction. En effet, une fois le cliché reporté sur le papier à gélatine bichromatée, on peut tirer plusieurs exemplaires sur papier autographique, dont chacun pourra servir à décorer un objet. A ce point de vue, le procédé a une certaine supériorité industrielle, car en industrie, c'est presque toujours par série que se font les objets.

La méthode directe a pour elle deux grandes qualités : 1° elle donne des reproductions beaucoup plus fines, 2° elle est plus rapide puisqu'elle comporte une opération de moins que la précédente; enfin, elle exige moins d'habileté de la part de l'opérateur. Elle a par contre l'inconvénient d'exiger un tirage pour chaque objet à décorer; or, en cette matière, il est impossible d'arriver exactement aux mêmes résultats avec chacun des tirages, la valeur de ceux-ci variant avec l'intensité de la lumière à laquelle l'exposition s'est faite, intensité qui n'est jamais uniforme. Enfin le procédé devient long si l'on a un certain nombre de reproductions à faire, puisque chacune d'elles peut demander vingt-cinq minutes d'exposition en plein soleil ou deux heures à la lumière diffuse, ce qui forcément, limite le nombre de tirages journaliers.

Nous avons pensé qu'il était utile de fournir ces renseignements qui permettront à l'opérateur d'adopter de préférence la première ou la seconde méthode, suivant le genre de travail qu'il est appelé à faire.

# SIXIÈME PARTIE

## ÉLECTRO-MÉTALLURGIE PAR VOIE HUMIDE

---

## CHAPITRE XXIII

### Raffinage du cuivre

---



Nous avons dit, au début même de cet ouvrage, en donnant la définition de la galvanoplastie, qu'elle constituait une branche de l'électro-métallurgie par voie humide ; il nous paraît donc indispensable de donner quelques indications générales sur l'électro-métallurgie par voie humide pour montrer à notre lecteur le champ très vaste qu'elle comporte aujourd'hui grâce aux progrès réalisés en électricité.

Nous ne saurions évidemment, dans les quelques pages que nous voulons consacrer à ce sujet, faire un cours sur la matière, notre prétention est plus modeste, nous voulons nous borner, nous le répétons, à de simples indications.

Ainsi qu'il nous est arrivé de le dire plusieurs fois au cours de cet ouvrage, on a vu que dans les différentes opérations du cuivrage, le cuivre que l'on déposait soit sur des métaux, soit sur des objets métallisés, soit sur des moules, était constitué par du métal chimiquement pur, bien que l'on partît, comme composition du bain, d'un sulfate de cuivre commercial, c'est-à-dire parfaitement impur au sens propre de la chimie. Le courant électrique jouit donc de l'étonnante propriété de ne déplacer du sel en solution que le cuivre chimiquement pur, il a la même propriété vis-à-vis des anodes solubles qui peuvent être de cuivre ordinaire, c'est-à-dire contenant jusqu'à 4 0/0 d'impuretés ; il ne fera passer à l'objet à recouvrir de cuivre, à la cathode, que du métal chimiquement pur. Cette propriété remarquable devait être appliquée au raffinage du cuivre.

Si nous supposons que nous ayons du cuivre ordinaire à purifier, nous savons donc le faire déjà par les moyens que nous connaissons ; nous transformerons ce cuivre ordinaire en anode et en agissant comme nous l'avons fait en galvanoplastie, nous recueillerons du cuivre pur sur la cathode. Si nous donnons à celle-ci la forme d'une plaque rectangulaire, nous obtiendrons des plaques de cuivre pur. C'est ce qu'on désigne sous le nom d'électrolyse du cuivre, et ce cuivre prend dans le commerce le nom de cuivre électrolytique.

Dans la pratique du raffinage du cuivre, on n'opère pas tout à fait comme nous venons de le dire pour nous mieux faire comprendre. Le procédé général et de principe est le suivant : Le cuivre ordinaire contenant, comme nous l'avons dit, une moyenne de 4 pour 100 d'impuretés, est coulé en plaques et celles-ci employées comme anodes solubles dans un bain de sulfate cuivrique additionné d'acide sulfurique. Le bain est contenu dans de grands cuviers en bois doublés de plomb. La cathode est formée d'une lame de cuivre préalablement affiné et chimiquement pur, le métal est porté par le courant de l'anode à la cathode ; ces deux dernières sont placées dans les bacs à peu près comme nous avons vu que l'on place les objets à cuivrer en galvanoplastie, c'est-à-dire alternativement une anode et une cathode. On voit toute la similitude qu'offre l'affinage électrolytique du cuivre avec la galvanoplastie. Les cathodes sont recouvertes d'une couche de pétrole de façon à ce que le cuivre déposé électrolytiquement puisse en être séparé facilement après chaque opération et que les mêmes cathodes puissent servir pour ainsi dire indéfiniment.

Les impuretés contenues dans le cuivre ordinaire se déposent au fond des bacs sous forme de boues et se composent généralement des corps suivants : soufre, arsenic, antimoine, bismuth, platine, or, argent, étain, fer, cadmium, cobalt, aluminium, carbone, silice, etc., etc.

Dans la solution acidulée de sulfate de cuivre, le zinc, le fer, le cadmium, le cobalt ainsi que les autres métaux plus positifs se dissolvent directement pendant l'électrolyse. L'antimoine, le bismuth, l'étain et la silice se dissolvent incomplètement. L'arsenic, l'antimoine et le bismuth se réduisent le plus facilement à la cathode, aussi convient-il d'employer une densité de courant d'autant plus faible que ces différents corps sont en plus grande proportion, ce qu'une analyse chimique préalable

15.

permet d'indiquer en toute sûreté. Au bout d'un temps plus ou moins long, suivant la nature du cuivre formant l'anode soluble, le bain se charge d'impuretés et il est nécessaire de renouveler la solution. Les boues sont généralement recueillies, on les fait sécher et l'on en retire par les procédés métallurgiques ordinaires les métaux précieux surtout, et lorsque leur teneur est suffisante pour produire quelque bénéfice à leur récupération.

Nous avons décrit cette fabrication dans ses lignes générales; dans la pratique elle se complique de bien des façons. Il faut en effet savoir régler la dépense du courant, qui est ici toujours fourni par des dynamos, suivant la production à obtenir. Si l'on fait usage en effet d'un faible courant, il faut multiplier le nombre des cuves pour la même production, puisqu'il se dépose moins de cuivre à la fois, d'où dépense de matériel, de place et frais de première installation plus élevés. Si, au contraire, avec un faible matériel on veut une production assez forte en cuivre, il faut faire usage d'un courant puissant, d'où dépense de ce fait. C'est à l'industriel de rechercher le juste milieu où d'adopter de préférence l'une ou l'autre des solutions que nous venons d'esquisser.

Il est clair en effet que si le fabricant dispose d'une installation où le courant lui revient à bas prix, produit par exemple par une force hydraulique gratuite, et que la place lui manque, il aura avantage à forcer dans le sens de la dépense du courant, et réciproquement.

Au cours des opérations il faut surveiller les électrodes pour éviter des courts-circuits occasionnés par des fragments qui se détachent des anodes par suite d'une usure irrégulière. Il faut surveiller également la formation des dépôts qui, s'ils deviennent trop volumineux au fond des bacs, peuvent arriver en contact avec les anodes et former encore des courts-circuits.

Enfin, comme dans une industrie de ce genre, on n'opère pas sur un seul bac, mais qu'au contraire on fait agir le courant sur une certaine quantité de bacs (60 à 120) montés en tension, il est indispensable que l'opération se poursuive dans tous avec la plus grande régularité, laquelle dépend principalement de l'uniformité du liquide ou électrolyte de cuivre. Pour répondre sûrement à ces exigences, les cuves sont installées de façon à ce que l'électrolyte y circule continuellement d'un bout à l'autre de la batterie, soit qu'on les place en cascade, soit qu'on établisse des siphons de l'une à l'autre, soit enfin tout autre procédé réalisant le plus facilement et le plus économiquement cette circulation.

D'après l'*Engineering and mining Journal*, la production journalière du monde entier en cuivre électrolytique s'élève à environ 883 tonnes. Sur ce chiffre les États-Unis en produisent 764 tonnes, soit 86,5 0/0 ; la production restante, soit 13,5 0/0, se répartit comme suit : la Grande-Bretagne, un peu plus de 8,8 0/0 ; l'Allemagne, environ 2,75 0/0, et la France, un peu plus de 1,6 0/0. Les États-Unis produisent annuellement en cuivre électrolytique le chiffre de 278,860 tonnes qui, au prix moyen de 260 dollars la tonne, représente une valeur de 72,503,600 dollars (360,250,180 francs). Leurs exportations, qui comprennent surtout du cuivre électrolytique, ont représenté, pour l'année 1902, la valeur très respectable de 225,242,799 francs. Il existe actuellement dans le monde entier 33 usines d'affinage de cuivre par l'électrolyse en fonctionnement ou prêtes à fonctionner, et l'on pense que le temps est proche où tout le cuivre fin produit par les Etats-Unis sera exclusivement produit par les procédés électrolytiques.

On peut voir d'après ces chiffres l'importance de cette industrie et les promesses qu'elle fait. C'est que l'affinage électrolytique du cuivre est très économique et permet de donner du métal pur moyennant une très faible majoration sur le prix du métal commercial ordinaire, car au moment où nous écrivons ces lignes le cuivre électrolytique ne vaut que 17 francs de plus que le cuivre le plus ordinaire par 100 kilogrammes.

Si c'est grâce à l'électricité que l'on peut raffiner à si bon compte le cuivre ordinaire, il est curieux de constater que c'est également pour ses usages personnels que le cuivre électrolytique est le plus employé. Ce cuivre, en effet, est le plus conducteur du courant, aussi est-il spécialement recherché pour la fabrication des fils, depuis le modeste fil de sonnerie jusqu'au câble sous-marin. C'est également du cuivre électrolytique qui entre dans la construction des dynamos, non seulement pour former les bobines d'induits et d'inducteurs, mais encore pour confectionner les lames de collecteurs, les bornes de prise de courant, etc., en un mot toutes les parties où l'on veut que le courant circule avec la plus grande facilité, c'est-à-dire en rencontrant le moins de résistance à son passage.

Si nous nous sommes assez étendus sur l'affinage électrolytique du cuivre, c'est d'abord parce qu'il constitue assurément la branche la plus importante de l'électro-métallurgie par voie humide, puis parce que, parlant à des galvanoplastes, il était indispensable de signaler cette opération qui, nous le répétons, n'est autre chose que de la galvanoplastie, et enfin parce que le galvanoplaste se sert énormément du cuivre, et qu'il est bon qu'il connaisse le nom et le procédé de production de ce métal à son plus grand état de pureté.

## I. ÉLECTRO-MÉTALLURGIE DES DIFFÉRENTS MÉTAUX

L'électro-métallurgie par voie humide ne se borne pas à l'affinage, elle permet de produire certains métaux, en partant directement de leurs minerais, et pour y arriver, on emploie deux méthodes distinctes : la première consiste à se servir du minerai comme anode soluble; mais on comprend qu'il faut pour cela que le minerai soit conducteur de l'électricité, ce qui est le cas le plus rare, on pourrait presque dire le cas exceptionnel; aussi, d'une façon générale, cette méthode est-elle très peu répandue. La seconde méthode consiste à traiter le minerai de façon à en extraire la partie métallique, ou mieux les parties métalliques, à l'aide d'un liquide approprié. On obtient ainsi une dissolution qui forme électrolyte et que l'on traite par le courant électrique, d'une façon analogue à celle dont on traite, en galvanoplastie, les bains de sels de cuivre, de nickel, d'argent, etc., pour en faire déposer le métal.

*Cuivre.* — Comme pour l'affinage, c'est certainement sur le cuivre que les recherches dans ce sens ont été les plus complètes, et les procédés Siemens, Marchèse et autres inventeurs, ont donné d'excellents résultats. On dit que les frais de traitement, d'après ces procédés, s'élèvent à environ 285 francs par tonne de minerai, quand celui-ci présente une teneur en métal de 14 0/0, qui constitue déjà ce qu'on désigne comme bon minerai; ces frais diminuent sensiblement à mesure que la teneur en métal augmente, ce qui se comprend naturellement.

Il est évident qu'on ne saurait donner une valeur absolue au chiffre que nous venons de donner; nous l'avons indiqué pour fixer les idées de notre lecteur, et en prenant un document pratique. Avec un même minerai, le prix du traitement peut changer d'une usine à l'autre : c'est du reste l'éternelle histoire de l'industrie.

*Zinc.* — L'électro-métallurgie du zinc par voie humide a fait également l'objet de nombreuses recherches, ainsi qu'en peuvent témoigner les différents procédés proposés, et dont nous nous bornons à signaler les auteurs : procédés Létrange, Ashcroft, Dieffenbach, Siemens et Halske-Nahnsen, et bien d'autres encore. Mais disons que, jusqu'à présent du moins, l'opinion générale des hommes compétents dans la matière, n'est pas très favorable à la production du zinc métal par l'électro-métallurgie, à moins de conditions très spéciales, et qu'on ait affaire à des minerais particulièrement avantageux à ce procédé d'extraction du métal.

La raison de cet insuccès semble du reste des plus naturelles : ce qui coûte le plus cher, dans la métallurgie en général, c'est le combustible, qu'il faut dépenser en quantités d'autant plus fortes que le métal est moins fusible ; or, le courant électrique, que l'on peut produire facilement à très bas prix par des forces hydrauliques arrive donc, en certains cas, à produire une réelle économie sur le combustible. Mais précisément, le zinc est un métal facilement fusible, et qui peut donc s'extraire facilement de son minerai avec peu de charbon, ce qui fait disparaître un des avantages de l'électricité. En outre, les installations électriques sont toujours d'un prix élevé, formant un capital de premier établissement fort élevé, qui ne peut s'amortir que par la production d'une matière d'un prix élevé ; or, le zinc est précisément un des métaux usuels les moins chers.

*Argent.* — Il faut remonter à l'année 1835 pour trouver le premier procédé d'électro-métallurgie de l'argent, procédé dû à l'illustre savant français Becquerel. Depuis la découverte de la production économique du courant électrique par les dynamos, divers procédés se sont introduits dans la pratique, et nous signalerons, parmi ceux-ci, le procédé Mœbius, qui consiste à former des anodes en argent qui provient de la coupellation du plomb, ces anodes renfermant 95 0/0 du métal précieux ; les appareils utilisés ont des dispositions spéciales, dans le détail desquelles nous ne pouvons entrer ici, mais qui reposent toujours sur la propriété qu'a le courant électrique de déposer le métal pur.

A signaler encore le procédé Dietzel, dans lequel l'argent est allié au cuivre et à l'or, le courant électrique opérant la séparation des éléments constitutifs. Il y a encore le procédé Rœssler et Edelmann, où l'argent est traité sous forme d'alliage avec le zinc; enfin, il existe encore d'autres procédés, qui ont été imposés à leurs auteurs par suite des combinaisons spéciales dans lesquelles entre le métal précieux.

Toujours est-il que l'électro-métallurgie par voie humide de l'argent, s'applique d'une façon tout à fait pratique; on connaît en effet trois usines, fonctionnant régulièrement en Allemagne et quelques usines faisant une production régulière aux Etats-Unis.

***Or. Etain. Nickel.*** — On produit également les métaux ci-contre par voie électrolytique ; mais, sauf pour l'or, cette méthode d'extraction n'est pas très répandue et elle ne présente quelques avantages que dans des conditions tout à fait spéciales.

A côté de l'électro-métallurgie par voie humide qui, nous le voyons, s'est fait une place très respectable dans l'industrie, l'électro-métallurgie par voie sèche tend à prendre une importance très grande. Nous ne pouvons qu'effleurer ce sujet, qui sort complètement de celui que nous traitons et dire qu'en principe, ce procédé de métallurgie consiste à utiliser la chaleur considérable de l'arc voltaïque, pour fondre le minerai dans des fours spéciaux. Il n'est aucun minerai qui résiste à cette température, et l'on peut les traiter tous. On a déjà réalisé de très fructueuses opérations, en traitant même les minerais de fer, et l'électro-métallurgie du fer et de l'acier est entrée aujourd'hui dans la pratique de plusieurs forges importantes. Et ce n'est pas le côté le moins curieux de ce genre d'opérations, que de voir ces hautes températures réalisées par la force hydraulique, par l'eau, ce qui lui a fait donner le nom caractéristique de houille blanche, par opposition au charbon, dont la métallurgie fait une si importante consommation.

## II. FABRICATION DES TUBES DE CUIVRE
## PAR LE PROCÉDÉ ELMORE

Voici une fabrication qui rentre dans la catégorie des opérations de l'électro-métallurgie par voie humide, qui ressemble par conséquent aux opérations galvanoplastiques, qui enfin produit de toutes pièces un objet industriel fini, car il sort du bain galvanique à l'état de tube fait d'une seule pièce sans soudure et prêt à servir aux différents usages de la tuyauterie de cuivre. C'est à ces divers titres que la fabrication nous a paru intéressante à signaler, peut-être suggérera-t-elle à quelques-uns de nos lecteurs des applications spéciales du même ordre d'idées.

En principe, l'opération est très simple : un mandrin est plongé dans un bain de cuivrage et l'on fait déposer dessus une couche de cuivre électrolytique à la façon dont on recouvre tout objet. Si l'on enlève le mandrin, il reste un tube de cuivre pur.

C'est très simple, en effet, mais la pratique en est toutefois beaucoup plus compliquée. En effet, le dépôt de cuivre électrolytique, de quelque manière que l'on s'y prenne, est toujours plus ou moins cristallin et n'offre, par conséquent, qu'une résistance mécanique relativement faible. Si, à cet état, il est suffisamment résistant pour la confection d'objets d'art imitant le bronze, ou de clichés qui ne sont soumis qu'à l'effet de la pression, laquelle ne tend qu'à comprimer le métal, à le refouler sur lui-même, et par conséquent à le rendre plus homogène et plus résistant, il n'en est plus de même pour des tubes qui sont appelés à supporter, à l'intérieur, des pressions quelquefois fort élevées.

Il a donc fallu remédier à cet état cristallin du cuivre au fur et à mesure de son dépôt, ce que l'inventeur du procédé a réalisé en faisant passer le mandrin recouvert de sa couche de cuivre dans un jeu de molettes en agate. Celles-ci en tournant avec pression sur le cuivre déposé, le compriment et le tassent pour ainsi dire, en lui donnant une compacité extraordinaire. En même temps que les molettes tournent en appuyant, elles se déplacent latéralement tout le long du mandrin et arrivent ainsi à comprimer le cuivre au fur et à mesure de son dépôt.

Enfin la recherche du mandrin convenable a fait aussi l'objet de longues et pénibles expériences, car il fallait qu'il soit très résistant pour supporter la pression des molettes, et qu'il permette un démoulage facile. Après bien des essais, l'inventeur s'est arrêté au mandrin en bois sur lequel est forcé un tube d'acier. Ce dispositif assure la résistance cherchée; il peut encore assurer le démoulage facile grâce à l'artifice suivant : on le fait tourner au début dans une cuve contenant une solution à 5 0/0 de cyanure double de potassium et de sodium, il se recouvre rapidement d'une très faible couche de cuivre, et en l'exposant à l'air, ce dépôt est transformé en oxyde. Si l'on porte alors le mandrin au bain de cuivrage, et que l'on procède comme nous l'avons dit plus haut, la mince couche d'oxyde interposée entre l'acier du mandrin et le dépôt cuivrique assure un démoulage facile. Le bain de cuivrage comporte une anode en cuivre faite d'une feuille de ce métal affectant la forme d'un demi-cylindre, c'est dans l'intérieur de ce dernier que tourne le mandrin pendant le dépôt, présentant ainsi toute sa surface à égale distance du mandrin à recouvrir.

Les tubes fabriqués par ce procédé sortent du bain entièrement finis et polis, ils possèdent une très grande résistance grâce à leur fabrication pour ainsi dire en un seul morceau. Enfin, on peut encore utiliser ce procédé à la fabrication de fils, car un tube fait comme nous venons de le dire peut être débité en lanières plus ou moins larges suivant des génératrices et ces lanières passées à la filière donneront des fils. On peut encore, partant du tube, en faire des plaques ; il suffira en effet de fendre un tube suivant une de ses génératrices, de le développer et d'aplatir la plaque ainsi obtenue pour avoir une planche de très bon cuivre, bon non seulement sous le rapport de la pureté du métal, mais encore au point de vue de sa résistance mécanique, qui sera équivalente à celle du meilleur cuivre laminé.

# SEPTIÈME PARTIE

## DES PRÉPARATIONS CHIMIQUES EN GALVANOPLASTIE

---

## CHAPITRE XXIV

### Récupération des métaux précieux

---

Sommaire. — I. Dédorage. — II. Désargentage. — III. Traitement des vieux bains. — IV. Extraction de l'argent. — V. Extraction de l'or.

Le premier nom : *electro-chimie* donné à la galvanoplastie, indique bien que cet art, s'il tient à l'électricité, tient aussi à la chimie, nous en avons donné les raisons aux premières lignes de cet ouvrage ; le galvanoplaste, s'il n'est donc chimiste consommé, doit cependant être familiarisé avec certaines opérations chimiques que lui impose l'exercice de sa profession. Jusqu'à présent, nous avons vu que toutes ces opérations se bornaient à des dissolutions, à des degrés définis de concentration ; nous avons donné à ce sujet toutes les indications nécessaires pour réduire ces travaux à des manipulations très simples, et les connaissances chimiques du galvanoplaste pourraient s'arrêter là si tout se passait sans encombre, sans accidents, sans erreurs, en un mot, sans tous les aléas qui accompagnent toujours les travaux même les plus simples. Malheureusement, la galvanoplastie, comme toutes les industries, ne saurait se faire sans risquer ces aléas, et c'est précisément quand une opération marche mal que celui qui la conduit doit faire appel à toutes les ressources de son intelligence.

Si nous nous sommes arrêtés assez longuement sur la partie *électricité* qui joue un rôle important, nous devons également entrer dans quelques détails de la partie chimique, non moins essentielle. Un simple exemple fera ressortir l'importance de cette branche de la science, en matière de galvanoplastie : par suite d'un accident quelconque l'opérateur a-t-il manqué la dorure ou l'argenture d'une pièce ; doit-il pour cela rejeter cette pièce et perdre même le peu de métal précieux dont elle s'est couverte ? Évidemment non. Nous devons donc lui apprendre comment il doit s'y prendre pour sauver la pièce et récupérer le métal précieux.


## I. DÉDORAGE


Lorsqu'un objet passe au bain de dorure, nous avons vu qu'il faut surveiller le dépôt d'or et s'assurer qu'il se fait régulièrement et convenablement, mais malgré cette surveillance, un défaut peut passer assez longtemps inaperçu, pour que le dépôt se soit assez avancé sur tout l'objet et qu'il n'y ait plus d'autre ressource que de recommencer l'opération, et pour cela, ramener la pièce à l'état qu'elle présentait avant de passer au bain. Quelquefois encore le dépôt semble s'opérer dans de très bonnes conditions, l'objet se recouvre uniformément puis, quand on le livre au brunissage, le dépôt se sépare à certains endroits du métal sousjacent ; *il lève*, comme disent les brunisseurs. La dorure est à recommencer, il faut donc dédorer d'abord l'objet en question.

Le dédorage ne s'effectue pas de la même façon pour tous les objets, il varie suivant la nature du métal sur lequel l'or a été déposé.

. S'agit-il d'objets en fer ou en acier, on procède de la façon suivante : on prépare une dissolution composée en poids de la façon suivante :

Cyanure de potassium . . . . . . . . 10 parties.
Eau. . . . . . . . . . . . . . . . . . . . 1    —

et l'on s'en sert comme bain galvanique en suspendant les objets au pôle positif et en reliant le liquide au pôle négatif ; le fer et l'acier resteront inattaqués tandis que l'or, l'argent et le cuivre seront facilement dissous. On utilisera ce bain jusqu'à refus, en le mettant de côté dans un récipient bien fermé dès qu'il cesse d'être employé. Lorsqu'il ne pourra plus dissoudre l'or, on le traitera en vue de récupérer ce métal.

Si les objets dorés sont en argent, on les chauffe au rouge cerise, puis on les jette encore incandescents dans le mélange suivant :

Acide sulfurique à 66° . . . . . . . . . 20 parties.
Sel gris. . . . . . . . . . . . . . . . . . 4    —
Salpêtre. . . . . . . . . . . . . . . . . 2    —

l'or se détache alors sous forme de paillettes qui

tombent au fond du vase ; on recommence cette opération tant qu'il reste de l'or attaché à la pièce ; L'or déposé au fond du liquide se récupère facilement.

Si les objets dorés sont en cuivre, en laiton, en bronze, en maillechort ou autres alliages de même nature, on les passe dans le bain suivant :

| | |
|---|---|
| Acide sulfurique. . . . . . . . . . | 10 parties. |
| Acide chlorhydrique. . . . . . . . | 2 — |
| Acide nitrique. . . . . . . . . . . | 1 — |

D'ordinaire on plonge les pièces d'abord dans l'acide sulfurique et l'on ajoute le mélange des deux autres acides à mesure que l'opération s'effectue. On remplace quelquefois l'acide nitrique par du salpêtre (nitrate de potasse) et l'acide chlorhydrique par du sel de cuisine (chlorure de sodium) ; mais leur dissolution ne s'opère bien qu'à la condition de les incorporer au liquide à l'état de poudre fine et en agitant constamment avec une baguette en verre.

Ce procédé s'emploie généralement pour de petites pièces. S'il s'agissait d'objets volumineux, tels que statues, lustres, etc., on les suspend au pôle positif dans un bain d'acide sulfurique fumant.

Dans tous les procédés ci-dessus, nous avons admis qu'il faut conserver les pièces dans leur état primitif ; si, au contraire, on pouvait les sacrifier et qu'elles fussent en argent, en cuivre, en bronze ou en laiton, il suffirait de les plonger dans un récipient contenant de l'acide nitrique pur et chaud. Celui-ci dissoudra le métal sous-jacent et respectera l'or qui se rassemblera au fond du récipient sous la forme d'une poudre noire ou nagera à la surface sous forme de paillettes. Il suffira alors d'ajouter de l'eau distillée, de filtrer pour recueillir tout l'or sur le filtre et le régénérer ensuite.

Le dédorage ne s'applique pas seulement à des objets manqués, il trouve sa raison d'être lorsqu'un objet partiellement dédoré par l'usage doit être doré à nouveau. Il est bon, en effet, dans des cas semblables, de commencer d'abord par enlever tout l'or restant afin d'opérer une nouvelle dorure dans de bonnes conditions d'uniformité.

## II. DÉSARGENTAGE

Le désargentage des objets manqués ou dont la couche d'argent est partiellement usée, et qui doivent être argentés à nouveau, peut s'opérer à froid ou à chaud.

Pour désargenter à froid, l'objet bien lavé et séché s'il est neuf (pièce manquée) ; bien dégraissé, s'il est vieux et usagé (comme les couverts de table), et bien séché est trempé dans le liquide suivant :

Acide sulfurique. . . . . . . . . . . 10 parties.
Acide nitrique. . . . . . . . . . . . 1 —

qui porte souvent le nom d'eau de *reine* par opposition à l'eau *régale*, qui dissout l'or.

Le liquide ci-dessus est un excellent dissolvant de l'argent, tandis qu'il est sans action sur le cuivre et ses alliages, à condition toutefois qu'il ne contienne pas d'eau. Eviter donc d'en introduire pour le désargentage. On utilise ce bain tant qu'il peut servir, et lorsqu'il est épuisé, on récupère l'argent qu'il contient.

Le désargentage à chaud s'opère dans une capsule en porcelaine remplie d'acide sulfurique concentré ; quand celui-ci est presque bouillant, on y met une pincée de salpêtre et on y plonge la pièce à désargenter. Ce liquide perd vite son action dissolvante de l'argent, on le remonte de temps en temps par l'addition d'une pincée de salpêtre ; il dissout très bien l'argent et est presque sans action sur le cuivre. On conserve le liquide pour en extraire ensuite l'argent.

D'après M. Bouilhet, on peut encore désargenter les pièces de cuivre en les plongeant dans la solution suivante maintenue à la température de 70° au bain-marie :

Acide sulfurique. . . . . . . . . . . 6 parties.
Acide nitrique. . . . . . . . . . . . 1 —

« Par ce procédé », dit M. Bouilhet, « le cuivre
« est tellement bien préservé par la présence de
« l'acide sulfurique, que nous avons pu l'employer
« pour déterminer la quantité d'argent dont une
« pièce est couverte. Nous avons en outre reconnu
« que, pour que l'opération se fasse dans de bonnes
« conditions, 1 litre de liquide ne doit pas absor-
« ber plus de 25 grammes d'argent ; passé cette
« limite, le cuivre est légèrement attaqué. De
« même, nous avons constaté que, si l'on désar-
« gente une plaque de cuivre de 1 décimètre carré,
« sur laquelle on a déposé une couche de cuivre
« de 5 milligrammes entre deux couches d'argent

« de 3 grammes, la couche de cuivre interposée
« préserve complètement la couche d'argent sous-
« jacente ».

On désargente encore, en plongeant l'objet dans
de l'eau de reine et en le faisant communiquer
avec le pôle positif d'une pile alors que le liquide
est relié au pôle négatif. Cependant, il faut surveiller très attentivement l'opération, parce que si
elle dure trop longtemps, le cuivre peut être attaqué.

Ce mode d'opérer la désargenture est préconisé
par M. Roseleur quand les pièces sont en fer, en
fonte, en plomb ou en zinc, et que le liquide est
alors un bain de cyanure.

Tels sont les procédés les plus en usage pour le
dédorage et le désargentage des pièces. Nous avons
toujours recommandé de conserver le liquide contenant le métal précieux afin de récupérer ce dernier. Cette récupération rentre dans les procédés
employés pour le traitement des vieux bains, c'est
pourquoi nous n'en avons rien dit, renvoyant notre
lecteur au paragraphe suivant.


## III. TRAITEMENT DES VIEUX BAINS

Les bains usés, gâtés ou hors d'usage pour une
cause quelconque, contiennent une quantité plus
ou moins considérable d'or ou d'argent, qu'il faut
savoir extraire pour les faire servir de nouveau à
la préparation de nouvelles liqueurs.

## Anciens procédés

En évaporant les vieux bains jusqu'à siccité, on a pour résidu des sels d'or et de potasse. Calcinant alors ces sels sans ajouter de fondants, on voit l'or se séparer et se rassembler en culot au fond du creuset.

Ce procédé est le meilleur de tous, mais il a l'inconvénient d'exiger beaucoup de temps à cause de la nécessité où l'on est d'évaporer une grande masse de liquide. En voici un autre qui permet d'agir plus rapidement :

On décompose le cyanure de potassium par l'acide chlorhydrique ou par l'acide sulfurique, et l'or se précipite au fond du vase. Prenant ensuite des lames de fer ou de zinc bien décapées, on les introduit dans la liqueur et on les y laisse pendant quelques jours, afin de précipiter les dernières traces d'or qui se déposent sur ces lames, qu'on enlève avec un grattoir et qu'on fond au borax.

## Procédés Elsner

« J'ai entrepris, dit Elsner, une série de recherches sur l'extraction de l'or et de l'argent des bains épuisés. Je m'empresse d'en communiquer les résultats au public ; mais, avant de procéder à cette communication, je crois qu'il est nécessaire de rappeler préalablement les résultats des expériences sur lesquelles sont basées les méthodes données plus loin pour extraire tant l'argent que l'or des vieux bains au cyanure de potassium.

« 1° Si l'on ajoute à une solution d'argent dans le cyanure de potassium de l'acide chlorhydrique jusqu'à ce que la liqueur colore en rouge du papier bleu de tournesol, on obtient un précipité blanc de chlorure d'argent ou argent corné, qui, soumis à la chaleur, se fond en une masse jaunâtre. Si c'était un cyanure d'argent, l'application de la chaleur rouge laisserait du régule d'argent. L'addition de l'acide chlorhydrique précipite tout l'argent présent dans la liqueur sous la forme de chlorure d'argent.

« 2° Si l'on évapore à siccité une dissolution d'argent dans du cyanure de potassium, et qu'on chauffe le résidu au rouge jusqu'à ce que la masse soit à l'état de fusion tranquille, état sous lequel elle prend une couleur brune, il reste, quand on lave la masse obtenue avec de l'eau, de l'argent métallique poreux et pulvérulent ; la liqueur qui a filtré renferme encore un peu d'argent en dissolution, car l'acide chlorydrique y produit encore un précipité de chlorure d'argent. En évaporant et en calcinant une dissolution d'or dans du cyanure de potassium, le résultat est le même, puisqu'on obtient de l'or métallique ; mais alors le gaz sulfhydrique donne, dans les eaux de lavage aiguisées avec de l'acide chlorhydrique, un précipité brun (sulfure d'or), et le sel d'étain un précipité violet (pourpre de Cassius) ; ce qui prouve que ces liqueurs renferment encore un peu d'or en dissolution.

« 3° Si l'on verse sur de l'argent métallique très divisé, par exemple de l'argent en feuilles ou de l'argent poreux précipité par le zinc de solutions d'argent, une dissolution assez concentrée de cyanure de potassium à la température ordinaire, en agitant fréquemment, la liqueur, au bout d'un certain temps, renferme de l'argent en dissolution, puisque, à l'aide de l'acide chlorhydrique, on y produit un précipité assez abondant de chlorure d'argent. Cette expérience explique pourquoi, dans les eaux de lavage des combinaisons d'or ou d'argent avec le cyanure de potassium, on peut démontrer encore la présence de l'or et de l'argent; c'est que ces eaux renferment encore du cyanure de potassium, et que c'est un fait reconnu depuis longtemps, que l'or est dissous par les solutions de cyanure de potassium.

« 4° Quand on ajoute à une solution de cyanure de cuivre et de cyanure de potassium, de l'acide chlorhydrique ou de l'acide sulfurique ordinaire, jusqu'à ce que la liqueur ait une réaction acide, il en résulte un précipité blanc rougeâtre qui est un cyanure de cuivre anhydre ; si on lave bien ce précipité et qu'on le fasse bouillir avec une lessive de potasse, il s'en sépare un protoxyde de cuivre d'un beau rouge, et si, à la liqueur alcaline filtrée, on ajoute une dissolution de couperose verte, on obtient un précipité d'un bleu sale. La solution de carbonate de soude fournit des résultats absolument identiques, et la couperose y donne de même un précipité bleu sale. Si l'on dissout le précipité blanc rougeâtre dans de l'acide azotique pur, alors la solution d'azotate d'argent produit dans la liqueur acide un précipité blanc abondant; et si l'on fait sécher et calciner ce dernier, la calcination donne de l'argent métallique ou réduit; ce qui

16.

prouve que ce précipité est du cyanure d'argent.

« Le précipité blanc rougeâtre est soluble dans un excès d'acide chlorhydrique, d'acide azotique ou d'eau régale; il l'est aussi dans l'ammoniaque caustique et dans la dissolution de cyanure de potassium.

« 5° Si l'on verse de l'acide chlorhydrique dans une solution bien pure d'or, dans du cyanure de potassium, il se forme avec lenteur à la température ordinaire, et immédiatement quand on chauffe, un précipité jaune qui est un cyanure d'or; la liqueur filtrée qui a donné ce précipité, contient encore un peu d'or en dissolution. En évaporant à siccité, calcinant et filtrant de nouveau, il reste sur le filtre l'or qui était encore en dissolution.

« 6° Lorsqu'une dissolution d'argent dans du cyanure de potassium, préparée pour argenter galvaniquement des objets en bronze ou en laiton, a été employée pendant un certain temps à cet objet, alors le précipité qu'y produit l'acide chlorhydrique n'est plus blanc pur, mais rougeâtre, à cause du cyanure de cuivre blanc rougeâtre qui se précipite simultanément, car on sait que les liqueurs pour l'argenture qui ont servi pendant quelque temps, renferment du cuivre en dissolution.

« La même chose a lieu avec les dissolutions pour la dorure, dans lesquelles on a doré pendant longtemps des objets en argent, en cuivre, en bronze ou en laiton, c'est-à-dire qu'alors le bain renferme, au bout d'un certain temps de service, non seulement de l'or, mais encore de l'argent et du cuivre. Ce cas se présente surtout lorsqu'on dore des objets en argent renfermant du cuivre, c'est-àdiré des alliages d'argent dans le bain de dorure; alors le précipité de cyanure d'or produit par l'acide chlorhydrique ne possède pas la couleur jaune pur du cyanure d'or. Ainsi, par exemple, il m'est arrivé d'observer un précipité de ce genre, qui, au lieu d'être jaune, était vert, et, en effet, on avait introduit et doré dans le bain des objets en fer, et le précipité contenait, indépendamment du cyanure d'or, du bleu de Prusse, ainsi que l'a démontré un examen qui a consisté à faire bouillir ce précipité vert dans de l'eau régale, à séparer par le filtre un résidu vert sale, à évaporer à siccité la liqueur filtrée, et à le dissoudre dans de l'eau aiguisée d'un peu d'acide chlorhydrique; alors, le sulfate de fer a donné, dans cette nouvelle solution, un précipité brun, et le sel d'étain un précipité brun rougeâtre. En traitant par l'eau régale, le cyanure d'or a donc été décomposé et transformé en chlorure d'or.

« C'est en se fondant sur les faits qui précèdent qu'on peut présenter plusieurs méthodes pour recueillir tant l'argent que l'or des vieux bains au cyanure de potassium. On peut procéder par deux voies différentes, soit par la voie humide, soit par la voie sèche.

## IV. EXTRACTION DE L'ARGENT

### Extraction par la voie humide

« On ajoute au bain de l'acide chlorhydrique jusqu'à ce que la liqueur rougisse fortement le papier bleu de tournesol; le précipité de chlorure

d'argent qu'on obtient ainsi aura très vraisembla-
blement, comme on en a fait l'observation ci-dessus, une couleur blanc rougeâtre, à cause du cyanure de cuivre qui se précipitera simultanément
lorsque le bain aura servi longtemps à argenter
les objets contenant du cuivre. Dans cette précipitation par l'acide chlorhydrique, il se dégagera de
l'acide cyanhydrique, et par conséquent, l'opération ne devra se faire que dans un local où existera
une bonne ventilation, ou mieux, en plein air. Si
le précipité était assez fortement coloré en rougeâtre, il faudrait le traiter à chaud par l'acide
chlorhydrique, qui dissoudrait le cyanure de
cuivre. Le chlorure d'argent ayant été lavé avec de
l'eau, on le fait sécher, puis on le met en fusion
avec de la potasse et du borax, dans un creuset de
Hesse vernissé à l'intérieur, à la manière ordinaire,
pour obtenir de l'argent métallique.

« Cette méthode, très simple dans son application, est en même temps très économique, attendu
qu'à l'aide de l'acide chlorhydrique, tout l'argent
renfermé dans le bain de cyanure de potassium est
précipité, et qu'il n'en reste plus de traces dans la
liqueur. Seulement, la quantité assez notable d'a-
cide cyanhydrique qui se dégage est une circonstance fâcheuse qu'il faut prendre en sérieuse con-
sidération quand on traite de grandes masses de
liqueurs argentifères, en ayant bien soin que les
vapeurs délétères de cet acide puissent s'échapper
immédiatement et sans danger pour la santé des
ouvriers ; mais une fois qu'on aura pris à cet égard
les précautions conseillées par la prudence, la méthode en question pourra être considérée comme

parfaitement pratique. Je recommande aussi de verser les liqueurs dans des vases suffisamment spacieux, attendu que, par l'addition de l'acide, elles s'élèvent ordinairement beaucoup en écumes.

### Extraction par la voie sèche

« Le bain de cyanure de potassium est évaporé à siccité, le résidu porté au rouge est fondu, et la masse refroidie est lavée par une décantation. Le résidu est de l'argent métallique et poreux. Il reste encore dans les eaux de lavage de l'argent, qu'on peut précipiter par l'acide chlorhydrique.

## V. EXTRACTION DE L'OR

### Extraction par la voie humide

« Un bain d'or au cyanure de potassium, qui a servi longtemps à dorer des objets d'argent allié de cuivre, peut renfermer encore, ainsi qu'on en a fait précédemment la remarque, et indépendamment de l'or, de l'argent et du cuivre, parfois même du fer. Pour isoler ces métaux, il faut opérer de la manière suivante : la liqueur, de même que pour les bains d'argent, est acidulée avec de l'acide chlorhydrique ; auquel cas il se produit, comme ci-dessus, un dégagement d'acide cyanhydrique qui exige qu'on opère au sein d'une bonne ventilation. Cette addition d'acide chlorhydrique détermine un précipité qui peut, suivant les circonstances, consister en cyanure d'or, cyanure de cuivre et chlorure d'argent. Ce précipité, lavé et

séché, est bouilli avec de l'eau régale qui dissout
l'or et le cuivre sous forme de chlorures métalliques, et laisse intact le chlorure d'argent. La solution renfermant l'or et le cuivre est évaporée
presque à siccité pour en chasser l'excès d'acide ;
le résidu est étendu d'une petite quantité d'eau, et
l'or précipité sous la forme d'une poudre brune
par une dissolution de sulfate de fer. On réduit le
chlorure d'argent à l'état métallique par les moyens
connus. La liqueur de laquelle on a précipité, par
l'acide chlorhydrique, les combinaisons métalliques
en question, pouvant encore renfermer un peu d'or,
je renvoie pour son traitement à l'expérience n° 5
décrite ci-dessus.

« Cette méthode se distingue également par sa
grande simplicité dans les applications, et l'on
peut répéter pour elle tout ce qui a été dit précédemment de l'extraction de l'argent par la voie humide.

### Extraction par la voie sèche

« Le bain de cyanure de potassium qui renferme
de l'or, de l'argent et du cuivre, est évaporé à siccité ; le résidu, mis en fusion à la chaleur rouge,
est lavé par décantation : les eaux de lavage renferment encore un peu d'or et d'argent ; ce cas se
présentera d'autant plus fréquemment que les bains
d'or ou d'argent renfermeront un plus grand excès
de cyanure de potassium. Le résidu, après les la-
vages, consiste en or et argent métalliques poreux
et en cuivre carburé résultant de la décomposition
par le feu du cyanure de cuivre. Ce résidu métal-

lique est traité à chaud par l'eau régale, et il se forme du chlorure d'argent insoluble et des chlorures d'or et de cuivre en dissolution. Pour obtenir ces métaux à l'état de régule, on opère ainsi qu'il a été indiqué précédemment.

« Si l'on opère d'après les procédés du professeur Boettger, c'est-à-dire si l'on fait fondre le résidu desséché avec un volume égal de litharge dans un creuset couvert, le régule qu'on obtiendra dans la supposition en question consistera en or, argent et plomb. En traitant cet alliage par de l'acide azotique pur, du poids spécifique de 1.2 et à chaud, l'or restera sous la forme d'une poudre brune, tandis que le plomb et l'argent se dissoudront dans l'acide. Cette dissolution ayant été étendue d'eau distillée ou de pluie, on y séparera par précipitation l'argent du plomb à l'aide de l'acide chlorhydrique.

« Les méthodes pour extraire par la voie sèche, tant l'argent que l'or, des vieux bains au cyanure de potassium, présentent cet avantage, que l'opérateur, pendant le travail, ne peut être incommodé par le dégagement des vapeurs d'acide cyanhydrique qui, dans ces opérations, ne se développent pas, ainsi que nous l'avons vu dans les procédés pour l'extraction desdits métaux par la voie humide.

« D'après les expériences rapportées dans cette note, les personnes que ce sujet intéresse pourront choisir celle de nos méthodes qui, dans les circonstances où elles se trouveront placées, leur paraîtra le plus propre à parvenir à leur but. »

## Procédé Boettger

« Pour extraire des bains de dorure préparés au cyanure de potassium jusqu'aux moindres traces de l'or qu'ils renferment encore, on procède comme il suit :

« On évapore la liqueur à feu nu jusqu'à siccité ; on réduit en poudre fine le résidu salin sec, et l'on y ajoute un volume égal de litharge aussi pulvérisée ; on verse le mélange dans un creuset de Hesse qu'on couvre avec une tuile bien ajustée et l'on chauffe, jusqu'au rouge intense, dans un fourneau alimenté à la houille. Après un refroidissement complet, on brise le creuset et l'on sépare avec un marteau la masse métallique (alliage d'or et de plomb). Cette masse consiste en culots distincts de la matière saline qui l'environne et se compose en grande partie de cyanure de potassium. Enfin, on la traite à chaud par de l'acide azotique du poids spécifique de 1.2 (24° Baumé), qui dissout le plomb, tandis que tout l'or reste non dissous sous la forme d'un bloc spongieux brun jaunâtre. »

## Procédés Wimmer et Bolley

« On sait que le cyanure d'or dissous dans un excès de cyanure de potassium résiste à tous les moyens qu'on a essayés pour le séparer, et que l'acide sulfhydrique, par exemple, ne produit aucun précipité. Par la voie humide, on ne parvient jamais à précipiter complètement l'or, et c'est pour cela que MM. Boettger, Hessenberg, Elsner et autres, ont proposé d'évaporer la liqueur, de mélanger le résidu sec avec son poids de litharge, de fondre à une forte chaleur rouge, puis de dissoudre le plomb de ce culot dans l'acide azotique étendu et bouillant, ce qui donne l'or sous la forme d'une éponge légère.

« M. Wimmer a proposé plus récemment de faire évaporer la masse au bain-marie, de la mélanger avec une fois et demie son poids de salpêtre, et de l'introduire par portion dans un creuset de Hesse porté au rouge pour la faire détoner, et de continuer ainsi jusqu'à ce que la masse entière soit arrivée à un état de fusion tranquille.

« Le premier procédé, celui de Boettger et autres, ne donne lieu à aucune objection, si ce n'est la difficulté d'un feu violent et l'emploi de l'acide azotique. Le second, celui de Wimmer, est, au contraire, d'une exécution désagréable et peu sûre. On sait, en effet, que le salpêtre ne détone jamais avec plus de violence qu'avec le cyanure de potassium, et, quoique l'inventeur conseille de ne charger que de faibles portions à la fois, les détonations sont si vives qu'elles ne peuvent avoir lieu sans perte de matière. »

« Voici un procédé applicable en petit qu'on peut pratiquer sur une lampe à esprit-de-vin et dans un creuset de platine.

« On mélange la masse saline provenant de l'évaporation avec son poids de sel ammoniac, et l'on chauffe doucement. Les sels ammoniacaux décomposent, comme on le sait, les cyanures métalliques, en formant du cyanure d'ammonium qui, en se décomposant, se volatilise, tandis que l'acide du sel ammoniacal, ou le corps qui salifie l'ammonium, se combine avec les métaux passés à l'état d'oxydes qui étaient unis au cyanogène. Le sel ammoniac forme donc, dans ce cas, du chlorure de potassium, du chlorure de fer (quand on a employé un cyanoferrure) et du chlorure d'or. Ce dernier chlorure se décompose aisément en abandonnant de l'or métallique, le second en partie seulement en laissant de l'oxyde de fer en belles paillettes cristallines. Le chlorure de fer non décomposé, ainsi que le chlorure de potassium, peuvent, après que la décomposition est terminée, décomposition qui n'exige qu'une faible chaleur rouge, être enlevés par l'eau, en laissant l'or sous la forme d'une masse cohérente, mais légère, et le fer en paillettes fines, qu'on peut séparer mécaniquement.

« Si l'on craint qu'il ne reste un peu d'or sous forme pulvérulente avec le fer, on peut dissoudre dans l'eau régale (l'oxyde de fer calciné résistant longtemps aux simples acides) et précipiter l'or par le sulfate de fer. Dans la plupart des cas, ce mode d'élimination sera superflu ; je me suis assuré par l'évaporation de volumes donnés d'une même solution d'or, l'évaporation et la calcination avec le sel ammoniac, et autres opérations, qu'on pouvait ainsi doser et recueillir assez exactement tout l'or de ces solutions.

« Le même procédé s'applique aux bains d'argent et indépendamment de l'oxyde de fer (du cyanoferrure) on obtient un chlorure d'argent qui se dissout aisément dans l'ammoniaque, et dont on extrait par l'acide azotique de l'argent métallique, mais en petite quantité, et parfois même pas du tout. Bien entendu que le résidu, après la calcination, est traité à la manière ordinaire pour en extraire l'argent ; mais quoique la décomposition des bains d'argent pour en extraire le métal par la voie humide, par exemple par l'acide sulfurique, soit chose possible, cependant ce procédé doit rarement être mis en pratique.

« Enfin, j'appellerai sur ce point l'attention des industriels qui s'occupent de dorure, d'argenture, etc. : c'est que le sel ammoniac, ou les autres sels ammoniacaux, quand on les emploie comme il vient d'être dit, présentent un moyen facile de constater la composition des bains, c'est-à-dire la proportion des métaux qu'ils renferment et qui doivent être précipités galvaniquement sur d'autres métaux. Pour les bains de cuivre, je me suis servi dans ce but du sulfate d'ammoniaque, parce que si l'on emploie le chlorhydrate de cette base, il se forme du chlorure de cuivre, qui se volatilise en partie avec le sel ammoniac non décomposé qui s'évapore, ce qui fait perdre une partie du métal. » (Bolley).

# CHAPITRE XXV

## Préparation des produits chimiques utilisés en galvanoplastie

Sommaire. — I. Préparation du sulfate de cuivre. — II. Nitrate ou azotate d'argent. — III. Préparation du cyanure d'argent. — IV. Préparation de l'oxyde d'argent par la chaux. — V. Chlorure d'argent. — VI. Préparation du chlorure d'or. — VII. Préparation du cyanure de potassium. — VIII. Sulfhydrate d'ammoniaque. — IX. Préparation du massicot. — X. Préparation du bicarbonate de potasse. — XI. Préparation du cyanure de cuivre. — XII. Préparation du cyanure de zinc. — XIII. Préparation de certaines poudres métalliques.

Nous consacrons ce chapitre à la préparation des principaux produits chimiques employés dans la galvanoplastie, en essayant de traiter la question sons son aspect le plus élémentaire, car nous pensons que si le galvanoplaste aura presque toujours avantage à acheter les produits dont il a besoin, dans les bonnes maisons qui les fabriquent, il n'est pas sans intérêt pour lui de connaître les procédés généraux de leur fabrication. Souvent, en effet, un accident, un mécompte peut provenir simplement d'une impureté contenue dans un produit, impureté provenant des matières utilisées dans la fabrication ; le seul fait de connaître cette dernière peut permettre à l'opérateur de se rendre compte de la cause de ses échecs et des moyens d'y remédier.

Loin de nous la pensée de faire de ce chapitre un traité de chimie, nous nous sommes tenus au contraire à examiner le sujet d'une façon terre à terre, lui donnant plutôt l'aspect d'un recueil de recettes que celui d'un ouvrage scientifique. Il nous arrivera souvent même de relater des méthodes anciennes, remplacées aujourd'hui par des procédés de fabrication plus perfectionnés ; si nous en avons agi ainsi c'est pour nous mettre mieux à la portée des moyens d'action que peut posséder notre lecteur, et lui permettre de préparer lui-même ses produits, et d'utiliser ainsi ses ressources en résidus, ou en corps qu'il peut facilement se procurer.

Les galvanoplastes désireux de s'instruire plus à fond dans la fabrication des produits chimiques devront avoir recours aux traités complets de chimie.

## I. PRÉPARATION DU SULFATE DE CUIVRE
### $Cu\,O,\ SO^3\ 5\,HO$

Ce produit se place en première ligne, en raison du rôle important qui lui est assigné dans les productions galvanoplastiques.

Dans un grand ballon ou une capsule en porcelaine de grande dimension, déposez des rognures ou de la tournure de cuivre aussi pure que possible. Les débris provenant des épreuves galvanoplastiques doivent être préférés en ce qu'ils fournissent un produit pur par excellence, étant eux-mêmes le résultat d'un dépôt exempt de corps étrangers. Vous porterez votre capsule sous le manteau d'une bonne cheminée ou, lorsque vous le pourrez, en plein air, afin de vous soustraire aux vapeurs d'acide sulfureux qui se dégagent de la décomposition de l'acide sulfurique. Après avoir assujetti la capsule sur un trépied portant sur le fourneau, on versera sur les débris de cuivre 4 à 5 kilogr. d'acide sulfurique pour 1 kilogr. de métal, puis on portera sous la capsule quelques charbons allumés.

Au bout de quinze à vingt minutes, la capsule suffisamment échauffée pourra supporter, sans chance d'être saisie, une plus forte quantité de chaleur. Néanmoins, il y a avantage à modérer l'action du feu, l'acide sulfurique sollicité par la chaleur, ne tarde pas à attaquer violemment le métal avec dégagement d'acide sulfureux. En raison de sa densité, et surtout de la concentration du liquide, le sulfate de cuivre formé reste au fond de la capsule dont il pourrait déterminer la rupture, si on n'avait le soin de l'enlever avec une écumoire en cuivre pour le transporter dans une autre capsule.

En enlevant le sulfate au fur et à mesure qu'il se produit, on dégage le métal qui devient plus facilement attaquable. L'action de l'acide se manifeste donc avec d'autant plus d'énergie que la dissolution contient moins de sel. Lorsque le métal est complètement dissous, on en projette une nouvelle quantité dans la liqueur acide, et on ne doit cesser que lorsque l'acide suffisamment saturé cesse d'en dissoudre de nouvelles quantités. On devra, afin d'obtenir une saturation complète, ajouter encore quelques débris de cuivre, s'il n'en restait plus au fond de la capsule. Règle générale, le métal doit toujours être en excès pour absorber l'acide.

On enlève alors la capsule du feu, et on décante la dissolution dans un cristallisoir en grès que l'on aura chauffé progressivement avec de l'eau chaude.

$$2\,(SO^3\,HO) + Cu = 2\,HO + Cu\,O,\,SO^3 + SO^2.$$

Cette formule indique que deux équivalents d'acide sulfurique hydraté $2\,(SO^3\,HO)$ et un équivalent de cuivre $+ Cu$ produisent deux équivalents d'eau $2\,HO$, un équivalent de sulfate de cuivre $Cu\,O, SO^3$, plus un équivalent d'acide sulfureux $SO^2$.

Le sulfate de cuivre obtenu avec des liqueurs concentrées se présente cristallisé en tout petits parallélipipèdes et souvent aussi sous l'aspect d'une boue noirâtre, selon la concentration de l'acide qui donne une magnifique dissolution bleue dès que l'on ajoute de l'eau. Si l'on tient à avoir des cristaux d'une certaine grosseur, on ajoutera de l'eau bouillante aux cristaux que l'on aura placés dans le cristallisoir dont on aura décanté l'eau-mère après vingt-quatre heures de repos, et on concentrera cette nouvelle dissolution jusqu'à ce qu'elle marque 27 degrés au pèse-sel, puis on la versera dans un autre cristallisoir.

Quant aux eaux-mères, on les évaporera ; mais, comme elles sont toujours très acides, on ajoutera de nouveau des débris de cuivre.

On enlève les cristaux des cristallisoirs après deux ou trois jours de repos, on les met égoutter dans de grands entonnoirs dont on bouche légèrement le bas avec les plus gros cristaux ou avec des débris de verre.

Le sulfate de cuivre que nous venons de fabriquer est d'un beau bleu céleste, contrairement à celui du commerce qui se présente souvent sous un aspect très foncé, en raison de la quantité de sulfate de fer qu'il contient souvent. Le sulfate de cuivre pur est soluble dans deux parties d'eau chaude et quatre d'eau froide. Sa formule est $Cu\,O, SO^3, 5\,HO$, c'est-à-dire un équivalent de cuivre, un équivalent d'acide sulfurique, et cinq équivalents d'eau dite eau de cristallisation.

Le sulfate de cuivre que l'on conserve longtemps dans un lieu sec, perd deux équivalents d'eau, blanchit sur les angles et les aspérités. Exposé au soleil, il blanchit sur toutes les surfaces en perdant encore de l'eau, et passe à l'état de protosulfate. On indique souvent cette transformation du sel en disant qu'il est *efleuri*.

Un procédé des plus remarquables indiqué par Berzélius, et attribué par lui à Osann, fixera l'attention des personnes qui s'occupent d'électro-métallurgie par voie humide :

« Le cuivre très divisé, finement pulvérisé, peut servir à prendre des empreintes de médailles. On recouvre le relief qu'il s'agit de reproduire d'une couche de la poudre métallique que l'on comprime fortement à l'aide d'une presse ou même d'un marteau. Le métal étant porté ensuite à la température rouge acquiert autant de ténacité que le cuivre laminé. Les empreintes qui en résultent sont admirables, etc. »

Or, cette poudre, nous l'emprunterons au sulfate de cuivre en le réduisant de sa dissolution par une lame de zinc. On obtiendra ainsi un dépôt de cuivre très divisé qu'on lavera à l'eau distillée et que l'on séchera dans un courant d'hydrogène. A cet effet, on placera la poudre dans un tube en porcelaine ou en terre que l'on chauffera pendant que l'on dirigera dans le tube de l'hydrogène sec qui s'emparera de l'oxygène pour former de l'eau qui, à l'état de vapeur, sera entraînée par le courant d'hydrogène, et la poudre prendra une belle couleur rose.

## Essai du sulfate de cuivre du commerce

Cette méthode, tirée du traité de chimie de Pelouze et Frémy, est due à Pelouze.

« Le dosage du cuivre par voie humide est fondé : 1° sur la propriété que possèdent les sels de cuivre de se dissoudre dans l'ammoniaque en formant une liqueur d'un bleu très intense; 2° sur la précipitation de cette liqueur ammoniacale par les sulfures solubles, et sa décoloration complète lorsqu'il ne reste plus de cuivre en dissolution.

« On comprend donc facilement qu'ayant à analyser un sel de cuivre, en le faisant dissoudre dans un excès d'ammoniaque, précipitant cette liqueur ammoniacale par une dissolution titrée de sulfure de sodium, et s'arrêtant au moment où la liqueur est décolorée, on détermine facilement la quantité de cuivre qui se trouve dans le sel.

« Ce mode d'analyse peut être exécuté en présence d'un certain nombre de métaux étrangers, tels que le plomb, l'étain, le zinc, le cadmium, le fer, l'antimoine ; car, en supposant une liqueur ammoniacale dans laquelle ces métaux se trouveraient soit en dissolution, soit à l'état de précipité insoluble, l'expérience a démontré que le sulfate alcalin porte d'abord son action sur le cuivre, et qu'au moment où la liqueur, de bleue qu'elle était d'abord, se trouve décolorée, la quantité de liqueur normale ajoutée est proportionnelle à la quantité même de cuivre qui existait en dissolution. Les métaux étrangers ne réagissent sur le sulfure alcalin que lorsque le cuivre est complètement précipité...

« En résumé, le dosage du cuivre revient à dissoudre le sel de cuivre dans un excès d'ammoniaque et à verser dans cette dissolution un sulfure alcalin titré, jusqu'à ce que la liqueur soit complètement décolorée ; la quantité de liqueur titrée que l'on ajoute pour produire la décoloration fait connaître la proportion de cuivre qui se trouvait en dissolution.

« Nous dirons maintenant comment l'expérience doit être exécutée en parlant d'abord de la préparation de la dissolution titrée de sulfure de sodium.

« On pèse un gramme de cuivre pur ; on le dissout dans 5 ou 6 grammes d'acide azotique ; on ajoute à la liqueur 40 ou 50 centimètres cubes d'ammoniaque caustique concentrée, on porte le matras à une légère ébullition et l'on y verse peu à peu une dissolution de sulfure de sodium mesuré dans une burette dont chaque centimètre cube est divisé en dix parties. Le cuivre se dépose à l'état d'oxy-sulfure $CuO, 5CuS$. Dès que la liqueur cesse d'être colorée, ce qu'on reconnaît facilement en laissant le précipité se déposer quelques instants et en lavant les parois du ballon avec une pissette remplie d'ammoniaque, on lit sur la burette le nombre de centimètres cubes employés à la décoloration de la dissolution ammoniacale, soit 30 centimètres cubes...

« Pour apprécier la proportion de cuivre existant dans un sel qui contient du fer au minimum, comme cela arrive souvent pour le sulfate de cuivre du commerce, il faudrait avoir soin de peroxyder le fer avec l'acide azotique; sans cette précaution, le protoxyde de fer, éliminé par l'ammoniaque, enlèverait de l'oxygène au deutoxyde de cuivre; l'analyse serait inexacte parce que le cuivre se précipiterait à l'état de protosulfure $Cu^2S$. »

Lorsque dans un établissement d'une certaine importance comme nous en connaissons, on travaille sur de grandes quantités de matière, il devient indispensable de s'assurer de la qualité de ces matières. Le sulfate de cuivre est une substance dont le prix est assez élevé pour qu'avant de traiter un marché, surtout s'il s'agit de fortes quantités, on s'assure de la quantité de cuivre qu'il contient; le procédé d'essai, que nous devons à un de nos plus illustres savants, est si simple, si facile à exécuter, qu'il est abordable pour toute personne un peu au courant des manipulations électro-métallurgiques.

La constitution de ce sel étant de :

| | | |
|---|---|---|
| Cuivre, Cu O | 496.60 | 31.84 |
| Acide, SO³ | 500.00 | 32.06 |
| Eau, 5 H O | 562.50 | 36.10 |

on en pèsera une quantité représentant un gramme de métal que l'on fera dissoudre dans 6 à 7 grammes d'eau chaude, puis on peroxydera le fer par l'addition de quelques gouttes d'acide azotique, et on procédera, pour le reste de l'opération, comme il a été dit par Pelouze.

Aujourd'hui que, comme nous l'avons dit, l'industrie dispose, sans grande différence de prix, du cuivre électrolytique très pur, elle préfère se servir de cette qualité qui la garantit contre tout mécompte. Néanmoins on fabrique aussi d'une façon assez courante du sulfate de cuivre, en partant du cuivre ordinaire, voire même du minerai ; dans ce cas la méthode d'essais ci-dessus conserve sa valeur comme la purification du sel que nous indiquons ci-dessous.

## Purification du sulfate de cuivre du commerce

Tel qu'on le trouve dans le commerce, ce sel est peu propre à donner de bons dépôts, il contient du sulfate de fer dont il convient de le débarrasser. On pourrait à la rigueur s'en servir tel quel, mais les dépôts seraient aigres et cassants, compromettraient la solidité du travail ultérieur de montage et seraient même complètement impropres pour certains travaux. Cela n'est vrai que pour le sulfate contenant une notable quantité de fer, dont les cristaux ont été transportés dans des bains chauds et saturés de sulfate de fer, puis, pour dissimuler la sophistication, reportés prendre une nouvelle charge de cuivre dans les dissolutions de ce métal. Si cette fraude ne se pratique plus, il est certain qu'elle s'est pratiquée. Il est donc prudent de purifier le sulfate de cuivre, quand on a des doutes sur sa pureté. Au reste cette opération n'étant ni difficile ni dispendieuse, il y a avantage de la faire subir au sulfate.

On se procure une certaine quantité de bioxyde de cuivre que l'on obtient en faisant calciner de l'azotate de cuivre dans un creuset où on le trouvera, après calcination, sous la forme d'une poudre noire et très fine, ou en grains plus gros, en grillant à l'air libre de la limaille de cuivre sur un gros têt.

On dépose cette poudre dans une grande capsule en cuivre épais que l'on remplit ensuite de sulfate dissous. La capsule est placée sur un fourneau où l'on maintient le feu jusqu'à ce que la liqueur étant évaporée, le sel se prenne en masse. Aussitôt qu'il est froid, on le dissout dans quatre fois son poids d'eau froide. Dès que la dissolution est opérée, on décante, puis on filtre. Le fer reste dans le fond de la capsule avec la poudre de cuivre. Ainsi préparé, il est très propre aux usages de la galvanoplastie. Il fournit un cuivre doux, malléable et parfaitement agrégé.

## Purification et neutralisation des vieux bains de sulfate de cuivre

Tant que les bains n'ont servi qu'à fournir du cuivre aux substances non conductrices, plâtre, gélatine, caoutchouc, gutta-percha, avec les appareils composés, ils n'ont rencontré aucune chance sérieuse de détérioration, sauf qu'après un certain temps de service, ils deviennent acides hors des proportions nécessaires, tandis qu'avec les appareils simples, en raison des effets d'endosmose, ils finissent par être souillés d'une quantité très notable de zinc. Dans l'un comme dans l'autre cas, il convient nécessairement de les ramener à leur état normal, l'opération remplissant le double but de neutraliser l'acide en excès dans le premier cas, et de précipiter, séparer le zinc dans le second cas.

A cet effet, on placera le bain à réparer dans une bassine en cuivre de la contenance de 25 à 40 litres, assez épaisse, et on ajoutera un kilogramme et demi ou 2 kilog. de débris de lames de cuivre ou de rognures neuves et bien décapées, puis on portera à l'ébullition.

L'acide libre se portera sur les rognures et aussi sur la bassine, les métaux étrangers, le zinc surtout, seront précipités. On continuera l'ébullition jusqu'à ce que le pèse-sel marque 32 ou 33°. Après quoi on retirera la bassine du feu, et l'on décantera, après un moment de repos, dans les cristallisoirs dont il a été fait mention. Après quelques jours, on recueillera les cristaux que l'on aura le soin de laver avec de l'eau-mère, au cas où ils seraient souillés par la vase du dépôt.

Dans cet état, le sulfate est presque neutre. Pour lui rendre le degré de conductibilité nécessaire, on devra l'additionner d'un vingtième de son volume à l'état de dissolution saturée à la température de 15°. Cette préparation suffira pour rendre au bain toutes ses propriétés premières.

## II. NITRATE OU AZOTATE D'ARGENT
### Ag O Az O⁵

On dépose dans une capsule en porcelaine d'une contenance de 6 litres au plus, 500 grammes d'argent vierge en grenaille. On versera peu à peu 1 kilogramme d'acide azotique bien purifié marquant 36°, cette préparation sera faite sous la hotte d'une cheminée munie d'un bon tirage et susceptible d'enlever les vapeurs nitreuses rutilantes provenant de la décomposition de l'acide azotique, ou bien encore on glissera la grenaille dans un ballon au sommet duquel on adaptera un tube abducteur qui conduira les vapeurs d'acide hypoazotique dans un flacon contenant de l'eau, où elles viendront se condenser. On placera la capsule ou le ballon sur un bain de sable bien sec, qui posera sur un fourneau de laboratoire, et on portera le liquide à l'ébullition. Le métal dissous, on maintient l'ébullition jusqu'à ce qu'une grande partie du liquide soit évaporé.

On devra dans tous les cas, pour plus de commodité, terminer l'évaporation dans la capsule en remuant constamment avec une baguette de verre, afin d'éviter la projection du produit hors de la capsule. Vers la fin de l'opération, on ralentira l'action du feu. Enfin, lorsque le sel formera pellicule et cristallisera sur la baguette de verre et les parois de la capsule, on retirera la capsule du feu, et on la déposera sur un rond de paille. On doit éviter de la mettre en contact avec un corps froid sous peine de la voir se briser.

Si l'azotate doit rester acide, l'opération se termine là, et l'on recueille après refroidissement de jolis cristaux sous forme de lames carrées, incolores, inaltérables à l'air ; soluble dans son poids d'eau froide, le sel se dissout dans la moitié de son poids d'eau bouillante, il est composé de :

| | | |
|---|---|---|
| Argent, AgO | 1449 | 68.22 |
| Acide, AzO⁵ | 675.00 | 31.78 |

Il contient donc en poids 68,22 de métal, et 31,78 d'acide, mais pour cela, le sel doit être sec et ne pas contenir un excès d'acide. Il attaque la peau, la colore en noir, et il faut se laver les doigts dans une dissolution d'iodure de potassium assez concentrée pour enlever les taches produites par son contact.

### Préparation de l'azotate d'argent pur avec de l'argent allié

Lorsque l'on manque d'argent vierge, on peut employer des pièces de monnaie qui contiennent 10 0/0 de cuivre. A cet effet, on se procure des pièces faciles à attaquer comme celles de 20 et de 50 centimes. On les met dans une capsule avec le double de leur poids d'acide azotique, et on chauffe. Lorsque l'acide est complètement évaporé, au lieu d'arrêter l'action de la chaleur, on la continue jusqu'à ce que le sel se fonde. Pour obtenir ce résultat, on doit porter la capsule au rouge sombre. Alors le cuivre s'oxyde, précipite sous la forme de poudre noire. La capsule est enlevée du feu, et dès qu'elle est froide, on verse sur le produit 3 à 4 fois son poids d'eau distillée et bouillante ou plutôt tiède. L'azotate d'argent se dissout, et l'oxyde de cuivre reste au fond de la capsule. Alors pour le séparer sans perte, on filtre. Le dépôt de cuivre reste sur le papier. On rince la capsule avec un peu d'eau distillée, que l'on jette sur le filtre pour entraîner le peu d'argent qu'il aurait pu retenir.

Alors, pour s'assurer que le cuivre a été éliminé en totalité, on verse quelques gouttes de la liqueur dans un verre à réaction, et on ajoute un peu d'ammoniaque liquide. Si la liqueur se colore én bleu même légèrement, on devra recommencer l'opération ; dans le cas contraire, on rapprochera la dissolution jusqu'à cristallisation. Le sel obtenu sera aussi pur que celui fourni par l'argent vierge.

Des deux procédés, le meilleur incontestablement est celui qui utilise l'argent vierge, il est en outre plus économique, l'argent vierge valant aujourd'hui moins cher que l'argent monétaire. De plus, la concentration jusqu'à siccité de la liqueur de nitrate d'argent amène souvent la rupture de la capsule causant la perte du produit, ou alors il faut se servir de capsules en platine qui, pour avoir le volume ci-dessus, coûtent très cher. Le second procédé de fabrication du nitrate d'argent ne doit donc être employé que si l'on ne dispose pas d'argent vierge, ou si l'on veut utiliser de vieilles matières d'orfèvrerie ou de bijouterie en argent.

**Autre procédé par la voie sèche (Pelouze et Fremy)**

On dissout dans l'acide azotique de l'argent monétaire ou de l'argent de coupelle ; s'il laisse un résidu qui peut être de l'or, du sulfate ou du chlorure d'argent (si on a employé de l'acide impur), on le sépare par décantation : la dissolution étendue d'eau est précipitée par un excès de sel marin. Le chlorure d'argent bien lavé est réduit, à une température d'un rouge vif, dans un creuset en terre spéciale, par 70,4 parties de craie, et 4,2 parties de charbon, pour 100 parties de chlorure supposé sec ; il se forme de l'oxychlorure de calcium, de l'oxyde de carbone, de l'acide carbonique et de l'argent métallique.

L'argent réduit occupe le fond du creuset ; on le détache de l'oxychlorure, on le lave, on le redissout dans l'acide azotique pur ; on le précipite une seconde fois par le sel marin, et on décompose de nouveau le chlorure d'argent par la craie et le charbon. L'argent est alors parfaitement pur, on le coule en grenailles.

### III. PRÉPARATION DU CYANURE D'ARGENT

$$Cy, Ag$$

Voici ce que dit au sujet de ce produit M. Brandely, l'auteur de la première édition de ce Manuel :

« Après avoir essayé presque tous les sels d'argent
« connus, pour obtenir un dépôt de ce métal, je dus
« m'arrêter au cyanure, le seul qui donne des ré-
« sultats à peu près constants et qui se prête le
« mieux aux travaux électro-métallurgiques, par
« la facilité avec laquelle il se dépose. Il forme du
« reste avec le cyanure de potassium une dissolu-
« tion *sui generis* qui ne peut être troublée par la

« présence ou la réaction de corps étrangers à la
« constitution des deux sels.

« Comme il est de notoriété publique que j'ai le
« premier déposé ce métal à très forte épaisseur
« pour reproduire des objets d'art réputés encore
« comme très difficiles, et cela sans précédent pour
« me diriger, je demanderai donc au lecteur la
« permission de lui exposer les recherches aux-
« quelles je dus me livrer pour arriver à un résul-
« tat satisfaisant.

« Lorsque j'eus connaissance du procédé de M.
« Jacobi, qui me fut communiqué par M. le baron
« de Mayendorff, à son retour d'un voyage à Saint-
« Pétersbourg, quelques mois avant la publication
« de ce procédé par le journal l'*Artiste*, je me mis
« immédiatement à l'œuvre et mes essais ayant été
« couronnés d'un plein succès, l'idée me vint na-
« turellement de faire avec du fer, de l'argent et de
« l'or, ce que j'obtenais si facilement avec du
« cuivre.

« Je commençai par le nitrate d'argent, pensant
« qu'il se comporterait comme le cuivre. Il est fa-
« cile de prévoir que j'échouai complétement : tou-
« tefois, l'observation me fit reconnaître que le
« bain était trop acide, car la pièce de monnaie en
« cuivre que j'avais soumise à l'action simultanée
« de l'électricité et du bain fut attaquée. Le métal
« déposé était sans agrégation et présentait l'as-
« pect d'une boue grisâtre, mélange d'oxyde et de
« métal réduit.

« J'eus alors communication par un de mes amis
« des tentatives de M. de La Rive, le savant physi-
« cien de Genève. Je me procurai une description

« de son procédé et à mon grand étonnement, j'y
« trouvai un grand air de ressemblance avec celui
« de M. Jacobi, et, j'ose le dire, avec ma tentative
« malheureuse.

« En effet, la dissolution de M. Jacobi était com-
« posée d'un sel de cuivre acide.

« Celle de M. de La Rive, d'un sel d'or acide.

« Enfin, la mienne, d'un sel d'argent également
« acide. L'idée qui me vint d'employer le nitrate
« d'argent était si naturelle qu'elle dut éclore dans
« le cerveau de plusieurs personnes.

« M. Auguste de La Rive employait à la vérité
« un sel d'or acide, mais, chose étonnante, il re-
« commandait bien souligné un chlorure d'or aussi
« *neutre* que possible. Comment a-t-il pu échapper
« à la sagacité d'un homme aussi remarquable que
« toute la réussite était dans ce mot : neutre.

« On trouve dans le dictionnaire de chimie, et
« même dans celui de l'Académie, « neutraliser,
« terme de chimie : neutraliser un sel par un al-
« cali, un alcali par un sel ». Je n'avais pas eu be-
« soin de cette indication du dictionnaire pour
« connaître l'action d'un acide sur un alcali et ré-
« ciproquement, néanmoins dans le procès que
« j'intentai à M. Christofle en déchéance de brevet,
« j'invoquai au tribunal ce principe établi non seu-
« lement dans le texte de la note de M. de La Rive,
« mais encore par les termes du dictionnaire. Les
« personnes qui ont assisté aux débats de ce procès
« se rappelleront cette circonstance.

« Sur ces entrefaites, ayant eu des recherches à
« faire à la bibliothèque sur un sujet étranger à
« celui qui nous occupe, en feuilletant le *Mechanic's*

« *magazine*, j'y trouvai une note sur l'expérience
« de Brugnatelli exhumée du journal de Van Mons.
« Je puis dire que ce fut un véritable malheur pour
« la marche de mes essais, car je persistai dans
« mes expériences avec les sels ammoniacaux. J'en-
« trevoyais la possibilité de réduire l'argent, mais
« je ne pouvais y parvenir.

« Le fer seul se laissait précipiter de ses dissolu-
« tions ; ainsi je couvris des médailles et autres
« objets avec du fer d'assez bonne qualité quoique
« un peu friable, j'obtenais même des couches très
« épaisses en employant seulement le sulfate de fer
« et le sel ammoniac. J'arrivais aussi à déposer de
« très minces couches d'argent et d'or, mais cela
« ne pouvait me satisfaire. Enfin, en étudiant at-
« tentivement la manière d'être des alcalis et des
« sels alcalins, je trouvai dans la *Chimie* de M. Thé-
« nard, aux pages 201 et 202 du quatrième volume,
« que le cyanure d'argent était soluble dans l'am-
« moniaque et qu'il s'unissait également aux autres
« cyanures pour former des sels doubles. Cette in-
« dication de notre grand chimiste fut pour moi
« toute une révélation. Je priai aussi un de mes
« amis, élève en pharmacie chez M. Burck, phar-
« macien, de me procurer du cyanure d'argent, de
« l'ammoniaque et un cyanure de potasse, ce qu'il
« fit ; mais au lieu de cyanure blanc simple, il
« m'apporta du prussiate de potasse jaune, cyano-
« ferrure de potassium.

« Je fis deux bains, l'un avec le cyanure d'argent
« et l'ammoniaque, l'autre avec le cyanure d'argent
« et la dissolution de cyanoferrure. Je dois obser-
« ver que toute ma préoccupation portait non sur

« l'argenture ou sur la dorure, mais sur la possi-
« bilité de déposer l'argent ou l'or pour reproduire
« des objets d'art. Le hasard me favorisa dans cette
« circonstance, car les quantités que j'avais le soin
« de noter et que j'ai vérifiées sur mon cahier d'ex-
« périences de cette époque, diffèrent peu de celles
« que l'usage m'a fait adopter.

« Pour 100 grammes de cyanure d'argent, j'em-
« ployai 500 grammes de cyanoferrure que je fis
« dissoudre dans 4 litres d'eau distillée. Il est
« inutile que je parle du premier bain dont les ré-
« sultats ne me satisfirent nullement, mais avec
« celui au cyanoferrure, j'obtins une épreuve fort
« belle que je conserve encore.

« Et dans quelles conditions me trouvai-je pour
« un si beau résultat ! Le creux était en stéarine
« rendu conducteur avec de la plombagine. L'ap-
« pareil était composé à peu près comme celui
« qu'a publié M. Spencer ; le diaphragme était un
« morceau de parchemin. Le zinc n'était pas
« amalgamé. Il n'en est pas moins vrai que le mé-
« tal fourni par ces diverses circonstances si peu
« favorables réunissait toutes les conditions dési-
« rables. Je reproduisis ainsi plusieurs bas-reliefs,
« médailles et autres objets d'art de dépouille, entre
« autres de très jolis fonds de montre Louis XV.
« J'offris un de mes produits parfaitement réussi
« (les noces d'Aldobrandini), à M. Christofle, qui
« m'avoua n'en avoir jamais vu.

« Les procédés brevetés de M. Elkington pour
« la dorure et l'argenture parurent peu après, et
« bientôt aussi ceux de M. Henry de Ruolz. Je
« substituai le cyanure simple au prussiate et j'a-

« doptai la pile et les anodes. J'eus alors un grand
« tort, ce fut de ne pas prendre un brevet, mais il
« me paraissait tellement ridicule de demander un
« privilège pour un procédé dont l'inventeur do-
« tait si généreusement l'industrie, que j'attaquai
« moi-même ceux qui avaient eu l'idée de le faire.
« Un arrangement amiable mit fin à nos discus-
« sions avec M. Christofle, qui, plusieurs fois, eut
« recours à nos faibles lumières dans le cours de
« ses travaux.

« Le cyanure d'argent est un sel que les mar-
« chands de produits chimiques vendent toujours
« fort cher, et c'est avec raison que l'on a cherché
« à le fabriquer soi-même. D'ailleurs, celui que
« l'on vend est peu propre à donner de bons ré-
« sultats, en ce qu'étant ordinairement préparé de-
« puis longtemps, il exige, pour sa dissolution,
« une trop grande quantité de cyanure de potas-
« sium, circonstance qui rend les bains impropres
« à un bon service, en raison de l'excès d'alcali.

« Le *Technologiste*, 7e année (M. Roret, éditeur),
« a publié le procédé aussi simple que peu dispen-
« dieux que j'ai imaginé, et que je donne ici de
« nouveau.

« On verse dans un flacon d'un litre et demi
« 1,000 centimètres cubes d'une dissolution d'azo-
« tate d'argent fondu, obtenu comme il est dit
« plus haut, pouvant représenter 100 grammes de
« ce métal. Je désigne spécialement l'azotate fondu,
« parce qu'il contient moins d'acide que celui sim-
« plement cristallisé.

« D'autre part, on se munit d'un ballon d'un litre
« dans lequel on glisse, en l'inclinant sur sa panse,

« 250 grammes de cyanoferrure de potassium
« concassé gros comme des pois, et 150 grammes
« d'acide sulfurique du commerce additionné de
« 150 grammes d'eau. On ferme l'ouverture du
« ballon avec un bouchon de liège percé d'un
« trou au centre dans lequel on introduit l'extré-
« mité de la branche la plus courte d'un tube en
« verre recourbé deux fois à angle droit. Il serait
« prudent, en cas d'obstruction de ce tube, de pla-
« cer aussi un tube de sûreté en pratiquant un se-
« cond trou dans le liège.

« L'extrémité de la seconde branche du tube ab-
« ducteur, qui est plus longue que l'autre, vient
« s'engager, en traversant un liège, jusqu'aux trois
« quarts de la dissolution par la tubulure centrale
« du flacon ; dans la seconde tubulure, on fixe,
« toujours à l'aide d'un bon bouchon de liège, un
« tube de gros diamètre (10 à 12 millimètres) des-
« tiné à porter le gaz sous la cheminée du labora-
« toire, ou hors la pièce par une ouverture quel-
« conque.

« On devra prendre soin de luter tous les joints,
« soit avec de la terre glaise bien malaxée, soit
« avec un bon lut composé de glaires d'œufs et de
« farine de seigle, afin de se tenir bien à l'abri du
« gaz que nous allons produire, qui est un toxique
« des plus actifs et des plus dangereux, l'acide
« cyanhydrique (prussique).

« Voyez la figure 81 qui est une élévation de
« l'appareil monté et prêt à fonctionner.

« A, ballon qui contient le cyanoferrure et l'a-
« cide sulfurique posé sur bain de sable qui re-
« pose lui-même sur un petit fourneau.

« C, tube recourbé deux fois à angle droit, éta-
« blissant la communication entre les deux vases,
« et dont une des branches pénètre dans le bou-
« chon du ballon jusqu'à la petite ligne ponctuée
« indiquée au-dessous du bouchon, et l'autre dans
« le flacon jusqu'à la profondeur des trois quarts
« de la dissolution, près du fond du vase.

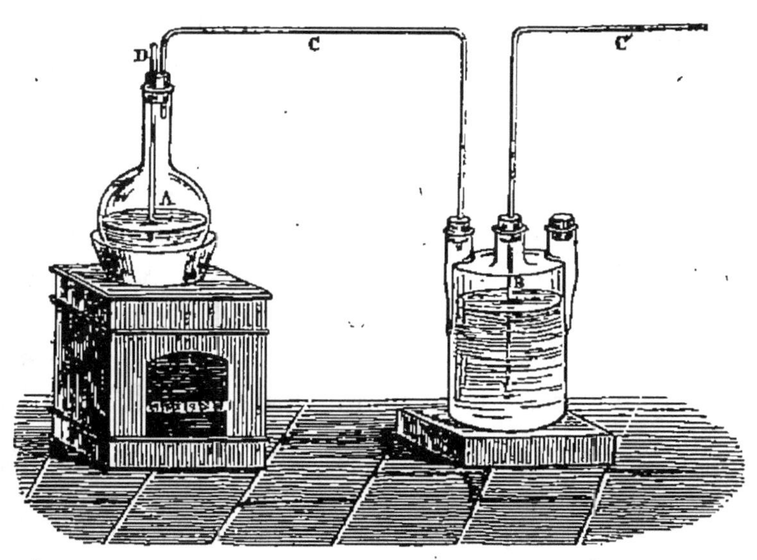

Fig. 81. Appareil Brandely pour la préparation
de l'acide cyanhydrique.

« B, flacon à deux ou trois tubulures, qui con-
« tient l'azotate d'argent en dissolution.

« C', tube qui porte les gaz sous le manteau de
« la cheminée ou à l'extérieur.

« D, tube par lequel on verse l'acide sulfurique.

« Le tout étant ainsi disposé, on allume le feu,
« le dégagement du gaz, produit par la décompo-
« sition du cyanoferrure par l'acide sulfurique, ne
« tarde pas à s'effectuer, et le gaz qui en résulte

« convertit bientôt tout l'azotate d'argent en beau
« cyanure de ce métal, blanc comme neige, à flo-
« cons caillebottés, volumineux et d'une facile so-
« lubilité.

« On laisse continuer l'opération tant que le li-
« quide précipite, après quoi on démonte l'appa-
« reil pour éviter l'absorption, et on laisse reposer,
« après avoir agité le cyanure dans l'eau-mère avec
« une baguette de verre ; après quoi on décante le
« liquide qui est chargé d'acide cyanhydrique. On
« lave le cyanure d'argent à l'eau froide, et on le
« renferme sous l'eau dans un flacon bien bouché,
« En cet état, il est prêt à être employé.

« Avec une dépense de 1 fr. 50 c. au plus, on a
« obtenu 120 grammes de cyanure d'argent de
« première qualité, très propre à l'argenture et
« aux réductions, susceptible de se dissoudre sans
« résidu, et presque à froid dans une dissolution
« qui contiendra trois fois son poids de cyanure de
« potassium.

« Lors de mes premières expériences, ne prépa-
« rant pas encore l'acide cyanhydrique moi-même,
« je dépensais, pour arriver à un résultat sembla-
« ble, 12 fr. d'acide cyanhydrique à 75 pour 100
« d'eau, les 30 grammes de ce produit étant cotés
« 5 fr., encore n'était-il pas toujours fraîchement
« préparé, circonstance fâcheuse qui déterminait
« dans le bain un germe de décomposition qui ne
« tardait pas à se manifester par une odeur insup-
« portable et dangereuse d'amande amère et d'am-
« moniaque.

« Loin de précipiter d'un beau blanc, à flocons
« volumineux, le cyanure d'argent résultant de

« cet acide jaunâtre, à flocons ténus, exigeait
« beaucoup plus de cyanure alcalin pour sa disso-
« lution.

. « D'autres personnes recommandent la prépara-
« tion du cyanure d'argent par double décomposi-
« tion du cyanure alcalin sur l'azotate d'argent.
« Je n'adopterai jamais cette méthode, attendu
« qu'indépendamment de l'azotate de potasse
« qu'elle contient, l'eau-mère conserve une notable
« quantité d'argent ».

## IV. PRÉPARATION DE L'OXYDE D'ARGENT
## PAR LA CHAUX
### Ag O

Quelques personnes ont préconisé l'emploi de
l'oxyde d'argent. A la vérité, ce corps réussit parfaitement ; mais il faut l'employer aussitôt préparé, et surtout le conserver toujours hydraté, car,
desséché, il résiste à l'action des dissolvants. On
le prépare de différentes manières, par l'eau de
chaux, l'eau de baryte et par la potasse en excès.
On obtient aussi cet oxyde en portant à l'ébullition
un mélange de chlorure d'argent et de potasse, et
l'y maintenant jusqu'à complète réduction du sel.
Lorsque l'on veut le préparer par l'eau de chaux,
on prend un morceau de cette substance le plus
récemment cuite, on le choisira bien blanc, on le
placera dans une capsule en porcelaine, et on l'ar-
rosera avec une petite quantité d'eau. La chaux ne
tardera pas à se gonfler, à siffler et à dégager une
assez grande quantité de vapeur d'eau ; puis elle

se délitera et ne présentera plus qu'un amas de poussière blanche qui sera l'hydrate de chaux $Ca O + HO$.

On placera dans un grand bocal 2 ou 300 grammes de cette poudre, on le remplira d'eau, et avec une baguette en verre, on agitera afin de saturer l'eau, puis on abandonnera au repos. 778 grammes d'eau dissoudront 1 gramme de chaux. On pourrait en dissoudre une plus grande quantité en ajoutant de l'ammoniaque liquide, mais c'est inutile.

Cette première eau de chaux sera jetée, elle aura servi à laver la poudre. On remplira donc de nouveau le bocal, puis on agitera, et après quelques heures, on pourra l'employer en la séparant de la poudre par décantation ou par soutirage à l'aide d'un siphon de verre.

D'autre part, on aura fait dissoudre 100 grammes d'azotate d'argent fondu dans un litre d'eau distillée que l'on versera en agitant l'eau de chaux. On verra aussitôt l'argent se précipiter sous forme de poudre blonde qui fonce peu à peu.

Afin de s'assurer que l'argent a été complètement précipité, on versera dans l'eau-mère quelques gouttes de chaux. Si la liqueur ne se trouble pas, c'est que l'opération est achevée. Alors on sépare l'oxyde, on le place sur un filtre, et on le lave avec de l'eau de chaux coupée de trois à quatre fois son volume d'eau ordinaire. L'eau de puits chargée de sel calcaire peut convenir à ce lavage préférablement à l'eau pure, dans laquelle l'oxyde d'argent est soluble dans de certaines proportions.

En cet état, l'oxyde est composé ainsi qu'il suit :

```
Ag. . . . . . . . . . . .    1349 01    93.09
O . . . . . . . . . . . .     100.00     6.91
```

Soit 93,09 de métal et 6,91 d'oxygène. Humide, il se dissout dans trois fois son poids de cyanure blanc de potassium de bonne qualité.

## V. CHLORURE D'ARGENT
### Ag Cl

Pour obtenir ce sel, qui est encore très usité dans l'argenture, le meilleur moyen est de faire disssoudre une portion quelconque d'azotate d'argent fondu dans dix fois son poids d'eau, et d'y verser, jusqu'à cessation de précipité, de l'eau saturée de sel marin. Le corps obtenu est caillebotté, dense ; il noircit rapidement à la lumière, ce qui lui enlève peu de ses qualités propres à constituer un bain. Toutefois, il ne faut pas oublier qu'il contient une forte proportion de chlore, 25 pour 100, et transforme en chlorure de potasse une portion du cyanure que l'on a employé à le dissoudre. Il est composé ainsi qu'il suit :

```
Ag. . . . . . . . . . . .    1349.01    75.27
Cl. . . . . . . . . . . .     443.20    24.73
```

Soit 75,27 de métal et 24,73 de chlore. On doit le bien laver et le dissoudre tandis qu'il est encore humide. On le conservera sous l'eau et à l'abri de la lumière même diffuse, sous peine de le voir transformer en sous-chlorure $Ag^2 Cl$, circonstance qui favoriserait plutôt qu'elle ne nuirait à l'opération.

18.

## Extraction de l'argent du plomb par l'électricité

Le mode d'extraction de l'argent du plomb, qui va être décrit, est relatif à l'action de l'électricité sur le plomb fondu auquel on a incorporé une petite quantité de zinc.

Les opérations peuvent se faire dans un pot semblable à ceux employés dans le mode d'extraction de l'argent du plomb par la voie de cristallisation, et connu sous le nom de procédé Pattinson.

Avant que le plomb soit déposé dans le pot, on peut, si on le juge nécessaire, le placer dans un four à réverbère où il est soumis à un procédé préliminaire d'affinage qu'on conduit à la manière ordinaire. Le but de cette opération préliminaire est d'y faire disparaître l'oxydation, et d'en éliminer les portions de cuivre, d'antimoine, d'arsenic ou autres matières que le plomb peut contenir ; mais dans d'autres cas où le plomb ne renferme pas d'autre impureté qu'une petite proportion de crasses, on peut très bien se dispenser de cette opération. Dans les circonstances ordinaires, la durée moyenne d'un passage au four à réverbère est de douze heures.

Au sortir du four à réverbère, le plomb peut être coulé ou amené de toute autre manière dans le pot dont il a été question ci-dessus qu'on a fait chauffer auparavant, afin d'éviter le refroidissement du métal ou pour faciliter sa fusion. Sa température est alors portée à environ 537° C., afin que le zinc qu'on y ajoute postérieurement puisse fondre. Dans la pratique, on peut considérer la température comme arrivée au point précis, lorsqu'il est impossible de tenir la main à une distance de 0$^m$75 du métal en fusion.

Le métal fondu est ensuite écumé, et les crasses qu'on enlève ainsi peuvent être traitées au four à réverbère avec la charge suivante qu'on soumet à l'affinage préalable. Le but de cette despumation est d'enlever toutes les impuretés que le plomb peut encore retenir, et le traitement des crasses d'extraire le plomb qui y est encore mélangé mécaniquement. C'est alors qu'on introduit, à l'aide d'un instrument convenable, dans ce plomb une certaine quantité de zinc égale à environ 1/3 à 1/2 pour 100 de la charge de métal dans le pot, et le tout est brassé avec soin et complètement jusqu'à mélange intime.

L'instrument qui paraît le mieux adapté pour cet objet est une poche avec un couvercle, un long manche, et percée d'un grand nombre de petits trous. Cette poche, chargée d'une certaine quantité de zinc, est placée dans le métal en fusion où on la laisse jusqu'à ce que le zinc soit fondu et qu'il s'écoule par les petits trous. On brasse alors le mélange avec cette poche même ou avec des ringards, et si l'incorporation des métaux n'était pas complète, le zinc se séparerait en grumeaux, au lieu de former une croûte à la surface.

Le zinc incorporé, on se munit de tiges de cuivre avec manches en bois que l'on met en communication avec une batterie convenable, et on fait passer dans le mélange un fort courant capable d'agiter le métal fondu. Cette opération doit durer dix à trente minutes, suivant qu'il contient plus ou moins d'argent. On ajoute à la batterie une bobine de Rumkorff; le courant sera maintenu jusqu'à ce que tout le zinc soit remonté à la surface, moment où il cesse d'exercer aucune action sur l'extraction de l'argent.

Vers le terme de l'opération, on diminue le feu sous le pot, afin de faciliter la solidification et la séparation de l'alliage de zinc et autres métaux, impuretés, etc. Les conducteurs électriques étant retirés, on abandonne le métal en repos pendant un quart d'heure. On enlève alors la croûte formée à la surface en abaissant la température. Par ce moyen, l'alliage de zinc se solidifie et se sépare lui-même de la masse de métal.

La croûte est enlevée à la température de 450 à 465°. Dans cette opération, une certaine quantité de plomb est entraînée, mais on la retrouve dans le traitement suivant. On remonte la température à 540°, on ajoute de nouveau 1/3 ou 1/2 pour 100 de zinc, et on applique le courant électrique; on enlève la croûte, et on répète l'opération jusqu'à trois et quatre fois, lorsque le plomb contient beaucoup d'argent ou lorsque le plomb est très impur. On fera à cet égard des essais du métal à la manière ordinaire pour apprécier, afin de s'assurer de la quantité de zinc (s'il en faut encore) qu'il est nécessaire d'y ajouter, ou bien si le plomb est désargenté au degré requis, c'est-à-dire au moins à 1/500° pour 100.

L'argent contenu dans les croûtes ou crasses enlevées sur le métal fondu après l'addition du zinc et le passage des courants électriques, sera recueilli par l'une quelconque des méthodes ordinaires.

Nous avons tenu à donner ici cette préparation qui eût été mieux à sa place dans le chapitre que nous avons consacré à l'électro-métallurgie par voie humide ; il constitue en effet une première application de cette adaptation de l'électricité à la métallurgie qui a reçu ces dernières années de très importants perfectionnements. Mais tel qu'il vient d'être décrit, ce procédé peut être appliqué en petit dans un laboratoire rudimentaire ; c'est la raison qui nous l'a fait signaler.

## Dosage de l'argent, par M. Vogel

Il peut se présenter, dans le cours des travaux de galvanoplastie, que l'on ait à reconnaître la quantité d'argent contenue dans une liqueur, et ce cas doit se présenter assez fréquemment. Une méthode facile et prompte sera donc accueillie avec faveur par les praticiens. M. Vogel s'est occupé de cette question dont il a trouvé la solution dans l'emploi de l'iodure de potassium et de l'acide azotique contenant de l'acide azoteux avec l'amidon comme coloration indicatrice.

Si à une solution d'argent, dit ce chimiste, on ajoute une solution d'iodure de potassium, il en résulte, comme on sait, un précipité d'iodure d'argent. Si on verse de l'iodure de potassium dans un mélange d'acide azotique contenant de l'acide azoteux et de l'amidon, la liqueur se colore immédiatement en bleu par la formation d'amidon ioduré. Maintenant, si on mélange une solution d'argent avec l'acide azotique et la solution d'amidon, les deux phénomènes se manifestent simultanément ;

il se forme de l'iodure d'argent qui se précipite et de l'amidon ioduré qui colore toute la liqueur en bleu (ou en vert bleu). Cette coloration s'évanouit immédiatement quand on l'agite, tant qu'il y a encore présence de la moindre trace d'iodure d'argent ; mais dès que, par de nouvelles additions d'iodure de potassium, on a atteint le point où tout l'argent est précipité, une seule goutte de la solution d'iodure de potassium en excès colore d'une manière permanente la liqueur en bleu ou vert-bleu.

Il devient donc absolument indifférent pour le résultat final que la précipitation ait lieu directement ou indirectement, car, dans tous les cas, il y a un atome d'argent précipité par un atome d'iode.

$$KI + Ag\,O\,NO^5 = KO\,NO^5 + Ag\,I$$
$$6I + 6\,Ag\,O\,NO^5 = Ag\,O\,IO^5 + 5\,Ag\,I$$

Voici quel est le mode d'essai :

1° *Solution d'iodure de potassium.* — On dépose 10 gr. d'iodure de potassium chimiquement pur et bien sec dans un flacon d'un litre, on dissout dans l'eau, on étend jusqu'au trait, et on ajoute encore avec une pipette 23,4 centimètres cubes d'eau. On obtient ainsi une liqueur dont un centimètre cube indique exactement 0 gr. 01 d'argent. L'iodure de potassium se rencontre généralement aujourd'hui dans le commerce, à un état tel de pureté chimique qu'on peut l'employer immédiatement à des essais. Si on a quelques doutes sur cette pureté, on essaie la liqueur avec une solution d'argent qui, sur 10 centimètres cubes, contient exactement 10 grammes d'azotate d'argent, et on établit le titre. Pour des essais plus délicats, on se servira d'une solution étendue de dix fois d'eau.

2° *Acide azotique contenant de l'acide azoteux.* — On dissout 1 gr. de sulfate de fer chimiquement pur dans 100 gr. d'acide azotique aussi chimiquement pur et du poids spécifique de 1,2. Au bout d'un temps assez prolongé, l'acide n'a plus d'action, c'est-à-dire qu'il ne se colore plus en bleu par l'iodure de potassium et l'amidon ; mais on peut immédiatement lui rendre son action par l'addition de quelques fragments de sulfate de fer.

3° *Solution d'amidon.* — On fait bouillir une partie d'amidon dans cent parties d'eau de la manière connue, on laisse déposer, on tire au clair, et à 100 centimètres cubes, on ajoute vingt parties de salpêtre chimiquement pur et pulvérisé. Cette solution, ainsi qu'on l'a observé, se conserve six semaines et plus.

Quant à l'opération pratique, on prend 1 centimètre cube de la solution d'argent avec une pipette, on verse dans un verre, et on ajoute 1 centimètre cube d'acide azotique et dix à douze gouttes d'amidon. Cela fait, on verse quelques gouttes d'iodure de potassium de la burette : si la solution est riche en argent, il ne se produit qu'un précipité jaune, et ce n'est que plus tard qu'il se développe une couleur bleue. Si, au contraire, la solution est peu riche en argent, la coloration bleue se manifeste immédiatement, mais disparaît quand on agite. Dans le premier cas, on laisse couler hardiment, et dans le second avec précaution, de la solution d'iodure de potassium en agitant continuellement le verre. Bientôt il arrive un point où la coloration disparaît plus lentement par l'agitation. Alors on agite plus vivement. Enfin il arrive qu'il suffit de quelques gouttes pour amener une coloration bleue ou verte, permanente (qui ne disparaît pas quand on l'agite). Les degrés qu'on lit sur la burette donnent immédiatement en grammes la proportion d'argent contenue dans 100 centimètres cubes de la liqueur soumise à l'épreuve.

Quand les solutions d'argent sont très riches, il se manifeste parfois dans l'expérience un changement particulier dans l'amidon qu'on reconnaît en ce qu'une goutte de la solution d'iodure de potassium ne produit pas de coloration, ou en produit une qui manque de pureté. Dans ce cas, on ajoute encore quelques gouttes d'amidon et on poursuit l'opération. La présence d'un acide, de matières organiques ne nuit en rien au succès de l'opération ; il n'y a que les matières qui détruisent la coloration de l'amidon ioduré, les sels de mercure, de protoxyde d'étain, l'acide arsénieux, etc., ou de celles qui colorent la solution (le cuivre) qui soient un obstacle à la réussite.

## VI. PRÉPARATION DU CHLORURE D'OR

$$Au^2 Cl$$

On prendra 100 grammes d'or laminé en feuilles très minces et affiné jusqu'à 1,000 millièmes, ou tout au moins de 997 à 999, c'est-à-dire aussi pur que possible. On les introduira dans un ballon de la contenance d'un litre et demi à deux litres.

On composera ensuite son eau régale en tenant compte de la concentration des acides chlorhydrique et azotique, ce que l'on peut faire à l'aide du pèse-acide (aréomètre de Baumé). Nous renvoyons, pour le cas où l'on voudrait s'identifier avec les proportions définies d'un de ces acides marquant tel ou tel degré avec l'autre de ces acides, à la savante note sur l'eau régale du docteur Kaiser, insérée dans le *Technologiste*, 6ᵉ année, page 168. La manière d'être de ces acides à l'égard l'un de l'autre, en raison du degré qu'ils comportent respectivement, est indispensable à connaître, surtout pour les industriels, exposés qu'ils sont à rencontrer des acides de différents degrés de concentration, circonstance qui les met souvent en erreur, attendu que ne tenant aucun compte de cette différence, ils composent presque toujours l'eau régale dans des proportions invariables en volume. D'où il résulte qu'ils ne peuvent souvent dissoudre complètement la quantité de métal qu'ils supposent attaquable par une quantité proportionnelle d'eau régale.

Prenons la première ligne du tableau de cette note, et supposons que l'acide chlorhydrique marque 25°, pour dissoudre 100 grammes d'or, il en faudra 100 grammes et 108 grammes d'acide azotique pur à 42 degrés.

Il en faudra :

126 grammes si l'acide azotique marque 38 degrés
150    —        —        —        —       34
184    —        —        —        —       29
216    —        —        —        —       24
Et 228  —      s'il marque. . . . . . . 19

*Galvanoplastie. Tome II.*                    19

On voit donc qu'il n'est pas indifférent de connaître le degré de concentration des acides, puisque, dans le dernier cas, il faudra presque le double de l'acide azotique que dans le premier.

On versera donc l'eau régale (108 grammes d'acide azotique et 100 grammes d'acide chlorhydrique) dans le ballon où l'on a placé l'or, et on le portera sur un fourneau muni d'un bain de sable parfaitement desséché, car si le sable était humide, il pourrait entraîner la rupture du ballon.

Lorsque le métal est dissous, afin d'évaporer l'acide avec plus de facilité, on verse le chlorure d'or dans une capsule qui remplace le ballon sur le bain de sable, et avec une baguette de verre, on agite la dissolution. On doit aussi s'attacher à mener le feu avec modération, afin d'éviter les projections de chlorure liquide hors de la capsule. On continue d'agiter jusqu'à ce que le liquide s'épaississe, prenne sur la baguette et sur les parois de la capsule. En ce moment, le sel doit avoir acquis une belle couleur orange foncée.

Si l'on poursuivait l'opération jusqu'à ce que le sel noircisse, il y aurait de l'or réduit à l'état métallique, accident qui ne serait pas des plus déplorables au cas où le sel d'or serait destiné à être employé tel quel sans autre transformation, attendu que l'or réduit se laisserait dissoudre dans une dissolution concentrée de cyanure de potassium.

Le sel étant pris en masse dans la capsule, on le dissout dans fort peu d'eau pour en séparer le chlorure d'argent; on le rapproche de nouveau et on le porte à la température de 200 degrés en l'agitant constamment. Cette opération a pour but de le faire passer à l'état de protochlorure, car sa constitution première étant :

$$Au^2 \dots \dots \dots \dots \quad 2458.32 \quad 64.89$$
$$Cl^3 \dots \dots \dots \dots \quad 1339.60 \quad 35.11$$

devient :

$$Au^2 \dots \dots \dots \dots \quad 2458.32 \quad 84.96$$
$$Cl \dots \dots \dots \dots \quad 1143.20 \quad 15.04$$

$Au^2 Cl^3$ étant le perchlorure avec trois atomes de chlore (ou 35,11 0/0) et 64,89 de métal, tandis que le protochlorure $Au^2 Cl$ ne contient qu'un atome de chlore (ou 15,04 0/0) et 84,96 de métal.

On voit donc qu'il y a avantage, dans tous les cas, à ramener le sel d'or à l'état de protochlorure, soit que l'on veuille l'employer à la confection des bains, soit que l'on veuille le transformer en cyanure ou tout autre sel par double décomposition.

Il nous a paru nécessaire de donner ces indications sur la constitution des deux sels. Elles seront certainement utiles, n'auraient-elles pour but que de tenir les praticiens en garde contre un excès d'acide et de leur faire connaître la quantité de matière sur laquelle ils ont droit de compter lorsqu'ils l'achètent tout fabriqué chez le marchand de produits chimiques. Enfin, ils y trouveront aussi un excellent procédé, ou plutôt une excellente règle à suivre pour composer l'eau régale.

### Préparation de l'acide aurique ($Au^2 O^3$)

Pour la préparation de ce produit que nous emploierons à la fabrication du cyanure d'or, nous prendrons le chlorure d'or que nous venons de produire ; on le placera dans une capsule en porcelaine, et pour 100 grammes on ajoutera deux litres d'eau. Lorsque l'or sera dissous, on élèvera la température jusqu'à un état voisin de l'ébullition. Alors on ajoutera peu à peu de la magnésie aussi longtemps que la liqueur précipitera.

Le dépôt se forme au fond de la capsule à l'état de poudre noire. Alors, pour se débarrasser de l'eau-mère, on filtre, l'oxyde d'or est retenu sur le papier, et pour enlever la magnésie lorsque toute l'eau-mère est passée dans le récipient, on lave le précipité avec de l'eau aiguisée d'acide azotique qui dissout la base terreuse.

Le produit obtenu est placé dans un flacon noir à large ouverture et couvert d'eau, afin de le conserver dans l'état d'hydratation qui convient à nos besoins. Sa composition est :

|  |  |  |
|---|---|---|
| $Au^2$ . . . . . . . . . . . | 2458 32 | 89.12 |
| $O^3$. . . . . . . . . . . | 300.00 | 10.88 |

Soit 89,12 de métal et 10,88 ou trois équivalents d'oxygène.

Dans leur excellent Traité de Chimie, Pelouze et Frémy publient un autre procédé de préparation de cet oxyde. Voici en substance ce que dit Frémy :

Le perchlorure d'or est traité par une dissolution de potasse pure qui le décompose. Si la dissolution est concentrée, elle prend une teinte brune et laisse précipiter un corps jaune et amorphe que l'on pourrait prendre pour de l'acide aurique, mais qui n'en est pas, car il se dissout complètement dans l'eau lorsqu'on le lave.

On ajoute dans la liqueur assez de potasse pour redissoudre le précipité, et l'on fait bouillir pendant un quart d'heure environ. La liqueur passe du brun au jaune clair, et pendant l'ébullition, le perchlorure d'or, grâce à l'excès de potasse, est transformé en aurate de potasse.

Si l'on négligeait les précautions indiquées précédemment, il serait impossible d'obtenir de l'acide aurique pur. Ainsi, si on arrête l'ébullition lorsque le liquide conserve encore une coloration rouge, et si l'on veut traiter la liqueur par un acide pour précipiter l'acide aurique, on reconnaît que l'opération n'a pas été complétée, car le produit se dissout dans l'eau. Donc, en suivant les indications de Frémy, on obtiendra un produit parfait par ce procédé. Il y a à craindre que la potasse retienne beaucoup d'or.

### Préparation du cyanure d'or ($Au^2 Cy$)

Le sel dont nous allons donner le meilleur mode de préparation en même temps que le plus économique, n'a pas d'équivalent parmi les autres sels d'or pour donner à la dorure ce ton orangé si recherché. Vainement a-t-on cherché à lui substituer le chlorure, l'aurate de potasse, l'oxyde, le sulfure, etc., aucun de ces produits n'a pu le remplacer, par cette raison que sa composition n'apporte aucun trouble, aucun élément étranger dans la dissolution de cyanure de potassium. Tandis qu'avec le chlorure d'or, pendant que ce sel se transforme en cyanure d'or aux dépens de la dissolution, les trois atomes de chlore qu'il contient, quand on emploie le perchlorure, se portent sur une partie de la dissolution pour la transformer en chlorure de potassium, et rendent ainsi inutiles les précautions que l'on aura prises dans la préparation du cyanure de potassium pour éliminer ce produit. Il en est un peu de même pour les autres dérivés d'or dont nous avons parlé.

Le cyanure d'or étant donc un sel *sui generis* avec le cyanure de potassium, doit être préféré dans tous les cas. Voici comment on peut le préparer, d'après M. Brandely, auquel nous laissons la parole :

« Dans le flacon à deux tubulures de l'appareil
« qui nous a servi pour le cyanure d'argent (fig. 81),
« on place l'acide aurique que l'on couvre d'un
« litre d'eau distillée, et l'on met dans le ballon
« les mêmes quantités de cyanoferrure et d'acide
« sulfurique recommandées pour le cyanure d'ar-
« gent, soit 250 grammes cyanoferrure, 150 acide
« sulfurique et 150 eau. On monte l'appareil, on
« lute avec soin et l'on met le feu en train, le tout
« à l'abri de la lumière.

« L'acide cyanhydrique ne tarde pas à passer.
« Il paraît d'abord sans action sur l'acide aurique;
« mais on se trouve tout étonné de voir disparaî-
« tre ce dernier sans qu'il en reste trace, sans
« qu'aucun trouble, aucune action apparente se
« manifeste dans l'eau du flacon, cette eau restant
« limpide et ne paraissant rien contenir; mais
« l'opération continuant, on voit bientôt apparaî-
« tre au-dessus du liquide une poudre d'un beau
« jaune qui peu à peu vient en couvrir toute la
« surface, puis bientôt tombe et s'accumule sur le

« fond du flacon. On continue l'opération jusqu'à
« ce que le précipité cesse. On démonte l'appareil,
« on jette l'eau-mère dans les eaux de rinçage, et
« on lave le cyanure d'or que l'on conserve sous
« l'eau. Composition :

$$Au^2 \dots \dots \dots \dots \quad 2458.32 \quad 88.32$$
$$Cy \dots \dots \dots \dots \quad 325.00 \quad 11.68$$

« c'est-à-dire 88,32 de métal et 11,68 de cyano-
« gène ».

### Autre préparation du cyanure d'or

Lorsque le chlorure d'or est pris en masse, on le
dissout dans 2 à 300 grammes d'eau, et on versera
de l'ammoniaque liquide en agitant avec une baguette de verre jusqu'à ce que l'ammoniaque ne
précipite plus, puis on abandonnera au repos pendant quelques heures, afin de donner à la réaction
le temps de s'accomplir. Après ce temps, si l'ammoniaque a été versée en quantité suffisante, l'ammoniure d'or qui en résulte s'est séparé de l'eau-
mère et occupe le fond de la capsule. Ce produit
est connu en chimie sous le nom d'or fulminant.
On décante l'eau-mère et on porte l'ammoniure
sur un filtre où il est lavé à plusieurs eaux. Après
quoi, on place le produit dans une capsule pouvant
contenir 2 à 3 litres.

On prépare alors une dissolution concentrée de
cyanure de potassium, 300 grammes dans 1 litre
d'eau distillée que l'on verse dans la capsule. On
aide la dissolution de l'ammoniure d'or par un peu
de chaleur, et lorsque le tout est bien dissous, on

filtre, puis on rapproche ce produit, qui est un cyanure double d'or et de potassium, à l'aide d'une chaleur modérée ne dépassant pas 35 à 40 degrés ; mieux vaudrait porter la capsule dans une étuve dont la température serait maintenue à ce degré.

Le sel double étant près de cristalliser, on verse peu à peu de l'acide chlorhydrique pur en agitant avec précaution. Il se forme une quantité considérable de mousse qui se fait remarquer par de grosses vessies, sur lesquelles on voit courir quantité de petits points jaunes qui vont se réunissant vers les parties déclives des orbes de cette mousse. C'est du cyanure d'or enlevé par la violence de l'émulsion. On fait rentrer la mousse dans le liquide à l'aide d'une spatule, et on porte sur le feu afin d'aider la réaction. Alors on voit le cyanure d'or précipiter au fond de la capsule. Lorsque l'acide chlorhydrique ne détermine plus de précipité, on cesse d'en verser. Néanmoins, on laisse encore sur le feu quelques instants, puis on sépare le cyanure d'or, soit par voie de décantation, soit en le jetant sur un filtre et on le lave à plusieurs eaux.

Dès les premières années de la dorure, M. Brandely a préparé d'après cette méthode quantité de cyanure d'or pour les doreurs suisses de Genève, la Chaux-de-Fonds, le Val-Saint-Imier, etc., mais au dire de ce chimiste, le premier procédé est préférable.

### Préparation de l'or à l'état de pureté
### (Pelouze et Fremy)

Lorsque l'on se trouve éloigné d'un grand centre et qu'il devient difficile de se procurer de l'or à

1000/1000, on peut se servir de l'or monnayé en l'affinant d'après le procédé Levol que nous empruntons au Traité de Chimie de Pelouze et Fremy.

On dissoudra une pièce d'or bien amincie par le marteau et lavée dans une eau régale composée de 1 partie d'acide azotique à 20° de l'aréomètre, et 4 parties d'acide chlorhydrique du commerce. On étend d'eau le chlorure qui en résulte et l'on filtre pour en séparer le chlorure d'argent. On y ajoute ensuite un excès de protochlorure d'antimoine dissous dans un mélange d'eau et d'acide chlorhydrique. L'or se précipite au bout de quelques heures, surtout lorsque l'on chauffe légèrement la liqueur, sous la forme de petites lames cohérentes qui se rassemblent rapidement. On le lave d'abord avec de l'acide chlorhydrique, puis avec de l'eau distillée, et on le fond dans un creuset de terre avec une petite quantité de salpêtre et de borax.

### Préparation des sulfures d'or
$Au^2S$ et $Au^2S^3$

Le protosulfure d'or $Au^2S$ s'obtient facilement en décomposant le sulfure de fer ou tout autre, dans un ballon par l'acide sulfurique étendu d'eau, et dirigeant le gaz sulfhydrique dans une dissolution bouillante de perchlorure d'or. On voit le protosulfure se précipiter au fond du vase à l'état de poudre brune. C'est là sans doute le sel dont a voulu parler M. Louyet, le professeur de Bruxelles, dans son Mémoire à l'Académie de cette ville, et dont il prétend avoir fait usage dissous dans le

19.

cyanure de potassium, huit mois avant la prise de brevet de M. de Ruolz.

Le persulfure $Au^2 S^3$ se prépare absolument de même que le protosulfure, avec cette différence que l'on fait intervenir l'hydrogène sulfuré dans une dissolution de perchlorure d'or.

Ces sels se dissolvent parfaitement dans le cyanure de potassium ; ils donnent, lorsqu'ils ont été préparés avec soin et bien lavés avec de l'eau contenant de l'hydrogène sulfuré, une dorure très relevée en ton. La couleur ne ressemble en rien à celle obtenue par le cyanure d'or. Cette dernière a besoin d'être remontée par la couleur, tandis qu'avec le sulfure, on peut parfaitement s'en passer.

### Analyse des alliages d'or par la coupellation

Les doreurs sont obligés de faire faire de fréquents essais de leurs bains, et presque toujours le titre accusé est inférieur à la quantité d'or contenue dans le liquide. Le mal n'est pas très grand, lorsqu'il ne s'agit que de s'assurer si le bain contient encore assez de matière pour travailler dans de bonnes conditions ou s'il exige une nouvelle mise d'or. Mais autre chose est lorsqu'il s'agit d'avoir exactement la quantité de matière précieuse d'un liquide qui doit être remplacé, et conséquemment vendu à sa valeur.

Il est vrai que l'on a la ressource des essais comparatifs, soit que l'on en confie un à la Monnaie, et l'autre à un essayeur juré, mais il vaut mieux que les chefs des grands établissements de dorure puissent se rendre compte des valeurs qu'ils ont en maniement. Ainsi, supposons que l'on ait doré pendant toute une semaine dans un bain monté à 12 grammes par litre, on aura par la différence de poids de l'anode une partie de l'or employé, mais le bain aussi aura fourni son contingent, et c'est précisément cette somme empruntée au liquide que le maître doreur doit être en état de savoir apprécier exactement, cette connaissance faisant partie de son éducation industrielle.

Le procédé le plus simple et le plus facile à apprendre est la coupellation, méthode qui ne dépense que peu de temps. Elle repose sur ce principe : que l'or est inaltérable au contact de l'air dans un milieu où la température est des plus élevées, tandis que les autres métaux, comme le cuivre ou autres, sont rapidement transformés en oxydes. Comme exemple, si nous plaçons dans trois coupelles différentes, soumises à l'action d'une température rouge blanc, dans la première, 1 gramme d'or laminé ; dans la seconde, 1 gramme de cuivre également laminé, et enfin dans la troisième, même quantité de plomb, après quelques instants de séjour dans le moufle où seront déposées les coupelles, nous retrouverons un bouton d'or parfaitement lisse et luisant, et dans les autres coupelles, de l'oxyde de cuivre et de plomb.

Or, par un long usage, les bains dans lesquels on dore le bronze se chargent insensiblement de cuivre, comme ceux qui servent à dorer l'argent se chargent d'argent ; et c'est en raison de la quantité d'or que les vendeurs de cendres les achètent ou plutôt qu'ils les paient. Pour faire un essai, ils prennent 100 centimètres cubes du bain, qu'ils versent dans une capsule en porcelaine portée sur un feu très doux, de manière à pouvoir évaporer le liquide jusqu'à siccité sans projection hors de la capsule, puis après l'avoir calciné, ils placent le produit dans un creuset en l'additionnant d'un flux quelconque.

Comme les vieux bains ne contiennent guère que 3 à 4 grammes d'or par litre, l'essayeur se trouve alors dans l'obligation d'agir sur une plus grande quantité de bain ; 200 centimètres cubes sont souvent nécessaires.

L'or séparé par la fusion des sels qui l'accompagnaient se réunit au fond du petit creuset en un culot qu'on lave, que l'on sèche et que l'on aplatit d'un coup de marteau, puis on dispose l'analyse. Ordinairement, les vieux bains d'or ne contiennent guère au delà de 6 à 10 0/0 de cuivre mélangé de zinc. Pour s'assurer du titre approximatif qu'ils représentent, on peut en passer une petite partie à la coupelle, 0 gr. 100, ou 200 avec 0,300 d'argent et 1 gramme de plomb, ou 0,600 d'argent et 2 grammes de plomb pour 2 décigrammes. Traité par 5 à 6 grammes d'acide azotique bouillant pour 1 décigramme et par 11 à 12 pour 2 décigrammes, le bouton aplati laisse un résidu dont le poids indiquera la quantité approximative d'or contenue dans l'essai.

Ce premier procédé peut suffire aux doreurs pour les diriger, lorsqu'il s'agit d'alimenter leurs bains, attendu qu'il leur suffit de savoir, à quelques décigrammes près, l'or qu'ils doivent ajouter.

Pour continuer l'analyse, le titre étant à peu près indiqué par l'opération préparatoire, on pèse avec soin 5 décigrammes de culot auquel on ajoutera 1,500 d'argent, on plie l'or et l'argent dans un petit carré de papier.

D'autre part, on pèse 5 grammes de plomb que l'on place dans une coupelle bien rouge. Lorsque le plomb présente une surface légèrement en goutte de suif, bien nette et brillante, on y dépose le papier contenant l'or et l'argent.

Bientôt on voit le bouton se former en s'arrondissant et se fixer ; c'est alors qu'il convient de le retirer du feu. Lorsqu'il est froid, on l'aplatit et on le recuit pour le laminer, puis on le recuit de nouveau afin de pouvoir rouler la feuille en forme d'estompe ; ainsi préparée, elle prend le nom de cornet, que l'on glisse dans un petit ballon à très long col, on ajoute de l'acide azotique (35 à 40 grammes) à 22° Baumé, dans lequel on le fait bouillir pendant vingt à vingt-cinq minutes, puis on le fait de nouveau bouillir pendant dix minutes avec 25 à 30 grammes d'un acide plus concentré (32°). Cette opération prend le nom de départ.

Après l'avoir fait successivement bouillir dans les deux acides, le cornet est lavé à deux ou trois eaux distillées. Par la séparation de l'argent et du cuivre, la lame n'a plus de cohésion. Elle ressemble à un tamis et devient très difficile à manier ; à cet effet, on remplit le petit ballon d'eau jusqu'au sommet du col, on le coiffe avec un petit creuset et on renverse le tout avec précaution pour faire glisser le cornet dans le fond du creuset sans se briser. On décante l'eau qui le couvre, et après avoir fait sécher le creuset avec précaution, on le chauffe au rouge, le métal étant recuit et pesé accuse exactement le titre de l'alliage.

Pour résumer l'opération, on coupelle l'or à analyser à une température modérée avec une certaine quantité d'argent qu'une longue expérience a démontré devoir être d'une partie d'or et trois parties d'argent. Ensuite on attaque le bouton par l'acide azotique en excès qui dissout les métaux que contenait l'alliage et qui laisse l'or à l'état de pureté.

L'opération qui consiste à unir trois parties d'argent à une partie d'or prend le nom d'inquartation et indique que le premier doit être au second dans le rapport de 1 à 3.

En ce qui concerne la quantité de plomb nécessaire pour passer l'alliage à la coupellation, sa proportion augmentera en raison de celle du cuivre.

Voici le meilleur dosage que les expériences faites au laboratoire de la Monnaie de Paris ont établi :

| Titre de l'or allié au cuivre. | Quantité de plomb nécessaire. |
|---|---|
| 1000. | 1 partie de plomb. |
| 900. | 10 — |
| 800. | 16 — |
| 700. | 22 — |
| 600. | 24 — |
| 500. | 26 — |
| 400. | |
| 300. | |
| 200. | 34 — |
| 100. | |

Donc une monnaie ou un alliage dont le titre

moyen est de 900 millièmes exige, pour être passée à la coupelle, dix fois son poids de plomb. En opérant sur 0 gr. 500, comme on le fait ordinairement, il faudra coupeller l'alliage avec 1 gr. 350 d'argent et 5 grammes de plomb.

## VII. PRÉPARATION DU CYANURE DE POTASSIUM
### K Cy

Ce produit se trouve en qualité supérieure, comme tous ceux qui se fabriquent dans cette maison de confiance, chez MM. Poulenc frères, à Paris. Néanmoins, et quoiqu'il y ait avantage de l'acheter, surtout lorsqu'il ne s'agit que de quelques kilogrammes, nous indiquons le procédé que nous avons toujours suivi pour l'obtenir et que l'on doit au savant chimiste allemand Liebig.

On se procure un vase en fonte, muni d'un couvercle, de la contenance de 20 à 25 kilogrammes, plus profond que large et d'une épaisseur de 8 à 10 millimètres. On le place dans un fourneau dont les dispositions sont telles que la chaleur puisse être ménagée sous le centre du vase et atteindre plus particulièrement ses côtés ou plutôt la périphérie jusqu'aux deux tiers de sa hauteur.

D'autre part, on pulvérise 10 kilogrammes de cyanoferrure de potassium de première qualité et 6 kilogrammes de carbonate de potasse exempt de chlorure et de sulfure, on brasse ensemble les deux produits de manière à rendre le mélange intime, puis on le dessèche dans une marmite en fer, jusqu'à ce qu'il ne s'échappe plus de vapeur d'eau.

Liebig dit que l'addition du carbonate de potasse laisse peu d'avantage. Cette opinion est la nôtre, qui apprécions tout ce que vaut un bon cyanure, mais elle n'est pas partagée par tous les marchands de produits chimiques. Nous en connaissons qui ont trouvé bon d'inverser les proportions de prussiate et de carbonate et qui, sous le nom de cyanure de potassium, vendaient et vendent encore, à bas prix, il est vrai, de la potasse cyanurée, manquant de propriété dissolvante et compromettant la qualité des bains. Mais revenons à notre opération.

Le mélange étant bien sec, on en introduit le tiers dans la marmite et on chauffe jusqu'à ce que le produit, sans cesse agité, retourné avec une spatule en fer à long manche, commence à fondre. Alors on ajoute une nouvelle quantité du mélange, et peu à peu, attendant toujours qu'un commencement de fusion se manifeste dans toute la masse avant d'en ajouter de nouvelles portions. On ne doit cesser de brasser que lorsque le tout est liquéfié ; alors on couvre le vase. On voit de temps à autre s'élever des flammes bleues d'oxyde de carbone, on élève la température jusqu'à ce que le produit, vu dans l'obscurité, gagne la couleur rouge sombre et commence à devenir limpide. Dans ce cas, on essaiera le produit en trempant dans la masse fluide l'extrémité de la spatule ou d'une petite baguette de fer à cet usage. Si le cyanure qui s'y attache est d'un beau blanc, on arrêtera l'opération en retirant le feu, et on laissera déposer le carbure de fer provenant de la décomposition du cyanoferrure, et on retirera le vase du feu. On le posera à terre, on l'élèvera d'un centimètre environ pour le laisser retomber brusquement. On renouvellera ces secousses jusqu'à ce que le liquide apparaisse dégagé de toute matière en suspension. Enfin, on le portera au-dessus d'une cuvette en fonte de fer, à rebord de 6 à 8 centimètres de hauteur et dont l'intérieur a été poli au tour. Pendant que deux aides tiendront le vase suspendu à l'aide d'une barre de fer passée dans les oreilles du vase, un troisième l'inclinera tout doucement avec une branche de fer dont l'extrémité, percée d'un trou, correspond à un mamelon se trouvant à cet effet venu à la fonte sous le fond du vase.

On arrêtera de verser, lorsque le carbure de fer se présentera près de couler. Le cyanure de potassium prend presque aussitôt versé, surtout s'il est à mince épaisseur de 3 à 4 centimètres. On se hâte de le concasser, surtout si le temps est humide, et on l'insère dans des pots en grès parfaitement bouchés. On fera même très sagement d'envelopper le liège d'une coiffe de caoutchouc, car (et ceux qui l'emploient le savent bien) ce sel est très avide d'eau qu'il soutire à l'air ambiant pour tomber en *deliquium*, lorsqu'il en est saturé. La couche de caoutchouc étant moins perméable à l'air que le liège concourra à le conserver plus longtemps. Lorsqu'il est ainsi tombé en *deliquium* dans les pots, il se décompose assez rapidement, il dégage une forte odeur d'acide prussique et se transforme entièrement en carbonate de potasse, ce qui explique la nécessité d'ajouter de temps en temps, dans les bains montés aux cyanures, certaine quantité d'acide prussique pour les maintenir à leur état normal.

Nous préférons à ce mode de préparation du cyanure de potassium, celui qui consiste à prendre directement une lessive de potasse.

On opère avec le même matériel que ci-dessus et l'on met dans la chaudière en fonte 22 kilos de prussiate jaune de potasse (cyanoferrure de potassium) et 5 à 6 kilos de lessive de potasse à 40° Baumé. On pousse la température comme ci-dessus et l'on opère de même.

Une recommandation importante à faire à l'opérateur : c'est de prendre une lessive de potasse bien exempte de sulfate ; la présence de ce corps donne un cyanure rose et même rouge.

Par le procédé Desfosses on obtient le cyanure de potassium en dirigeant de l'air atmosphérique sur un mélange de carbonate de potasse et de charbon : mais ce procédé ne peut être employé que sur une grande échelle.

On peut encore l'obtenir en faisant, comme pour le cyanure d'or et d'argent, arriver du gaz acide cyanhydrique dans une dissolution de potasse, dans l'alcool. Ce dernier procédé peut être mis en pratique toutes les fois qu'il s'agira de petites quantités et que l'on ne pourra avoir recours à la fonte.

## Préparation du sulfocyanure de potassium
### $K Cy S^2$ (Liebig)

Le sulfocyanure de potassium est un sel très précieux pour la dorure de l'argent, il le dore sans intermédiaire de cuivre. Le sel d'or employé est plus particulièrement le sulfure. Liebig prépare ce sel en mélangeant quarante-six parties de cyanoferrure de potassium, seize parties de carbonate de potasse et seize parties de soufre qu'il calcine dans un creuset. Le culot est brisé, concassé et dissous dans de l'alcool bouillant. Après le refroidissement, on recueille des cristaux qui sont le sulfocyanure. En ajoutant une nouvelle quantité d'alcool à l'eau-mère, on peut, par l'ébullition, en retirer encore quelques cristaux.

On déposera ces cristaux dans un flacon à large ouverture bouché à l'émeri, afin de le soustraire à l'action de l'air, le sulfocyanure étant déliquescent. Lorsque l'on devra en faire usage, on fera d'abord dissoudre du cyanure de potassium dans les proportions d'eau ordinaires pour composer un bain, et on ajoutera 20 0/0 seulement de ces cristaux de la quantité de cyanure employé.

## Préparation du sulfure de potassium
$$K S^2$$

Le sulfure de potassium étant souvent employé aux mêmes usages pour oxyder ou bronzer les métaux que l'hydro-sulfate d'ammoniaque, étant d'ailleurs d'une facile préparation, nous le faisons figurer parmi ceux des produits que les industriels peuvent préparer eux-mêmes.

Disposez un mélange de 100 parties de carbonate de potasse bien desséché, de 100 de soufre concassé et de 80 de charbon en poudre ; brassez bien le tout et le placez dans un creuset de terre muni de son couvercle, et assez grand pour que le boursouflement, qui se produira par suite de la réaction chimique, ne projette la matière hors du creuset. On chauffera jusqu'au rouge sombre ; puis, lorsque le mélange sera fondu et liquide, on le versera dans un vase plat susceptible de recevoir un couvercle. Une cocotte en fer est très convenable pour ce service.

Aussitôt que l'on aura versé le produit, on devra se hâter de le mettre à l'abri de l'air, le sulfure de potassium étant quelque peu pyrophore lorsqu'il est chaud. Dès qu'il sera refroidi, on le concassera et on en placera les morceaux dans des pots de terre bien bouchés.

L'action d'une dissolution chaude de sulfure de potassium sur l'argent est moins active que celle d'hydrosulfate d'ammoniaque.

## VIII. SULFHYDRATE D'AMMONIAQUE MONOSULFURÉ

$$Az\,H^3,\ H\,S,\ S$$

A l'état liquide, ce sel est employé pour sulfurer les dépôts d'argent ou les objets d'art argentés ; mais comme l'opération se fait à chaud et qu'il possède la propriété d'en dissoudre une certaine partie, on devra argenter fortement les pièces qui seront soumises à son action.

Voici comment on le prépare : on prendra une partie de sel ammoniac, une partie de chaux et une demi-partie de fleurs de soufre que l'on brassera très intimement. On versera le mélange dans une cornue en terre munie d'une tubulure dans laquelle on fixera un tube de sûreté à l'aide d'un bon bouchon de liège. Dans le prolongement de la cornue, on lutera un tube abducteur en verre du plus gros diamètre possible, ou mieux une allonge dont l'extrémité recourbée s'engagera dans un récipient plongé dans l'eau et entouré d'un mélange réfrigérant. On aura choisi une cornue assez grande pour que le boursouflement des matières ne monte pas assez haut pour obstruer le tube de dégagement, accident qui, malgré le tube de sûreté, pourrait déterminer la rupture de la cornue.

Toutes ces dispositions prises et la cornue engagée dans un fourneau de laboratoire, on l'enveloppe de charbons ardents en commençant par l'échauffer peu à peu d'abord, et bientôt le produit distille sous forme d'un liquide jaunâtre, huileux, fumant et exhalant une forte odeur d'œufs pourris.

La liqueur fumante de Boyle, tel est l'ancien nom de ce composé, est très volatile. Voilà pourquoi on devra la conserver dans des flacons bouchés avec soin.

### Sulfhydrate d'ammoniaque quadrisulfuré
$$Az\,H^3,\ H\,S,\ S^4$$

Malgré que le produit que nous venons de préparer soit suffisant, pour la plupart des cas d'oxydation, lorsque l'on veut obtenir des tons d'une grande intensité, d'un bleu-noir très accusé, susceptible de transmettre aux alliages de cuivre une patine des plus agréables, on mélange du soufre avec une dissolution aqueuse et concentrée de sulfhydrate monosulfuré placée dans un flacon à trois tubulures. Dans une des tubulures latérales, on fait arriver du gaz ammoniac, tandis que par l'autre on introduit de l'hydrogène sulfuré (acide sulfhydrique). De cette façon, on concentre le produit par une plus grande quantité de sulfhydrate d'ammoniaque, et la dissolution d'une quantité de soufre trois fois plus considérable, ainsi que l'indiquent les formules respectives de ces deux substances.

## IX. PRÉPARATION DU MASSICOT

Nous avons vu, dans la partie consacrée à la coloration des métaux, que le massicot sert à faire la solution plombique dont on a besoin; il est donc utile, croyons-nous, de donner la préparation de ce produit.

On étend du minium dans un couvercle de creuset ou autre vase évasé en terre non vernissée; on chauffe ce vase jusqu'au rouge sombre, en remuant continuellement avec un crochet de fer. Le minium, qui est une poudre rouge, devient noir sous l'effet de la chaleur et, en continuant de chauffer, il passe au jaune citron, qui est la couleur voulue; si l'on chauffait un peu trop il se fondrait et se vitrifierait.

Dans ce cas on aurait de la litharge vitrifiée, qui se dissout très difficilement et donne de mauvais bains.

# X. PRÉPARATION DU BICARBONATE DE POTASSE
## $K O (C O^2) H O$

## Sel employé pour la dorure par immersion, et les bains de préparation pour la dorure à la pile

Dans un grand flacon de huit à dix litres on versera une dissolution concentrée de carbonate de potasse pur $K O, C O^2$.

Dans une demi-tourie, on introduira 3 à 4 kilos de débris de marbre (blanc préférablement à celui coloré) et concassé en petits fragments de la grosseur d'un pois. On devra éviter de mettre la poussière, ce qu'il est facile de faire en jetant les débris sur un crible; puis on fera deux trous à un bouchon de liège de bonne qualité, et ajusté pour boucher hermétiquement la tubulure de la tourie. L'un des trous recevra l'extrémité d'un entonnoir à robinet, et l'autre trou servira à insérer l'extrémité de la branche la plus courte d'un tube abducteur dont la partie horizontale sera aussi longue que possible, afin d'éloigner la tourie du bocal pour la commodité du service.

L'appareil étant ainsi disposé, on engagera la plus longue branche du tube abducteur jusqu'à 3 centimètres du fond du bocal, et on ouvrira le robinet pour verser dans la tourie cinq à six litres d'eau, puis 50 à 60 grammes d'acide sulfurique. Quoique l'acide soit en très petite quantité par rapport à l'eau, on verra aussitôt un dégagement de gaz se produire dans le fond du flacon. Ce sera d'abord l'air contenu dans la tourie qui sera chassé par le gaz carbonique. Aussi le verra-t-on s'échapper au-dessus du liquide contenu dans le flacon.

Lorsque le gaz sera complètement absorbé par la liqueur, on sera à peu près certain que l'air est entièrement éliminé. Alors on remplira l'entonnoir d'acide sulfurique, et on tournera la clef de telle façon que l'acide puisse tomber goutte à goutte dans la tourie. Si la charge d'acide sulfurique dans l'entonnoir n'était pas suffisante pour résister à la pression (pression que l'on peut régler à volonté), on remplacera l'entonnoir par l'allonge à robinet d'un appareil de déplacement dans la tubulure de laquelle on lutera un gros tube en verre, de manière à avoir, l'allonge comprise, une pression de 40 à 50 centimètres d'acide sulfurique.

Le robinet étant réglé en raison de cette pression, on laissera fonctionner l'appareil en remplaçant l'acide sulfurique jusqu'à cristallisation du produit dans le bocal ; puis les cristaux seront rapidement lavés à l'eau froide, séchés à l'étuve et enfermés dans un bocal.

On a compris la réaction chimique qui a eu lieu dans cette opération. L'acide sulfurique se porte sur le marbre (carbonate de chaux) pour former du sulfate de chaux en même temps qu'il met en liberté le gaz acide carbonique qui constituait le carbonate de chaux. Cette quantité d'acide carbonique, jointe à celle que contient le carbonate de potasse que nous avons en dissolution, en double la richesse. D'où il résulte que $KO, CO^2$ devient $KO (CO^2)^2 HO$.

Ce n'est pas arbitrairement qu'on a choisi le

marbre concassé. On pourrait employer la craie et d'autres substances analogues dans la composition desquelles entre l'acide carbonique ; mais les matières trop divisées produisent un développement de gaz considérable, tumultueux au premier moment, difficile à régulariser, puis cessant après quelques instants, tandis que le marbre concassé permet au liquide et au gaz de circuler plus librement. L'action est moins violente, mais plus régulière, surtout avec une alimentation continue d'acide sulfurique, d'après la méthode que l'on vient d'indiquer et que l'on ne voit pas pratiquer toujours.

## Autre méthode de fabrication du bicarbonate de potasse (Brandely)

Le mode de préparation qui vient d'être indiqué peut suffire à des opérations de laboratoire, peut même fournir une certaine quantité de ce sel ; mais lorsqu'il s'agit d'opérations commerciales, c'est tout différent. Voici maintenant l'appareil imaginé par M. Brandely pour la préparation de ce produit.

Une chaudière en fer de la capacité de 2 hectolitres, et timbrée à 6 atmosphères, est montée dans un fourneau en maçonnerie. Cette chaudière, dont la partie antérieure est à fleur, extérieurement, de la maçonnerie du fourneau, porte, à la hauteur de son fond, un trou d'homme de 15 centimètres de diamètre, et un de 25 centimètres sur 18 vers le centre de la partie supérieure découverte, sur toute sa longueur, sur une largeur de 30 centimètres.

Comme les générateurs à vapeur, elle est munie de soupapes de sûreté et d'un niveau d'eau à robinet, plus d'un manomètre.

A 2 mètres de cette chaudière se trouve fixé sur le sol un appareil générateur d'acide carbonique pareil à celui indiqué dans l'article précédent, avec cette différence que la tourie est remplacée par un récipient en fonte de fer doublé intérieurement de plomb, et pouvant résister à 12 ou 15 atmosphères. Ce réservoir est construit de 2 hémisphères portant chacun un rebord. Celui inférieur est garni de plomb et de forme ovoïde. Il reçoit le marbre et l'acide sulfurique dont la distribution se fait, de l'extérieur à l'intérieur, à l'aide d'une clef de robinet dont la tige, traversant un stuffing-box, se prolonge en dehors.

Pour le reste, la construction se rapproche des appareils à produire l'acide carbonique pour les eaux gazeuses, avec cette exception que le gaz n'arrive dans la chaudière que dès qu'il a la force de soulever un obstructeur chargé à quatre atmosphères. La capacité du générateur en fonte de fer, la quantité de marbre et celle d'acide sulfurique sont combinées pour saturer une quantité également donnée de carbonate en dissolution et contenue dans la chaudière. Il est évident que l'opération ne peut se faire d'un seul coup et avec un seul générateur de gaz, car si on opère sur 50 kilog. de matière (carbonate de potasse supposé sec et anhydre), il ne faudra pas moins de 8 kilog. de gaz pour transformer la formule :

$$
\left.
\begin{array}{lll}
\text{KO} & 588.93 & 68.16 \\
\text{CO}^2 & 275.00 & 31.84
\end{array}
\right\} \ 100.00
$$

En celle :

|  |  |  |  |
|---|---|---|---|
| KO . . . . . . . . . | 588.93 | 51.71 | } 100.00 |
| 2 CO² . . . . . . . . | 550.00 | 48.29 | |

Pour ne pas avoir d'interruption dans le travail, on vide et on nettoie un des appareils pendant que l'autre fonctionne. Le manomètre indique les interruptions de pression lorsqu'elles se produisent, et un pèse-alcali d'une forme particulière, engagé dans l'eau du niveau dont le tube en verre très épais porte 3 centimètres de diamètre inférieur, indique la concentration du liquide, concurremment avec un compteur qui indique la quantité de litres de gaz acide carbonique passés dans la dissolution.

A un moment déterminé par l'expérience, on chauffe modérément pour rapprocher la dissolution, et on ouvre le robinet qui donne issue à la vapeur d'eau, tout en continuant la production du gaz. A un certain degré de concentration, on arrête tout et on laisse refroidir. Vingt-quatre heures après, on retire les cristaux, on les lave à l'eau froide, on les fait sécher, et on recharge l'appareil en ajoutant le peu d'eau-mère qui a échappé à la cristallisation.


## XI. PRÉPARATION DU CYANURE DE CUIVRE
### Cu, Cy


Ce produit est employé pour couvrir de cuivre, avant de les dorer ou les argenter, certains métaux désignés précédemment. On peut l'obtenir par double décomposition en mélangeant une dissolution de sulfate ou mieux d'acétate de cuivre avec une dissolution de cyanure de potassium. Il se formera de l'acétate de potasse qui restera en dissolution, et le cyanure de cuivre précipitera. Mais on peut encore accorder la préférence au procédé déjà décrit : l'action de l'acide cyanhydrique sur du carbonate oxydule de cuivre, ainsi qu'on l'a pratiqué pour l'or.

On prépare d'abord le carbonate de cuivre (Cu, $O^2$) $CO^2$ $HO$ en versant une dissolution de carbonate de potasse froide sur une seconde dissolution d'acétate de cuivre. On obtient ainsi un précipité de couleur bleuâtre que l'on doit laver à l'eau froide. On recommandera de pratiquer ce lavage dans une capsule en agitant le précipité avec une spatule, puis on le place dans un bocal dans lequel on versera de l'eau jusqu'aux trois quarts de sa contenance. Après quoi on monte l'appareil comme cela est indiqué pour l'or. Quelle que soit la capacité du bocal, le magma devra toujours en occuper la moitié, afin de proportionner la quantité d'eau nécessaire à l'opération sans noyer l'oxydule dans une quantité d'eau qui absorberait inutilement de l'acide cyanhydrique.

Dans ce mode de préparation des cyanures métalliques, on ne doit pas perdre de vue la nécessité absolue de bien luter les joints, et d'éviter toute fuite, et conséquemment la diffusion du dangereux toxique dans l'atmosphère du laboratoire.

On continue la production du gaz jusqu'à ce que le produit ait acquis une belle couleur jaune intense plus foncée que celle du cyanure d'or ; puis on le lavera à grande eau, et on le conservera sous l'eau jusqu'au moment du besoin. Si on le laissait se dessécher, il serait moins facile à dissoudre.

On peut, d'après les indications de l'excellent Traité de Pelouze et Fremy, préparer un protocyanure de cuivre contenant deux atomes de métal pour un de cyanogène Cu Cy, sous la forme d'un précipité blanc gélatineux, en traitant par l'acide cyanhydrique, comme nous venons de le faire, une dissolution de deutochlorure de cuivre d'abord saturée d'acide sulfureux. Ce sel se dissout parfaitement dans les cyanures alcalins.

## XII. PRÉPARATION DU CYANURE DE ZINC
### Zn Cy

Les industriels qui s'occupent de la fabrication du zinc, sous formes de pendules, lustres, candélabres, flambeaux, statuettes, etc., ont souvent encore la malheureuse habitude d'employer le sulfate de zinc pour monter leurs bains de laiton. On ne saurait trop leur recommander d'abandonner ce système vicieux dont le moindre inconvénient est de détruire une forte partie du cyanure de potassium. Le cyanogène étant facilement chassé de ses combinaisons par les acides puissants, l'acide sulfurique du sulfate de zinc se porte sur la potasse pour former du sulfate de potasse sans qu'il y ait réciprocité de la part de l'acide cyanhydrique sur le zinc.

Il se forme bien, si l'on veut, du cyanure de zinc.

20.

qui se redissout en partie dans le bain ; mais cette formation n'a lieu que grâce à un emprunt fait au cyanure en excès nécessaire à la constitution du bain. D'où il résulte que le bain cesse tout à coup de fonctionner faute de conductibilité, propriété que l'on ne peut lui rendre que par l'addition d'une nouvelle quantité de cyanure.

Si encore les personnes qui ont adopté cette méthode avaient le soin de placer une faible partie du bain dans une grande capsule pour la transformation du sulfate de zinc en cyanure, elles en sauvegarderaient la partie la plus grande ; encore feraient-elles sagement de rejeter le liquide dans lequel aura eu lieu la formation du cyanure de zinc. Mais mieux vaut monter son bain avec les cyanures de cuivre et de zinc dans les proportions de 65 du premier pour 35 du second qui sont à peu près celles du laiton. Voici comment on prépare ce sel :

On précipite le sulfate de zinc de sa dissolution par une solution alcaline d'un sel de potasse ou de soude à laquelle on ajoutera de l'ammoniaque liquide. Le précipité qui en résultera sera lavé à grande eau, et traité comme le carbonate de cuivre, c'est-à-dire soumis à l'action de l'acide cyanhydrique qui transformera l'oxyde en cyanure. Sans addition d'ammoniaque liquide, le précipité, par la soude ou la potasse, ne se détermine que très difficilement.

On peut substituer au sulfate l'acétate de zinc, et cela avec avantage. On peut encore se servir du blanc de zinc obtenu par la combustion des vapeurs de ce métal.

## XIII. PRÉPARATION DE CERTAINES POUDRES MÉTALLIQUES

On fait aujourd'hui quantité de poudres métalliques qui servent à dorer, argenter, cuivrer, bronzer les objets divers et nous n'entrerons pas dans les détails de toute cette fabrication, ce qui nous entraînerait bien loin hors de notre cadre. Nous avons donné au chapitre XI la fabrication de la poudre d'or, nous nous attacherons donc ici plus particulièrement à la poudre de cuivre et à celle d'argent, à la plombagine (graphite), et accessoirement du fer réduit par l'hydrogène et le charbon de cornue.

Il est facile de réduire le cuivre d'une dissolution acide à l'état pulvérulent en trempant dans cette dissolution, soit une lame de fer, soit une plaque de zinc, soit encore en projetant ce dernier métal à l'état de grenailles.

Il en est de même pour l'argent lorsque l'on immerge une lame de cuivre bien décapée dans la dissolution de son nitrate ; mais ainsi préparées ces poudres n'offrent jamais un aspect bien franchement métallique, et cela surtout se remarque plus particulièrement pour le cuivre, attendu qu'il est sous un état très facilement oxydable. Il deviendrait nécessaire de les placer dans un tube chauffé et dans lequel on ferait passer un courant d'hydrogène. Cette préparation présente quelques difficultés d'exécution pour les personnes peu habituées au montage des appareils de laboratoire.

On devra donc donner la préférence au procédé suivant :

Dans un mortier en porcelaine, on déposera du sucre concassé et des feuilles de laiton, or faux ou d'argent en livret que l'on achètera chez un batteur d'or. On pilera le tout de manière à obtenir une poudre extrêmement fine que l'on porphyrisera pour la rendre encore plus ténue, après quoi on dissoudra le sucre dans l'eau distillée bouillante, puis on placera la poudre sur un filtre. Lorsqu'elle ne contiendra plus d'eau, on étalera le filtre dans une assiette et on achèvera la dessiccation, soit dans une étuve, soit sur la tablette d'un poêle ; puis on terminera en la tamisant avec un tamis de soie à mailles des plus rapprochées.

Ainsi obtenues, ces poudres conservent leur éclat métallique et possèdent la propriété de conduire l'électricité, surtout lorsqu'elles sont bien débarrassées du sucre, beaucoup mieux que celles précipitées. M. Brandely a essayé de traiter le fer de la même manière, et voici ce qu'il a écrit à ce sujet :

« Je me suis procuré du papier de ce métal que
« l'on vend à Londres. Je l'ai placé, comme les
« autres métaux, dans un mortier avec du sucre ;
« mais j'ai pu remarquer que le fer résistait à l'ac-
« tion divisante, déchirante du sucre. J'ai attribué
« cela à l'épaisseur de la feuille de métal qui, quoi-
« que très mince à surface égale avec une feuille
« d'argent, pesait trois fois plus. Peut-être aurais-
« je réussi si la feuille de fer avait été battue et
« réduite d'épaisseur. Traitée par l'alcool pour dis-
« soudre le sucre, la poudre était excessivement
« grossière et n'a pu être employée. Néanmoins je

« ne renonce pas à l'emploi du fer ainsi traité,
« dussé-je faire battre des feuilles tout exprès, la
« poudre de fer pouvant remplacer le fer réduit
« par le gaz hydrogène dont le prix est assez élevé. »

## Fer réduit par le gaz hydrogène

Le protoxyde de fer $FeO$ est celui des oxydes de
ce métal dont on devrait pouvoir se servir comme,
contenant la moindre somme d'oxygène ; mais la
difficulté de le conserver sous cet état nous oblige
à avoir recours au sesquioxyde $Fe^2O^3$ qui contient,
il est vrai, deux atomes de fer, mais aussi trois
atomes d'oxygène, oxyde connu sous le nom de
rouille, poudre jaunâtre dont se recouvrent les
métaux exposés à l'air.

On prend donc de cette poudre que l'on tamise
sur une feuille de papier, ou, si l'on veut, on la
prépare en précipitant une dissolution d'un sel de
fer, au minimum d'oxydation, par une dissolution
de potasse ou d'ammoniaque liquide. Par la potasse, de vert qu'était le précipité, il passe rapidement au jaune rouille ; on le lave à plusieurs eaux,
et on le porte à sécher dans l'étuve en l'étalant sur
des feuilles de gros papier gris. Lorsqu'il est bien
sec, on l'introduit dans un tube en fer de 4 centimètres au moins de section intérieure, portant à
ses deux extrémités un bouchon métallique s'y
ajustant à vis et recevant également à vis un prolongement composé, d'un côté, d'un petit tube sur
lequel on adapte un tube abducteur qui prend le
gaz, et de l'autre un tube qui conduit l'excès de
gaz et la vapeur d'eau sous la cheminée.

Le gros tube est inséré dans un fourneau allongé, qu'il dépasse de 10 à 12 centimètres de chaque côté.

Le gaz hydrogène est produit par la décomposition de l'eau, à l'aide de grenailles de zinc et d'acide sulfurique, le tout contenu dans une demi-tourie. Autant qu'on le pourra, on placera, entre le générateur de gaz et le fourneau, un gros tube en terre rempli de fragments de chaux destinés à dessécher l'hydrogène.

On pourra encore se procurer ce gaz en dédoublant l'eau, obligeant sa vapeur à traverser un tube chauffé au rouge et rempli de fragments métalliques, fil de fer coupé, tournure de fer, de cuivre, etc. L'eau sera décomposée par la séparation de ses éléments constituants. L'oxygène sera arrêté par le métal avec lequel il se combinera pour former des oxydes, et le gaz hydrogène sera mis en liberté. On le conduira directement, sans avoir besoin de le faire passer à travers la chaux, dans le tube qui contient le sesquioxyde de fer.

Cette dernière méthode est plus compliquée, il est vrai, plus dispendieuse, occupe plus de place dans le laboratoire, exige une plus grande surveillance. D'abord il faut produire de la vapeur, premier feu, second feu dans le fourneau où elle est décomposée, enfin troisième feu dans le fourneau où se fait la réduction du fer. Toutefois il y a une compensation : c'est la facilité de transformer rapidement une certaine quantité de métal en oxyde. Il faudrait combiner la double opération pour des besoins simultanés, cas qui se présente rarement dans le cours des travaux métallurgiques du genre de ceux que nous sommes appelés à exécuter. Aussi est-il préférable d'avoir recours au premier procédé.

Dans les grandes usines de produits chimiques où les générateurs de vapeur deviennent nécessaires, on peut facilement fabriquer le fer réduit et sans frais. On placerait un tube mobile sur chacun des flancs du bouilleur, la communication des deux tubes se ferait extérieurement par un raccord, l'un des deux recevrait un filet de vapeur du générateur et serait chargé du métal à oxyder, tandis que l'autre contiendrait l'oxyde à réduire. Cette petite organisation coûterait peu, serait d'un service facile, et produirait une grande quantité des doubles produits.

### Préparation du graphite (plombagine)

Cette substance, ainsi que la gutta-percha, ont fait faire à la galvanoplastique un pas immense. Grâce à la propriété conductrice de la première et à celle de la seconde de se prêter avec une grande facilité aux exigences des moulages les plus difficiles, il n'est presque plus d'obstacles que l'on ne soit en état de surmonter. Aussi devons-nous une grande somme de reconnaissance à M. Murray qui nous fit connaître, le premier, la plombagine, autant qu'à Montgomery qui nous apporta, de l'Inde, la gutta-percha. Il est difficile de parler de l'une sans y accoupler l'autre, tant elles sont étroitement liées.

Telle qu'on la trouve dans le commerce, la plombagine n'est pas toujours pure. Elle a besoin de subir une préparation afin d'être amenée au plus grand état d'homogénéité ; elle contient presque toujours de la terre et d'autres substances étrangères dont il faut la débarrasser en tant qu'elles nuisent à son immense propriété conductrice.

A cet effet, on se munit d'un bon creuset que l'on emplit jusqu'aux trois quarts de plombagine brute et dans lequel on la calcine au rouge vif pendant une heure. On retire le creuset du fourneau, et lorsque la matière est froide, on la divise *grosso modo*, et on la place dans une grande capsule en porcelaine où elle est traitée à chaud et successivement par les acides azotique, sulfurique, chlorhydrique, et enfin par l'eau régale. Après quoi, on la lave jusqu'à ce que le papier à réactif ne soit plus affecté par la dernière eau ; puis on la porte à l'étuve où elle est abandonnée jusqu'à ce qu'elle ne recèle plus la moindre trace d'humidité.

Alors on la pulvérise aussi fin que possible dans un mortier en porcelaine, et on la tamise sur la soie la plus serrée au-dessus d'un grand bassin d'eau portant un long bec. On ne recueille que celle qui surnage et que le bec porte sur un filtre.

Celle qui tombe au fond du bassin est desséchée, pilée de nouveau, et de nouveau traitée comme on l'a dit ; puis les filtres sont portés dans l'étuve où la plombagine doit subir une dessiccation à $+ 150$ à $200^{\circ}$.

On la retire de l'étuve, on la pile de nouveau, mais alors avec facilité ; on la tamise et on l'enferme, car elle est légèrement hygrométrique.

## Du charbon de cornue, carbone pur

Le charbon qui s'agglutine dans les flancs des cornues à gaz, et qui subit pendant un long temps l'action d'une température très élevée, finit par se dépouiller des corps étrangers dont il était souillé, et passe à un grand état de pureté. En cet état, ce corps devient conducteur de l'électricité, c'est lui que nous scions, que nous dépeçons pour en former un des organes de nos piles, l'élément négatif qui remplace à si bon marché un de nos métaux les plus chers, le platine.

Sa poudre très divisée et traitée par lévigation, comme le graphite, peut servir à métalliser une surface non conductrice ; mais on peut lui reprocher de manquer de cette propriété si essentielle que possède le graphite, d'adhérer aux corps dont on le recouvre. Il est sec et manque d'onctuosité. Il nous a paru, néanmoins, utile de le signaler, dans le cas où on ne pourrait se procurer ni poudre métallique, ni plombagine.

# CHAPITRE XXVI

## Recettes diverses

—

SOMMAIRE. — I. Moyen d'épuration de l'eau à défaut d'appareil distillatoire pour se procurer l'eau distillée. — II. Procédé pour enduire le plâtre d'une peinture métallique lui donnant l'aspect d'une pièce de bronze. — III. Diverses compositions dont il faut enduire le fer ou la fonte afin de les isoler de la couche de cuivre lorsqu'ils doivent être recouverts de ce métal. — IV. Procédé pour rendre les bouchons de liège imperméables aux acides et aux alcalis.

## I. MOYEN D'ÉPURATION DE L'EAU A DÉFAUT D'APPAREIL DISTILLATOIRE POUR SE PROCURER L'EAU DISTILLÉE.

Toutes les eaux ne sont pas convenables pour les opérations de la galvanoplastie; on doit s'attacher à rechercher celles qui contiennent le moins que possible de sels de chaux en dissolution, c'est pour cette raison que l'on recommande l'emploi de l'eau distillée, laquelle est débarrassée par la distillation des sels calcaires qu'elle contenait. Il y a encore l'eau de pluie, celle de rivière, quoique l'on doive préférer dans tous les cas la première à la dernière, il est possible néanmoins de donner à l'eau courante, même au sein de matières calcaires solubles, toute la valeur de l'eau de pluie ou de celle distillée.

Dans une capsule en porcelaine de la contenance de 1 litre, faites dissoudre 100 grammes d'acide oxalique, et neutralisez avec de l'ammoniaque liquide à 22°. Vous verserez le produit dans une éprouvette graduée, et faites l'essai de l'eau que vous avez à purifier sur 1 litre. A cet effet, vous en versez cette quantité dans un flacon de la contenance de 12 à 1300 centimètres cubes ; après avoir repéré le chiffre correspondant au niveau du liquide contenu dans l'éprouvette, vous versez une ou deux gouttes dans l'eau, vous voyez aussitôt un nuage blanc volumineux se former dans le flacon. Vous agiterez avec une baguette de verre, puis vous attendrez que, la chaux étant précipitée, le liquide ait repris sa limpidité.

Alors vous verserez encore quelques gouttes d'oxalate d'ammoniaque, et vous aurez un nouveau nuage, etc. Vous continuerez d'ajouter de la liqueur précipitante jusqu'à ce qu'il ne se manifeste plus aucun trouble. Dans ce cas, vous examinerez sur la burette combien vous avez employé de divisions, et vous établirez votre calcul d'après cette donnée pour préparer toute la quantité d'eau qui vous sera nécessaire.

L'oxalate d'ammoniaque est un réactif tellement sensible pour accuser la présence de la chaux que la moindre trace de cette dernière se révèle par un précipité dans le véhicule qui la contient.

Lorsqu'il s'agit de 1,000 à 1,200 litres à préparer, on remplit des tonneaux défoncés d'un bout, bien rincés, et dans lesquels on verse la quantité de réactif nécessaire, puis on brasse avec un manche à balai neuf, et on laisse déposer la chaux pendant quarante-huit heures, puis avec un siphon, on enlève l'eau clarifiée et dépouillée de sels calcaires.

Nous avons mis ce procédé à profit pour éviter la formation des dépôts de chaux dans les générateurs de nos petites machines à vapeur, et nous nous en sommes parfaitement trouvé.

La présence du réactif, fût-il en léger excès dans un bain d'or ou d'argent, ne nuit en aucune façon. Nous en avons souvent fait l'expérience.

La facilité avec laquelle on peut préparer soi-même un produit dont on trouve partout les éléments constituants rendent ce procédé recommandable, toutes les fois que l'on aura besoin d'eau exempte de chaux.

## II. PROCÉDÉ POUR ENDUIRE LE PLATRE D'UNE PEINTURE MÉTALLIQUE LUI DONNANT L'ASPECT D'UNE PIÈCE DE BRONZE.

Le procédé ancien pour donner au plâtre l'aspect d'une pièce de métal, consistait à couvrir la statue ou autre sujet en plâtre de deux ou trois couches de couleur à l'huile se rapprochant du ton de la patine que l'on voulait imiter, verte pour le vert antique, rouge-brun foncé pour le bronze florentin, et comme trompe-l'œil, avant que la dernière couche fût complètement sèche, une espèce d'estompage sur les parties les plus saillantes avec un pinceau de blaireau imprégné de poudre métallique très divisée. Le peintre avait le soin de fondre agréablement sa couche de manière à se rapprocher le plus de la vérité ; puis le travail était recouvert d'un vernis brillant et siccatif.

Un industriel distingué, Oudry, dont nous avons déjà cité le nom et qui a été le décorateur des monuments publics en fonte de fer de la ville de Paris, a fait connaître une mixtion ou peinture au cuivre qui laisse loin derrière elle l'ancien procédé que nous venons de décrire, et que nous généraliserons sous le nom d'enduit métallique comprenant non seulement le cuivre, mais tous les métaux : le cuivre, l'argent, l'étain, l'antimoine, le bronze d'aluminium, etc.

Voici quel est l'excipient dont se sert l'inventeur :

| | |
|---|---|
| Huile essentielle. . . . . . | 25 parties en poids. |
| Matière résineuse . . . . . | 25 parties. |
| Matière gommeuse. . . . . | 10 parties. |
| Huile grasse siccative . . . | 40 parties. |

On place les substances résineuses et gommeuses dans un vase muni d'un bon bouchon, et mélangées avec un quart de leur poids de verre pilé très fin ; puis on ajoute l'huile essentielle (le verre pilé que nous ajoutons à la formule d'Oudry a pour but, en se divisant dans les matières, de prévenir l'agglomération et d'en faciliter la dissolution), on agite souvent le vase, et lorsque la solution est complète, on se débarrasse du verre par décantation, et on ajoute l'huile grasse et siccative. Le mélange est conservé dans un vase bien bouché pour servir au besoin.

On verse, d'autre part, deux à trois litres d'une dissolution de sulfate de cuivre pur dans un vase à précipiter, et on y plonge des lames de zinc bien décapées. Le cuivre se réduit immédiatement à l'état métallique sous forme de poudre. De temps en temps, et à l'aide d'une brosse propre, on dégage la poudre précipitée sur les lames de zinc, et on les replonge dans la dissolution où elles se chargent de nouveau. Lorsque la dissolution est à peu près épuisée, on décante, et on lave la poudre avec une eau légèrement aiguisée d'acide sulfurique; puis, en dernier lieu, avec de l'eau pure. Cette poudre bien séchée est conservée dans un vase bien bouché, afin de la maintenir à l'abri de l'oxydation.

Quant aux autres poudres, il y a avantage, croyons-nous, de les acheter toutes préparées chez les fabricants spéciaux.

L'objet en plâtre qu'il s'agit de recouvrir est d'abord placé dans une pièce chaude et aérée où il abandonne une partie de l'eau qu'il contenait, puis dans une étuve, si on en a une à sa disposition. Dans le cas contraire, on peut renverser la statue et la remplir de sciure de bois très chaude ou mieux d'hydrate de chaux. Il faut bien se garder d'employer la chaux vive dont la dilatation, par l'effet de l'absorption de l'eau du plâtre et de celle contenue dans l'air, déterminerait la rupture de la pièce.

Lorsque, par un moyen quelconque, on est parvenu à bien sécher le plâtre, on verse, dans un vase en porcelaine ou en faïence, une partie du mélange A, auquel on ajoute un oxyde métallique quelconque, minium, litharge, etc., délayé avec soin, et on couvre la statue avec cette peinture à l'aide d'un bon pinceau plat ou de toute autre forme, suivant le besoin. La peinture doit être étendue avec intelligence ; on doit éviter d'empâter les détails que l'on ressuie avec un pinceau sec.

Lorsque cette première couche est bien sèche, on en prépare une seconde en mêlant à l'excipient les oxydes métalliques nécessaires pour obtenir un ton en harmonie avec la poudre métallique que l'on y ajoute au moment même d'employer la peinture. On corse cette seconde couche par une troisième, aussitôt que celle-ci est sèche ; après vingt-quatre ou trente heures en hiver, et six à huit heures en été, on brosse avec une brosse rude que l'on a frottée sur un morceau de cire jaune très propre. Cette dernière opération fait l'effet d'un vernis qui rehausse la valeur de l'enduit.

« Quoique cette nouvelle peinture à base de cuivre, dit Oudry, l'inventeur, ne soit peut-être pas aussi durable, et n'ait pas le bel aspect des dépôts de cuivre galvanique qu'on obtient à l'aide des batteries électriques sur la fonte, le fer, le zinc ou autres corps, elle est beaucoup moins chère et très supérieure, comme moyen préservatif, à toutes les autres peintures et aux différents vernis couverts de bronze en poudre qui ont si peu de durée.

« Dans la préparation de la peinture, qui a le benzol pour base, on mélange les ingrédients suivants dans les proportions indiquées :

|  | Parties en poids. |
|---|---|
| Essence | 28 |
| Matière résineuse | 22 |
| Matière gommeuse | 4 |
| Cuivre en paillons | 2 |
| Huile grasse siccative | 40 |
| Asphalte ou bitume | 4 |

« Les substances résineuses, gommeuses et bitumineuses sont d'abord dissoutes dans le benzol ou autre essence (celle de térébenthine exceptée). Après quoi on ajoute l'huile grasse siccative, en ayant bien soin d'agiter en même temps le mélange. Lorsque ces divers ingrédients ont été parfaitement mélangés, on introduit la matière colorante qu'on désire, après quoi le tout est agité et battu de nouveau, puis conservé en vase clos.

« Pour faire usage de cette peinture, on en verse une certaine quantité dans un pot, et on y ajoute la quantité requise de céruse, litharge, minium, cinabre, blanc de zinc ou autre oxyde, carbonate ou sulfure métallique broyés à l'huile ou pulvérisés. On mélange le tout avec soin, et la peinture est prête à être appliquée de la même manière que celle ordinaire, sans qu'il soit nécessaire d'y ajouter de l'huile ou de l'essence de térébenthine. En été, chaque couche sèche en deux ou trois heures, ce qui permet d'en appliquer trois dans une journée ; mais, en hiver, il vaut mieux ne donner qu'une seule couche par jour. »

III. DIVERSES COMPOSITIONS DONT IL FAUT ENDUIRE LE FER OU LA FONTE, AFIN DE LES ISOLER DE LA COUCHE DE CUIVRE LORSQU'ILS DOIVENT ÊTRE RECOUVERTS DE CE MÉTAL.

### Composition n° 1

| | |
|---|---|
| Copal dur. . . . . . . . . . . . . . | 150 parties. |
| Résine . . . . . . . . . . . . . | 500 — |
| Minium lavé . . . . . . . . . . . | 5000 — |
| Huile de noix. . . . . . . . . . . | 500 — |
| Benzol ou naphte . . . . . . . . . | 2500 — |

### Composition n° 2

| | |
|---|---|
| Copal. . . . . . . . . . . . . . | 100 parties. |
| Résine . . . . . . . . . . . . | 300 — |
| Huile de lin. . . . . . . . . . | 500 — |
| Minium lavé. . . . . . . . . . | 5000 — |
| Benzol ou naphte . . . . . . . . | 2500 — |

### Composition n° 3

| | |
|---|---|
| Copal dur. . . . . . . . . . | 1300 parties. |
| Résine . . . . . . . . . . . . | 500 — |
| Huile de lin bouillie. . . . . . | 500 — |
| Minium lavé. . . . . . . . . | 5000 — |
| Benzol caoutchouté . . . . . . | 2500 — |

Avec :

| | |
|---|---|
| Caoutchouc dissous . . . . . . . | 200 — |

### Composition n° 4

| | |
|---|---|
| Copal dur ou demi-dur. . . . . . | 1300 parties. |
| Résine . . . . . . . . . . . . | 500 — |
| Soufre. . . . . . . . . . . . | 200 — |
| Huile de noix. . . . . . . . . | 500 — |
| Benzol ou naphte . . . . . . . . | 2500 — |
| Minium. . . . . . . . . . . . . | 5000 — |

« Après avoir appliqué, soit à chaud, soit à froid, l'une quelconque des compositions ci-dessus sur la surface du métal qu'on veut soumettre à l'action du bain de dépôt, cette surface est couverte de graphite en poudre ou d'une autre matière qui conduit l'électricité avant de plonger dans le bain métallique.

« Si une portion quelconque de la surface métallique, déposée galvaniquement, se trouvait exposée, dans le déplacement ou le transport, à être arrachée, on propose de réparer l'accident au moyen d'un mastic composé de cuivre en poudre mélangé à de la résine, du copal et de la cire blanche ou jaune. »

Voici les proportions qui donnent de bons résultats :

|  | Parties en poids. |
|---|---|
| Cire jaune ou blanche. . . . . . . . . | 130 |
| Copal dur. . . . . . . . . . . . . . | 10 |
| Résine (colophane). . . . . . . . . . | 10 |
| Poudre de cuivre par précipitation . . | 850 |

« Cette soudure est appliquée sur les endroits endommagés au moyen d'un fer à souder ou à la brosse, suivant la nature des réparations qu'il s'agit d'effectuer, puis bronzée, etc. »

Il va sans dire que l'on peut aussi donner à la fonte comme au fer l'apparence des alliages de cuivre, bronze, airain, etc., en les transportant du bain acide dans un bain alcalin de triple cyanure de cuivre, de potassium, et un métal blanc constituant l'alliage. Toutefois on ne les soumettra à l'action des bains alcalins qu'après avoir bien avivé le premier dépôt à l'aide de gratte-bosses ou tout autre moyen, et les avoir bien rincés.

## IV. PROCÉDÉ POUR RENDRE LES BOUCHONS DE LIÈGE IMPERMÉABLES AUX ACIDES ET AUX ALCALIS.

Nous reproduisons ci-après le procédé indiqué par M. Brandely dans la dernière édition de ce Manuel :

« Le liège (*quercus suber*) contient en assez grande
« quantité de la subérine et de la glycérine. Ces
« substances étant solubles dans l'alcool, il en ré-
« sulte un grand dommage pour les fabricants de
« vin de Champagne, qui alcoolisent ce produit,
« et tous ces industriels se trouvent dans l'obliga-
« tion de le faire plus ou moins, suivant les pays
« auxquels ces vins sont destinés. Ces pertes ne
« s'élèvent pas à moins de 20 et souvent de 25 0/0
« de la quantité de bouteilles préparées par année.

« Je connais une maison qui ne fait pas moins de
« 12 à 1,400,000 bouteilles par an, dont la perte
« portait sur le chiffre énorme de 300,000, soit re-
« couleuses, soit chevilles.

« Le chef de cette maison vint un jour me trou-
« ver, et me montrant un faisceau de coton de
« mèche enveloppé d'une forte lame de caoutchouc
« et formant un volume égal à peu près aux plus
« gros bouchons à champagne, me dit qu'après
« avoir vainement cherché à remplacer le liège, il
« n'avait trouvé rien de mieux. Cette innovation
« venait d'Angleterre. Sollicité par ce négociant,
« afin d'obvier aux défauts du liège, je m'en char-
« geai.

« Ma première pensée fut de ne rien changer au
« mode de bouchage auquel les amateurs de cham-
« pagne sont trop habitués. Faire sauter le bou-
« chon à la fin d'un repas cause une trop agréable
« émotion pour renoncer à cet accompagnement
« immémorial, ou plutôt à cette tapageuse entrée
« en scène du précieux liquide tant apprécié de tous
« nos bons amis.

« Je visai donc à conserver le liège, mais à le

« protéger contre la liqueur (mélange de sucre
« candi et d'alcool). Après divers essais auxquels
« je dus renoncer, soit par rapport à l'odeur de
« l'enduit ou pour d'autres causes, je m'arrêtai à
« une dissolution de caoutchouc (Para) bien blanc
« dans le chloroforme.

« La dissolution se fait à froid ou à chaud. Il
« faut qu'elle soit assez concentrée pour qu'en y
« trempant un agitateur en verre, et l'agitant
« dans l'air pour évaporer le chloroforme, il
« reste sur le verre une couche appréciable de
« caoutchouc.

« Pour se servir de cette dissolution et en en-
« duire les bouchons, on devra se munir de deux
« instruments. Le premier est un vase en porce-
« laine ou en verre, coiffé d'un couvercle en métal
« au milieu duquel est pratiqué un trou de quel-
« ques millimètres plus fort en diamètre que le
« plus gros bouchon. Bien exactement sous le trou
« se trouve un ressort à boudin très flexible, se
« terminant au sommet par une rondelle en cuir
« assez épaisse (5 à 6 millimètres) et assez large
« pour boucher le trou, mais de l'intérieur du vase,
« de telle sorte qu'en pressant sur cette rondelle,
« le bouchon puisse pénétrer dans le vase et se
« couvrir de dissolution jusqu'à la moitié de sa
« hauteur.

« L'office du ressort à boudin et de la rondelle
« de cuir est d'empêcher l'évaporation du chloro-
« forme.

« Le second instrument est une planche mince
« en peuplier dans laquelle on enfonce des épin-
« gles jusqu'à la tête. Après en avoir couvert la

« planche à une distance l'une de l'autre telle que
« les bouchons ne puissent se toucher, on retourne
« la planche, on la pose sur la table, les têtes d'é-
« pingle en dessous, et on pique les bouchons sur
« les tiges d'épingle qui dépassent d'environ 4 cen-
« timètres. On aura soin de piquer les bouchons
« du côté où ils n'ont pas été enduits.

« Pour les acides concentrés, on fera bien de
« donner plusieurs couches. Si on expose les plan-
« ches chargées de bouchons à un courant d'air,
« il ne faut pas plus d'une heure pour évaporer le
« dissolvant.

« Ce procédé peut être utile, non seulement aux
« fabricants de liqueurs gazeuses de toute espèce,
« mais encore aux liquoristes et surtout aux chi-
« mistes. »

### Autre procédé

Dans les laboratoires, lorsqu'on veut imperméa-
biliser les bouchons en liège et les soustraire à l'action corrosive des acides ou des alcalis, on se contente de les faire tremper un instant dans de la
paraffine fondue, véritable enduit inattaquable par
presque tous les acides et alcalis.

C'est également à la paraffine que l'on a recours
pour rendre étanche à l'air l'intérieur des vases
bouchés au liège. Pour cela on enfonce le bouchon
de manière à ce que sa surface descende au-dessous
du niveau supérieur du goulot ou col du récipient
et on comble ce creux de paraffine fondue.

Enfin, il n'est pas jusqu'au bouchage à l'émeri
qu'on rende étanche de la même manière. Étant

donné un vase bouché à l'émeri, on trempe la partie bouchée et une partie du col dans la paraffine qui forme alors un écran hermétique soit à l'entrée de l'air, soit à la sortie du liquide par évaporation.

C'est encore avec de la paraffine que l'on enduit à froid, en les frottant, les bouchons émeris pour les empêcher d'adhérer au col et permettre le débouchage facile.

FIN DU TOME SECOND

# TABLE DES MATIÈRES

## DU TOME SECOND

---

### QUATRIÈME PARTIE

### Galvanoplastie proprement dite

# CINQUIÈME PARTIE

## Applications spéciales de la Galvanoplastie

# SIXIÈME PARTIE

## Electro-métallurgie par voie humide

# SEPTIÈME PARTIE

## Des préparations chimiques en Galvanoplastie

FIN DE LA TABLE DU TOME SECOND

BAR-SUR-SEINE. — IMP. Ve C. SAILLARD.

1er FÉVRIER 1904

Ce Catalogue annule les précédents

# CATALOGUE COMPLET

DE LA

# LIBRAIRIE ENCYCLOPÉDIQUE

# RORET

## L. MULO, SUCCr

**12, rue Hautefeuille, 12**

## PARIS-VIe

NOUVELLE COLLECTION

DE

## L'ENCYCLOPÉDIE-RORET

Format in-18 Jésus 19 × 12

## COLLECTION DES MANUELS-RORET

OUVRAGES DIVERS
**Sur l'Industrie et les Arts et Métiers**

## OUVRAGES HORTICOLES

JOURNAUX — SUITES A BUFFON
**Divers. — Bibliothèque des Arts et Métiers**

Dépôt des Ouvrages publiés par la Librairie **FÉRET & FILS**
DE BORDEAUX

Ce Catalogue est envoyé *franco* sur demande

# ENCYCLOPÉDIE-RORET

## COLLECTION

### DES

# MANUELS-RORET

FORMANT UNE

## ENCYCLOPÉDIE DES SCIENCES ET DES ARTS

FORMAT IN-18

### Par une réunion de Savants et d'Industriels

Tous les Traités se vendent séparément.

La plupart des volumes, de 300 à 400 pages, renferment des planches parfaitement dessinées et gravées, et des figures intercalées dans le texte.

Les Manuels épuisés sont revus avec soin et mis au niveau de la science à chaque édition. Aucun Manuel n'est cliché, afin de permettre d'y introduire les modifications et les additions indispensables. Cette mesure, qui oblige l'Editeur à renouveler les frais de composition typographique à chaque édition, doit empêcher le Public de comparer le prix des *Manuels-Roret* avec celui des ouvrages similaires, tirés sur clichés.

Pour recevoir chaque volume franc de port, on joindra, à la lettre de demande, un *mandat sur la poste* (de préférence aux timbres-poste). Afin d'éviter les écritures pour l'expéditeur et les frais de recouvrement pour le destinataire, **aucun envoi n'est fait contre remboursement par la Poste.**

Les volumes expédiés dans les pays qui ne font pas partie de l'Union des Postes, seront grevés des frais de poste établis d'après les tarifs de la poste française. Les demandes venant de l'**Etranger** devront contenir **25 centimes** en sus des prix portés au Catalogue, pour frais de recommandation à la Poste.

Les timbres étrangers ne pouvant être utilisés, nous prions nos Correspondants de ne pas nous en adresser.

# Nouvelle Collection de l'Encyclopédie-Roret

Format in-18 Jésus 19 × 12

*Les ouvrages précédés d'un astérisque (*) ont été honorés d'une souscription des Ministères du Commerce, de l'Instruction publique et des Beaux-Arts, et de l'Agriculture.*

**Manuel de l'Apiculteur Mobiliste**, nouvelles Causeries sur les Abeilles en 30 leçons, par l'abbé DUQUESNOIS. 1 vol. in-18 jésus, orné de 20 fig. dans le texte. (*Médaille d'argent* à Bar-le-Duc.) 3 fr.

*— de l'**Eleveur de Faisans**, par H.-L.-Alph. BLANCHON, 1 vol. in-18 jésus, orné de 31 figures dans le texte. 2 fr.

— de l'**Eleveur de Poules**, par H.-L.-Alph. BLANCHON, 1 vol. in-18 jésus, orné de 67 figures dans le texte. 3 fr.

— du **Pisciculteur**, par H.-L.-Alph. Blanchon, 1 vol. in-18 jésus, orné de 65 fig. dans le texte. 3 fr. 50

*— de l'**Eleveur de Pigeons, Pigeons voyageurs**, par H.-L.-Alp. BLANCHON, 1 vol. in-18 jésus, orné de 44 fig. dans le texte. 3 fr.

*— de l'**Eleveur de Lapins**, par WILLEMIN, 1 vol. in-18 jésus, orné de 24 figures dans le texte. 2 fr. 50

— **Eléments Culinaires** (les) à l'usage des jeunes filles, par Auguste COLOMBIÉ. 1 vol. in-18 jésus, cartonné. 3 fr.

— **Traité pratique de Cuisine bourgeoise**, par Auguste COLOMBIÉ, 1 vol. in-18 jésus, cartonné. 4 fr.

— **100 Entremets**, par Auguste COLOMBIÉ, 1 vol. in-18 jésus, cartonné. 2 fr.

*— de **Jardinage et d'Horticulture**, par Albert MAUMENÉ, avec la collaboration de Claude TRÉBIGNAUD, arboriculteur. 1 vol. in-18 jésus, orné de 275 figures dans le texte. Broché, 6 fr. — Cartonné. 7 fr.

— de l'**Agriculteur**, par Louis BEURET et Raymond BRUNET, 1 vol. in-18 jésus orné de 117 figures. 5 fr.

— **Artichaut** et de l'**Asperge** (de la Culture de l'), par R. BRUNET, ingénieur agronome. 1 vol. orné de 13 fig. dans le texte. 2 fr.

— **Champignons et de la Truffe** (de la Culture des), par R. BRUNET, ingénieur agronome. 1 vol. orné de 15 figures dans le texte. 2 fr. 50

— **Châtaignier** (Culture, Exploitation et Utilisations), par H. BLIN. 1 vol. in-18 jésus orné de fig. (*En prépar.*)

— **Fraisier** (de la Culture du), par R. BRUNET, ingénieur agronome. 1 vol. orné de 28 fig. dans le texte. 2 fr.

— **Groseillier, du Cassissier et du Framboisier**

(de la Culture du), par R. Brunet, ingénieur agronome.
1 vol. orné de 7 fig. dans le texte.　　　　1 fr. 50
— Melon, de la Citrouille et du Concombre (de
la Culture du), par R. Brunet, ingén<sup>r</sup> agronome. 1 vol.
orné de 25 fig. dans le texte.　　　　　　2 fr.
— d'Ostréiculture et de Myticulture, par A. Larbalétrier, 1 vol. orné de 22 fig. dans le texte.　2 fr. 50
— Tabac (Culture et Fabrication du), par R. Brunet, in-
gén<sup>r</sup> agronome. 1 vol. orné de 23 fig. dans le texte.　3 fr.

## COLLECTION DES MANUELS-RORET

**Manuel pour gouverner les Abeilles** et en retirer
profit, par MM. Radouan et Malepeyre. 2 vol.　　6 fr.
— **Accordeur de Pianos**, traitant de la Facture des
Pianos anciens et modernes et de la Réparation de leur
mécanisme, contenant des Principes d'Acoustique, des Notions de Musique, les Partitions habituelles, la Théorie et
la Pratique de l'Accord, à l'usage des Accordeurs et des
Amateurs, par M. G. Huberson. 1 vol. orné de figures et
de musique et accompagné de planches.　　　2 fr. 50
— **Aérostation**, ou Guide pour servir à l'histoire ainsi
qu'à la pratique des *Ballons*, par M. Dupuis-Delcourt,
1 vol. orné de figures.　　　　　　　　　3 fr.
— **Agriculture Élémentaire**, à l'usage des écoles
primaires et des écoles d'agriculture, par M. V. Rendu.
(*Ouvrage autorisé par l'Université.*) 1 vol.　　1 fr. 25
— **Alcoométrie**, contenant la description des appareils et des méthodes alcoométriques, les Tables de Force
de Mouillage des Alcools, le Remontage des Eaux-de-Vie,
et des indications pour la vente des alcools au poids, par
MM. F. Malepeyre et Aug. Petit. 1 vol.　　1 fr. 75
— **Algèbre**, ou Exposition élémentaire des principes
de cette science, par M. Terquem. (*Ouvrage approuvé par
l'Université.*) 1 gros vol.　　　　　　　　3 fr. 50
— **Alimentation**, par M. W. Maigne. 2 vol.　　6 fr.
— *Première partie*, Substances alimentaires, leur origine, leur valeur nutritive, falsifications qu'on leur fait
subir et moyens de les reconnaître. 1 vol.　　　3 fr.
— *Deuxième partie*, Conserves alimentaires, contenant tous les procédés en usage pour conserver les Vian-
des, le Poisson, le Lait, les Œufs, les Grains, les Légu-
mes verts et secs, les Fruits, les Boissons, etc., suivi du
Bouchage des boîtes, des vases et des bouteilles. 1 vol.
orné de fig.　　　　　　　　　　　　　3 fr.

— **Amidonnier et Fabricant de Pâtes alimentaires**, traitant de la Fabrication de l'Amidon et des Produits obtenus des Fruits et des Plantes qui renferment de la Fécule, par MM. Morin, F. Malepeyre et Alb. Larbalétrier. 1 vol. avec figures et planches. 3 fr.

— **Anatomie comparée**, par MM. de Siebold et Stannius; trad. de l'allemand par MM. Spring et Lacordaire, professeurs à l'Université de Liège. 3 gros vol. 10 fr. 50

— **Aniline (Couleurs d'), d'Acide phénique et de Naphtaline**, par M. Th. Chateau. (*En préparation.*)

— **Animaux nuisibles (Destructeur des).**

1re *partie*, Animaux nuisibles aux Habitations, à l'Agriculture, au Jardinage, etc., par Vérardi (*En préparation*).

2e *partie*, Insectes nuisibles aux Arbres forestiers et fruitiers, à l'usage des Forestiers, des Jardiniers et des Propriétaires, par MM. Ratzeburg, De Corberon et Boisduval. 1 vol. orné de 8 planches. 2 fr. 50

— **Archéologie** grecque, étrusque, romaine, égyptienne, indienne, etc., traduit de l'allemand de M. O. Müller par M. Nicard. 3 vol. avec Atlas. Les 3 vol. 10 fr. 50. L'Atlas séparé : 12 fr. Les 3 volumes et l'Atlas : 22 fr. 50

— **Architecte des Jardins**, ou l'Art de les composer et de les décorer, par M. Bottard. 1 vol. avec Atlas de 140 planches. 15 fr.

— **Architecte des Monuments religieux**, ou Traité d'Archéologie pratique, applicable à la restauration et à la construction des Eglises, par M. Schmit. (*En préparation.*)

— **Arithmétique démontrée**, par MM. Collin et Trémery. 1 vol. (*En préparation.*)

— **Arithmétique complémentaire**, ou Recueil de Problèmes nouveaux, par M. Trémery. 1 vol. 1 fr. 75

— **Armurier**, Fourbisseur et Arquebusier, traitant de la fabrication des Armes à feu et des Armes blanches, par M. Paulin Désormeaux. 2 vol. avec planches. (*En prépar.*)

— **Arpentage**, ou Instruction élémentaire sur cet art et sur celui de lever les plans, par M. Lacroix, de l'Institut, MM. Hogard, géomètre, et Vasserot, avocat. (*En préparation*).

*On vend séparément* les Modèles de Topographie, par Chartier. 1 planche coloriée. 1 fr.

— **Art militaire**, ou Instructions pratiques à l'usage de toutes les armes de terre, par M. Vergnaud, colonel d'artillerie. 1 volume avec figures. 3 fr.

— **Artificier** (Pyrotechnie civile), contenant l'Art de

confectionner et de tirer les feux d'artifice, par A.-D. VER-
GNAUD, colonel d'artillerie et P. VERGNAUD, lieutenant-colo-
nel. 1 vol. orné de fig. Nouvelle Edition, refondue, par
Georges PETIT, ingénieur civil.          3 fr.

— **Aspirants** aux fonctions de Notaires, Greffiers, Avo-
cats à la Cour de Cassation, Avoués, Huissiers, et Commis-
saires-Priseurs, par M. COMBES. 1 vol. *(En préparation.)*

— **Assolements, Jachère** et **Succession des Cul-
tures**, par M. Victor YVART, de l'Institut, et M. Victor
RENDU, inspecteur de l'agriculture. 3 vol.          10 fr. 50

— **Astronomie**, ou Traité élémentaire de cette science,
trad. de l'anglais de W. HERSCHEL, par M. A.-D. VERGNAUD.
1 vol. orné de planches. *(En préparation.)*

— **Astronomie amusante**, Notions élémentaires
sur l'Astronomie, par M. L. TOMLINSON, traduit de l'anglais
par A. D. VERGNAUD. 1 vol. avec figures.          2 fr. 50

— **Barême** (Voir *Calculateur*).

— **Bibliographie universelle**, par MM. F. DENIS,
P. PINÇON et DE MARTONNE. 3 gros vol. à 2 colonnes.  20 fr.

— **Bibliothéconomie**, Arrangement, Conservation et
Administration des Bibliothèques, par L.-A. CONSTANTIN.
1 vol. orné de figures. *(En préparation.)*

— **Bijoutier-Joaillier** et Sertisseur, traitant des
Pierres précieuses, de la Nacre, des Perles, du Corail et
du Jais, contenant l'Art de les tailler, de les sertir, de les
monter, de les imiter, suivi de la description des principaux Ordres et la fabrication de leurs décorations, par
MM. JULIA DE FONTENELLE, F. MALEPEYRE et A. ROMAIN.
1 vol. accompagné de planches.          3 fr.

— **Bijoutier-Orfèvre**, traitant des Métaux précieux, de
leurs Alliages, des divers modes d'Essai et d'Affinage, du Titre
et des Poinçons de garantie de l'Or et de l'Argent, des divers
travaux d'Orfèvrerie en or, en argent et en plaqué, du Niellage
et de l'Emaillage des Métaux précieux, de la Bijouterie en vrai
et en faux, de la fabrication des bijoux de fantaisie, en fer, en
acier, en aluminium, etc., par J. DE FONTENELLE, F. MALE-
PEYRE et A. ROMAIN. 2 vol. avec fig. et planches.    6 fr.

— **Biographie**, ou Dictionnaire historique abrégé des
grands hommes, par M. NOEL, ancien inspecteur-général
des études. 2 volumes.          6 fr.

— **Blanchiment** et **Blanchissage**, Nettoyage et
Dégraissage des fils de lin, coton, laine, soie, etc., par MM.
J. DE FONTENELLE et ROUGET DE LISLE *(En préparation)*.

— **Bonnetier** et **Fabricant de bas**, renfermant
les procédés à suivre pour exécuter, sur le métier et à l'ai-

. guille les divers tissus à maille, par **MM. Leblanc** et **Preaux-Caltot**. 1 vol. avec planches *(En préparation)*.

— **Botanique**, Partie élémentaire, par **M. Boitard**. 1 vol avec planches.                                   3 fr. 50

**Atlas de botanique** pour la partie élémentaire. 1 vol. in-8 renfermant 36 planches.                                   6 fr.

— **Bottier et Cordonnier** *(En préparation)*.

— **Boucher**, voyez *Charcutier*.

**Tableau figuratif des diverses Qualités de la Viande de Boucherie**, in-plano colorié.                                   1 fr.

— **Boucherie Taxée**, ou Code des Vendeurs et des Acheteurs de Viande, par un **Magistrat**. *(En préparation.)*

— **Bougies stéariques et Bougies de paraffine**, traitant de la fabrication des Acides gras concrets, de l'Acide oléique, de la Glycérine, etc., par **M. F. Malepeyre**. Nouv. éd. rev. et corrig. par **G. Petit**, ing. civil. 2 vol. 8 fr.

— **Boulanger**, ou Traité pratique de la Panification française et étrangère, contenant la connaissance des farines, les moyens de reconnaître leur mélange et leur altération, les principes de la Boulangerie, la construction des pétrins et des fours, la fabrication de toute espèce de pains et de biscuits, par **J. Fontenelle** et **F. Malepeyre**. Nouvelle édition entièrement refondue et mise au courant de l'état actuel de cette industrie, par **Schield-Treherne**. 1 vol. orné de 97 figures dans le texte                                   4 fr.

— **Bourrelier-Sellier-Harnacheur**, contenant la description de tout l'outillage moderne. Les renseignements sur les marchandises à employer. Fabrication du harnais, équipement, sellerie, garniture de voitures. Recettes diverses. Vocabulaire des termes en usage dans cette profession, par **L. Jaillant**. 1 vol. orné de 126 fig. dans le texte.                                   3 fr.

— **Bourse et ses Spéculations** mises à la portée de tout le monde, par **Boyard**. 1 vol. *(En préparation)*.

— **Bouvier**. *(En préparation.)*

— **Brasseur**, ou l'Art de faire toutes sortes de Bières françaises et étrangères, par **F. Malepeyre**. Nouvelle édition, entièrement revue et complétée par **Schield-Treherne**, 2 gros vol. accompagnés d'un Atlas de 14 pl. 8 fr.

— **Briquetier, Tuilier, Fabricant de Carreaux**, de tuyaux de Drainage et de Creusets réfractaires, contenant la fabrication de ces matériaux à la main et à la mécanique, et la description des fours et appareils actuellement usités dans ces industries, par **MM. F. Malepeyre** et **A. Romain**. 2 vol. accompagnés de planches.                                   6 fr.

— **Briquets, Allumettes chimiques,** soufrées, phosphorées, amorphes, etc., *Briquets électriques, Lumière électrique* et appareils qui la produisent, par MM. MAIGNE et A. BRANDELY. Edition entièrement refondue par Georges PETIT, ingénieur civil. 1 vol. orné de figures. 3 fr.

— **Broderie,** ou Traité complet de cet Art, par Mme CELNART. 1 vol. accompagné d'un Atlas de 40 planches. (*En préparation.*)

— **Bronzage des Métaux et du Plâtre,** par DEBONLIEZ, MALEPEYRE, et LACOMBE. 1 vol. 1 fr. 25

— **Cadres** (Fabricant de), Passe-Partout, Châssis, Encadrements, suivi de la restauration des tableaux et du nettoyage des gravures, estampes, etc., par J. SAULO et DE SAINT-VICTOR. Edition entièrement refondue, par E.-E. STAHL. 1 vol. orné de 27 illustrations. 2 fr.

— **Calculateur,** ou COMPTES-FAITS utiles aux opérations industrielles, aux comptes d'inventaire, etc., par M. Aug. TERRIÈRE. 1 gros vol. 3 fr. 50

— **Calendrier** (Théorie du) et Collection de tous les calendriers des années passées, présentes et futures, par M. FRANCŒUR, professeur à la Faculté des sciences. (*En préparation*).

— **Calligraphie,** ou l'Art d'écrire en peu de leçons, d'après la méthode de CARSTAIRS. 1 Atlas in-8 obl. 1 fr.

— **Canotier,** ou Traité universel et raisonné de cet Art, par UN LOUP D'EAU DOUCE. 1 vol. orné de fig. 1 fr. 75

— **Caoutchouc, Gutta-percha, Gomme factice,** Tissus imperméables, Toiles cirées et gommées, par M. MAIGNE. 2 vol. accompagnés de planches. 5 fr.

— **Capitaliste,** contenant la pratique de l'escompte et des comptes-courants, d'après la méthode nouvelle, par M. TERRIÈRE, employé à la trésorerie générale de la couronne. 1 gros vol. 3 fr. 50.

— **Cartes Géographiques** (Construction et Dessin des), par PERROT. Nouvelle édition par BOURGOIN. 1 vol. orné de 148 figures. 2 fr. 50

— **Cartonnier,** Fabricant de Carton, de Carte, de Cartonnages et de Cartes à jouer, par Georges PETIT, ingénieur civil. 1 vol. orné de 95 fig. dans le texte. 4 fr.

— **Chamoiseur, Maroquinier, Mégissier, Teinturier en peaux, Fabricant de Cuirs vernis, Parcheminier et Gantier,** traitant de l'outillage à la main, des machines nouvelles, et des procédés les plus récents en usage dans ces diverses industries, par MM. JULIA-FONTENELLE, MAIGNE et VILLON. 1 vol. avec fig. 3 fr. 50

— **Chandelier et Cirier**, contenant toutes les opérations usitées dans ces industries, par MM. SÉB. LENORMAND et F. MALEPEYRE. 2 vol. (*En préparation.*)

— **Chapeaux** (Fabricant de) en tous genres, par MM. CLUZ, F. et JULIA DE FONTENELLE. 1 vol. (*En préparation*).

— **Charcutier, Boucher et Equarrisseur**, contenant l'élevage et l'engraissement du Porc et de la Truie, l'Art de préparer et de conserver les différentes parties du Cochon, les maniements et le Dépeçage du Bœuf, de la Vache, du Taureau, du Veau, du Mouton et du Cheval, et traitant de l'utilisation des débris, par MM. LEBRUN et MAIGNE. 1 vol. avec figures et planches. 2 fr. 50

*On vend séparément :*

TABLEAU DES QUALITÉS DE VIANDE, in plano col. 1 fr.

— **Charpentier**, ou Traité complet et simplifié de cet Art, traitant de la Charpente en bois et en fer et de la Manipulation des diverses pièces de Charpente, par HANUS, BISTON, BOUTEREAU et GAUCHÉ. Nouvelle édition refondue, corrigée et augmentée de la *Série des Prix*, par N. CHRYSSOCHOÏDÈS. 2 vol. ornés de 94 fig. dans le texte et accompagnés d'un Atlas de 22 planches. 8 fr.

— **Charron-Forgeron**, traitant de l'Atelier, de l'Outillage, des Matériaux mis en œuvre par le Charron, du Travail de la forge, de la Construction du gros et du petit matériel, etc., par M. G. MARIN-DARBEL. 1 vol. orné de nombreuses figures et accompagné de planches. 3 fr. 50

— **Chasselas**, sa culture à Fontainebleau, par un VIGNERON des environs. (*En préparation.*)

— **Chasseur**, ou Traité général de toutes les chasses à courre et à tir, suivi d'un Vocabulaire des termes de Chasse et de la Législation, par MM. DE MERSAN, BOYARD et ROBERT. 1 vol. contenant la musique des principales fanfares. 3 fr.

— **Chaudronnier**, contenant l'Art de travailler au marteau le cuivre, la tôle et le fer-blanc, ainsi que les travaux d'Estampage et d'Etampage, par MM. JULLIEN, VALÉRIO et CASALONGA, ingénieurs civils. Nouvelle édition entièrement refondue et augmentée du *Tracé en chaudronnerie*, par Georges PETIT, ingénieur civil. 1 vol. orné de 86 figures dans le texte et accompagné d'un Atlas de 20 planches. 5 fr.

— **Chauffage et Ventilation** des Bâtiments publics et privés, au moyen de l'air chaud, de l'eau chaude et de la vapeur, Chauffage des Bains, des Serres, des Vins et des Vagons de chemins de fer, par M. A. ROMAIN. 1 vol. accompagné de planches et orné de figures. 3 fr.

— **Chaufournier, Plâtrier, Carrier et Bitumier**, contenant l'exploitation des Carrières et la fabrication du Plâtre, des différentes Chaux, des Ciments, Mortiers, Bétons, Bitumes, Asphaltes, etc., par MM. D. MAGNIER et A. ROMAIN. Nouvelle édition. 1 vol. accompagné de planches. 3 fr. 50

— **Chemins de Fer**, contenant des études comparatives sur les divers systèmes de la voie et du matériel, le Formulaire des charges et conditions pour l'établissement des travaux, etc., par M. E. WITH. 2 vol. avec atlas 7 fr.

— **Cheval (Education et dressage du)** monté et attelé, traitant de son hygiène et des remèdes qui lui conviennent, par M. DE MONTIGNY. 1 vol. avec planches. 3 fr.

— **Chimie Agricole**, par MM. DAVY et VERGNAUD. 1 vol. orné de figures. 3 fr. 50

— **Chimie analytique** (*En préparation*).

— **Chimie appliquée**, voyez *Produits chimiques*.

— **Chocolatier**, voyez *Confiseur et Chocolatier*.

— **Cidre et Poiré (Fabricant de)**, traitant de la Culture et de la Greffe des meilleures variétés de fruits propres à faire le Cidre et le Poiré, ainsi que des Méthodes nouvelles et des Appareils perfectionnés employés dans cette industrie, par MM. DUBIEF, F. MALEPEYRE et le Comte DE VALICOURT. 1 vol. orné de figures. 3 fr.

— **Cirage**, voyez *Encres*.

— **Ciseleur**, contenant la description des procédés de l'Art de ciseler et repousser tous les métaux ductiles, bijouterie, orfèvrerie, armures, bronzes, etc., par M. Jean GARNIER, ciseleur-sculpteur. Nouvelle édition, revue, corrigée et augmentée, par C. CHOUARTZ, ciseleur. 1 vol. orné de 60 figures dans le texte. 3 fr.

— **Clichage** en matière et galvanique, voyez *Graveur*.

— **Coiffeur**, par M. VILLARET. 1 vol. orné de figures. (*En préparation*).

— **Colles (Fabrication de toutes sortes de)**, comprenant celles de matières végétales, animales et composées, par MALEPEYRE. Nouvelle édition entièrement refondue par H. BERTRAN, ingénieur des Arts et Manufactures. 1 vol. orné de 114 figures dans le texte. 3 fr.

— **Coloriste**, contenant le mélange et l'emploi des Couleurs, ainsi que l'Enluminure, le Lavis, le coloriage à la main et au patron, etc., par MM. PERROT, BLANCHARD, THILLAYE et VERGNAUD. (*En préparation.*)

— **Commerce, Banque et Change**, contenant tout ce qui est relatif aux effets de Commerce, à la tenue des livres, à la comptabilité, à la bourse, aux emprunts, etc., par M. Gallas, suivi de la Méthode nouvelle pour le calcul des intérêts a tous les taux (*En préparation*).

— Compagnie (Bonne), ou Guide de la Politesse et de la Bienséance, par madame Celnart (*En préparation*).

— Comptes-Faits, voyez *Calculateur*, *Capitaliste*, *Poids et Mesures (Barème des)*.

— Confiseur et Chocolatier, contenant les derniers perfectionnements apportés à ces Arts, par MM. Cardelli et Lionnet-Clémandot. Nouvelle édition complètement refondue par M. A. M. Villon, ingénieur-chimiste. 1 vol. avec nombreuses illustrations. 4 fr.

— Conserves alimentaires, voyez *Alimentation*.

— Construction moderne (La), ou Traité de l'Art de bâtir avec solidité, économie et durée, comprenant la Construction, l'histoire de l'Architecture et l'Ornementation des édifices, par Bataille, architecte, anc. professeur. Nouvelle édition, revue, corrigée et augmentée par N. Chryssochoïdès. 1 vol. orné de 224 fig. dans le texte et accompagné d'un Atlas grand in-8º de 44 planches 15 fr.

— Constructions agricoles, traitant des matériaux et de leur emploi dans les Constructions destinées au logement des Cultivateurs, des Animaux et des Produits agricoles dans les petites, les moyennes et les grandes exploitations, par M. G. Heuzé, inspecteur de l'agriculture. 1 vol. accompagné d'un Atlas de 16 pl. grand in-8º. 7 fr.

— Contre-Poisons, ou Traitement des individus empoisonnés, asphyxiés, noyés ou mordus, par M. le Docteur H. Chaussier. 1 vol. 2 fr. 50

— Contributions Directes, Guide des Contribuables, par M. Boyard. (*En préparation.*)

— Cordier, contenant la culture des Plantes textiles, l'extraction de la Filasse, et la fabrication de toutes sortes de cordes, par Boitard. 1 vol. orné de fig. (*En préparation*).

— Correspondance Commerciale, contenant les Termes de commerce, les Modèles et Formules épistolaires et de comptabilité, etc., par MM. Rees-Lestienne et Trémery. (*En préparation.*)

— Corroyeur, voyez *Tanneur*.

— Couleurs (Fabricant de) à l'huile et à l'eau, Laques, Couleurs hygiéniques, Couleurs fines, etc., par MM. Riffault, Vergnaud, Toussaint et Malepeyre. 2 volumes accompagnés de planches. 7 fr.

— Coupe des Pierres, contenant des notions de Géométrie élémentaire et descriptive, ainsi que l'art du

Trait appliqué à la Stéréotomie, par MM. Toussaint et H. M.-M., architectes. Nouvelle édition, augmentée d'un Appendice sur le transport et le travail de la pierre, par Fromholt. 1 vol. avec Atlas.    5 fr.

— **Coutelier**, ou l'Art de faire tous les Ouvrages de Coutellerie, par Landrin, ing^r civil. (*En préparation*).

— **Couvreur**, voyez *Plombier*.

— **Crustacés** (Hist. natur. des), par MM. Bosc et Desmarest, etc. 2 vol. ornés de planches.    6 fr.

— **Cubage des Bois** en grume ou écorcés au 1/4 et au 1/5 réduits, de 1m à 10m 90 de longueur inclus, et de 0m 40 à 4m de circonférence inclus ; donnant tous les cubes par fraction de 0m10 en 0m10 pour la longueur et de 0m05 en 0m05 pour la circonférence, et permettant d'obtenir les cubes de toutes longueurs, par G Haudebert, ancien marchand de bois à Vendôme. 1 vol.    1 fr. 25

— **Cuisinier et Cuisinière.** (*En préparation.*)

— **Cultivateur Forestier**, contenant l'Art de cultiver en forêts tous les Arbres indigènes et exotiques, par M. Boitard. 2 vol.    5 fr.

— **Cultivateur Français**, ou l'Art de bien cultiver les Terres et d'en retirer un grand profit, par M. Thiébaut de Berneaud. 2 vol. ornés de figures.    5 fr.

— **Dames**, ou l'Art de l'Elégance, traitant des Objets de toilette, d'ameublement et de voyage qui conviennent aux Dames, par madame Celnart. 1 vol.    3 fr.

— **Danse**, ou Traité théorique et pratique de cet Art, contenant toutes les *Danses de Société* et la Théorie de la Danse théâtrale, par Blasis et Lemaitre 1 vol.    1 fr. 25

— **Décorateur-Ornementiste.** (*En préparation.*)

— **Dessin Linéaire**, par M. Allain, entrepreneur de travaux publics. 1 vol. avec Atlas de 20 planches.    5 fr.

— **Dessinateur**, ou Traité complet du Dessin, par M. Boutereau, professeur. 1 volume accompagné d'un Atlas de 20 planches, dont quelques-unes coloriées.    5 fr.

— **Distillateur-Liquoriste**, contenant les Formules des Liqueurs les plus répandues, les parfums, substances colorantes, etc., par MM. Lebeaud, Julia de Fontenelle et Malepeyre. 1 gros volume.    3 fr. 50

— **Distillation de la Betterave, de la Pomme de terre**, du Topinambour et des racines féculentes, telles que la carotte, le rutabaga, l'asphodèle, etc., par Hourier et Malepeyre. Nouvelle édition entièrement refondue par Larbalétrier. 1 vol. accomp. de 3 pl. gravées sur acier. 3fr.

— **Distillation des Grains et des Mélasses**, par

MM. F. MALEPEYRE et ALB. LARBALÉTRIER. 1 vol accompagné d'un Atlas de 9 planches in-8°. 5 fr.

— **Distillation des Vins**, des Marcs, des Moûts, des Fruits, des Cidres, etc., par M. F. MALEPEYRE. Nouvelle édition revue, corrigée et considérablement augmentée par M. Raymond BRUNET, ingénieur-agronome. 1 vol. 3 fr.

— **Domestiques**, ou Art de former de bons serviteurs, par Mme CELNART. 1 vol. *(En préparation.)*

— **Dorure, Argenture, Nickelage, Platinage sur Métaux**, au feu, au trempé, à la feuille, au pinceau, au pouce et par la méthode électro-métallurgique, traitant de l'application à l'Horlogerie de la dorure et de l'argenture galvaniques, et de la coloration des Métaux par les oxydes métalliques et l'Electricité, par MM. MATHEY, MAIGNE, A. VILLON et Georges PETIT, ingénieur civil. 1 vol. orné de 36 figures dans le texte. 3 fr. 50

— **Dorure sur bois** à l'eau et à la mixtion, par les procédés anciens et nouveaux, traitant des Peintures laquées sur Meubles et sur Sièges, par M. SAULO. 1 vol. 1 fr. 50

— **Drainage simplifié**, mis à la portée des Campagnes, suivi de la législation relative au Drainage, par M. DE LA HODDE. *(En préparation.)*

— **Eaux et Boissons Gazeuses**, ou Description des méthodes et des appareils les plus usités dans cette industrie, le bouchage des bouteilles et des siphons, la Gazéification des Vins, Bières et Cidres, etc. Nouv. édit. augmentée des Boissons angl. et améric., par L. GASQUET, Ingénieur des Arts et Manufactures, et JARRE, Ingénieur. 1 vol. orné de 140 fig. dans le texte. 4 fr.

— **Eaux-de-Vie (Négociant en)**, Liquoriste, Marchand de Vins et Distillateur, par MM. RAVON et MALEPEYRE. Nouvelle édition revue, corrigée et augmentée par RAYMOND BRUNET, ingénieur-agronome, 1 vol. 1 fr.

— **Ebéniste et Tabletier**, traitant des Bois, de leur Teinture et de leur Apprêt, de l'Outillage, du Débitage des bois de placage, de la fabrication et de la réparation des Meubles de tout genre et du travail de la Tabletterie, par MM. NOSBAN et MAIGNE. 1 vol orné de figures et accompagné de planches. 3 fr. 50

— **Electricité atmosphérique**, ou Instructions pour établir les Paratonnerres et les Paragrêles, par M. RIFFAULT. 1 vol. avec planche. 2 fr. 50

— **Electricité médicale**, ou Eléments d'Electro-Biologie, suivi d'un Traité sur la Vision, par M. Smee, traduit par M. Magnier. 1 vol. orné de figures.		3 fr.

— **Encres (Fabricant d')** de toute sorte, telles que Encres d'écriture, Encres à copier, Encres d'impression typographique, lithographique et de taille douce, Encres de couleurs, Encres sympathiques, etc., suivi de la *Fabrication des Cirages* et de l'*Imperméabilisation des Chaussures*, par MM. de Champour, F. Malepeyre et A. Villon. 1 v. 3 fr. 50

— **Engrais** (Fabrication et application des) animaux, végétaux et minéraux et des Engrais chimiques, ou Traité théorique et pratique de la nutrition des plantes, par MM. Eug. et Henri Landrin et M. Alb. Larbalétrier. 1 vol. orné de figures.		3 fr.

— **Entomologie élémentaire,** ou Entretiens sur les Insectes en général, mis à la portée de la jeunesse, par M. Boyer de Fonscolombe. 1 gros vol.		3 fr.

— **Epistolaire (Style),** Choix de lettres puisées dans nos meilleurs auteurs et Instructions sur le style, par Biscarrat et la comtesse d'Hautpoul (*En préparation*).

— **Equarrisseur,** voyez *Charcutier.*

— **Equitation,** traitant du manège civil, du manège militaire, de l'Equitation des Dames, etc., par MM. Vergnaud et d'Attanoux. 1 vol. orné de figures.		3 fr.

— **Escaliers en Bois** (Construction des), traitant de la manipulation et du posage des Escaliers à une ou plusieurs rampes, de tous les modèles et s'adaptant à toutes les constructions, par M. Boutereau. 1 vol. et Atlas grand in-8° de 20 planches gravées sur acier.		5 fr.

— **Escrime,** ou Traité de l'Art de faire des armes, par M. Lafaugère. 1 vol. orné de figures.		2 fr. 50

— **Etat Civil** (Officier de l'), traitant de la Tenue des Registres et de la Rédaction des Actes, par M. Lemolt. 1 vol.		2 fr. 50

— **Etoffes imprimées et Papiers peints** (Fabricant d') traitant de l'Impression des Etoffes, par MM. Séb. Lenormand et Vergnaud. 1 vol. avec planches. (*En préparation.*)

— **Falsifications des Drogues** simples ou composées, moyens de les reconnaître, par M. Pédroni, chimiste. 1 vol. avec planche.		2 fr. 50

— **Ferblantier-Lampiste,** ou Art de confectionner tous les Ustensiles en fer-blanc, de les souder, de les réparer, etc., suivi de la fabrication des Lampes et des Appa-

reils d'éclairage, par MM. LEBRUN, MALEPEYRE et A. RO-
MAIN. 1 vol. orné de fig. et accompagné de planches. 3 f. 50

— **Fermier**, ou l'Agriculture simplifiée et mise à la
portée de tout le monde, par M. DE LÉPINOIS. 1 vol. 2 fr. 50

— **Filature du Coton**, contenant la description des
Métiers à filer le coton, diverses formules pour apprécier
la résistance des Appareils mécaniques, et un Traité des
engrenages, par M. DRAPIER. (*En préparation.*)

— **Fleuriste artificiel et Feuillagiste**, ou l'Art
d'imiter toute espèce de Fleurs, de Feuillage et de Fruits.
1 vol. orné de 50 figures. 3 fr.

On peut se procurer des *modèles coloriés*, dessinés d'a-
près nature, par REDOUTÉ. La planche : 1 fr.

— **Fondeur**, traitant de la Fonderie du fer, de l'acier,
du cuivre, du bronze et du laiton, de la fonte des statues,
des cloches, etc., par MM. A. GILLOT et L. LOCKERT, ingénieurs. (*En préparation.*)

— **Fontainier**, voy. *Mécanicien-Fontainier, Sondeur.*

— **Forestier praticien** (le) et Guide des Gardes Champêtres (Voir *Cultivateur forestier, Gardes champêtres*).

— **Forgeron, Maréchal, Taillandier**, voyez *Charron, Machines-Outils, Serrurier.*

— **Forges** (Maître de), ou Traité théorique et pratique
de l'Art de travailler le fer, la fonte et l'acier, par M. LAN-
DRIN. (*En préparation*).

— **Galvanoplastie**, ou Traité complet des Manipulations électro-métallurgiques, contenant tous les procédés
les plus récents et les plus usités, par M. A. BRANDELY.
Nouvelle édition revue et corrigée par G. PETIT, ingén.
civil. 2 vol. ornés de vignettes. 7 fr.

— **Gants** (Fabricant de), voyez *Chamoiseur.*

— **Gardes Champêtres, Gardes Forestiers,
Gardes-Pêche, et Gardes-Chasse**, par M. BOYARD,
ancien président à la Cour d'Orléans, M. VASSEROT, ancien sous-préfet, M. V. EMION et M. L. CREVAT, juges de
paix, 1 vol. 2 fr. 50

— **Gardes-Malades**, et personnes qui veulent se soi-
gner elles-mêmes, par M. le docteur MORIN. 1 vol. 2 fr. 50

— **Gaz** (Appareilleur à), voyez *Plombier.*

— **Gaz** (Eclairage et Chauffage au), ou Traité élémentaire et pratique destiné aux Ingénieurs, aux Directeurs
et aux Contre-Maîtres d'Usines à Gaz, mis à la portée de
tout le monde, suivi d'un *Aide-Mémoire de l'Ingénieur-
Gazier*, par M. D. MAGNIER, ingénieur-gazier. Nouvelle édition corrigée, augmentée et entièrement refondue, par E.

BANCELIN, ancien élève de l'Ecole polytechnique, ancien sous-régisseur d'usine de la C<sup>ie</sup> Parisienne du Gaz. 2 vol. ornés de 322 figures dans le texte.                   8 fr.

*On a extrait de ce Manuel l'ouvrage suivant :*

AIDE-MÉMOIRE DE L'INGÉNIEUR-GAZIER, contenant les Notions et les Formules nécessaires aux personnes qui s'occupent de la Fabrication et de l'Emploi du Gaz. Br. in-18. 75 c.

— **Géographie de la France**, divisée par bassins, par M. LORIOL (*Autorisé par l'Université*). 1 vol.  2 fr. 50

— **Géographie physique**, ou Introduction à l'étude de la Géologie, par M. HUOT. 1 vol.                  3 fr.

— **Géologie**, ou Traité élémentaire de cette science, par MM. HUOT et D'ORBIGNY. 1 vol. orné de planches. 3 fr.

— **Gourmands**, ou l'Art de faire les honneurs de sa table, par CARDELLI. (*En préparation.*)

— **Graveur**, ou Traité complet de la Gravure en creux et en relief, Eau-forte, Taille douce, Héliogravure, Gravure sur bois et sur métal, Photogravure, Similigravure, Procédés divers, Clichage des gravures en plomb et en galvanoplastie, Fabrication des Cartes à jouer, Gravure de la musique, etc., par M. VILLON. 2 volumes ornés de figures.                    6 fr.

— **Greffes** (Monographie des), ou Description des diverses sortes de Greffes employées pour la multiplication des végétaux, par M. THOUIN, de l'Institut, etc. 1 vol. orné de 8 planches.                    2 fr. 50

— **Gymnastique**, par M. le colonel AMOROS. (*Ouvrage couronné par l'Institut, admis par l'Université, etc.*) 2 vol. et Atlas.                   10 fr. 50

— **Habitants de la Campagne** (Voir *Agriculteur*, page 3).

— **Histoire naturelle médicale et de Pharmacographie**, ou Tableau des Produits que la Médecine et les Arts empruntent à l'Histoire naturelle, par M. LESSON, ancien pharmacien de la marine à Rochefort. 2 volumes.                    5 fr.

— **Horloger**, comprenant la Construction détaillée de l'Horlogerie ordinaire et de précision, et, en général, de toutes les machines propres à mesurer le temps ; par LENORMAND, JANVIER et MAGNIER, revu par L. S.-T. Nouvelle édition entièrement refondue et augmentée de l'Horlogerie Electrique, l'Horlogerie Pneumatique et la Boîte à Musique, par E. STAHL. 2 vol. accompagnés d'un Atlas de 15 planches.                    7 fr.

— **Horloger-Rhabilleur,** traitant du rhabillage et du réglage des Montres et des Pendules, augmenté de : **Corrélation du Pendule au rochet** avec le levier de la Force motrice. Étude mécanique appliquée à l'Horlogerie, par M. J.-E. Persegol. 1 vol. orné de figures et planches. 2 fr. 50

*On vend séparément :*
Corrélation du Pendule au rochet. 50 c.

— **Huiles minérales,** leur Fabrication et leur Emploi à l'Eclairage et au Chauffage, par M. D. Magnier, ingénieur. 1 vol. accompagné de planches *(En préparation).*

— **Huiles végétales et animales** (Fabricant et Epurateur d'), comprenant la Fabrication des Huiles et les méthodes les plus usuelles de les essayer et de reconnaître leur sophistication, par J. de Fontenelle, F. Malepeyre et Ad. Dalican. Nouvelle édition revue, corrigée et augmentée par N. Chryssochoïdès, ingénieur des arts et manufactures. 2 vol. ornés de 190 fig. dans le texte. 7 fr.

— **Hydroscope,** voyez *Sondeur.*

— **Hygiène,** ou l'Art de conserver sa santé, par le docteur Morin. 1 vol. 3 fr.

— **Indiennes** (Fabricant d'), renfermant les Impressions des Laines, des Châles et des Soies, par MM. Thillaye et Vergnaud. 1 vol. accompagné de planches. 3 fr. 50

— **Instruments de Chirurgie** (Fabricant d'), par M. H.-C. Landrin. *(En préparation.)*

— **Irrigations et assainissement des Terres,** ou Traité de l'emploi des Eaux en agriculture, par M. le Marquis de Pareto, 3 vol. accompagnés de deux Atlas composés de 40 planches in-folio et de tableaux. 18 fr.

— **Jeunes gens,** ou Sciences, Arts et Récréations qui leur conviennent, par M. Vergnaud. *(En préparation.)*

— **Jeux d'Adresse et d'Agilité,** contenant les Jeux et les Récréations d'intérieur et en plein air, à l'usage des enfants, des jeunes gens et des jeunes filles de tout âge, et des grandes personnes, par Dumont. 1 vol. orné de figures. 3 fr.

— **Jeux de Calcul et de Hasard,** ou nouvelle Académie des Jeux, par M. Lebrun. 1 vol. *(En préparation.)*

— **Jeux de Cartes,** tels que l'Ecarté, le Piquet, le Whist, la Bouillotte, le Bésigue, le Trente et un, le Baccarat, le Lansquenet, etc. 1 vol. *(En préparation.)*

— **Jeux de Société,** renfermant les Rondes enfantines, les Jeux innocents, les Pénitences, les Jeux d'esprit, les Jeux de Salon les plus en usage dans les réunions intimes, par Madame CELNART. 1 vol.                    2 fr. 50

— **Justices de Paix**, ou Traité des Compétences et Attributions tant anciennes que nouvelles, en toutes matières, par M. BIRET. (*En préparation.*)

— **Laiterie**, ou Traité de toutes les méthodes en usage pour traiter et conserver le Lait, faire le Beurre, confectionner les Fromages français et étrangers, et reconnaître les Falsifications de ces substances alimentaires, par M. MAIGNE. 1 vol. orné de figures.                    3 fr.

— **Lampiste**, voyez *Ferblantier*.

— **Langage** (Pureté du), par M. BLONDIN. 1 vol. 1 fr. 50

— **Langage** (Pureté du), par MM. BISCARRAT et BONIFACE. 1 vol. (*En préparation.*)

— **Levure (Fabricant de)**, traitant de sa composition chimique, de sa production et de son emploi dans l'industrie, principalement dans la Brasserie, la Distillation, la Boulangerie, la Pâtisserie, l'Amidonnerie, la Papeterie, par F. MALEPEYRE. Nouvelle édition revue et corrigée par Raymond BRUNET, ingénieur agronome. 1 vol. orné de figures.                    2 fr. 50

— **Limonadier**, Glacier, Cafetier et Amateur de thés, contenant la fabrication de la Glace et des Boissons frappées ou rafraîchissantes, par CHAUTARD et JULIA DE FONTENELLE. Nouvelle édition entièrement refondue par CHRYSSOCHOÏDÈS, ingénieur des Arts et Manufactures. 1 vol. orné de 76 figures dans le texte.                    3 fr.

— **Liqueurs**, voyez *Distillateur, Liquides*.

— **Lithographe** (Imprimeur et Dessinateur), traitant de l'Autographie, la Lithographie mécanique, la Chromolithographie, la Lithophotographie, la Zincographie, et des procédés nouveaux en usage dans cette industrie, par M. VILLON. 2 volumes et Atlas in-18.                    9 fr.

— **Liquides (Amélioration des)**, tels que Vins, Vins mousseux, Alcools, Spiritueux, Vinaigres, etc., contenant les meilleures formules pour le coupage et l'imitation des Vins de tous les crus, des Liqueurs, des Sirops, des Vinaigres, etc., par M. LEBEUF. 1 vol.                    3 fr.

— **Littérature** à l'usage des deux sexes, par madame D'HAUTPOUL. 1 vol.                    1 fr. 75

— **Locomotion mécanique**, voyez *Vélocipédie*.

— **Luthier**, ou Traité de la construction des Instruments à cordes et à archet, tels que le Violon, l'Alto, le Violoncelle, la Contrebasse, la Guitare, la Mandoline, la Harpe, les Monocordes, la Vielle, etc., traitant de la Fabrication des Cordes harmoniques en boyau et en métal, par MM. MAUGIN et MAIGNE. Nouvelle édition suivie du mémoire sur la construction des instruments à cordes et à archet, par F. SAVART. 1 vol. avec fig. et planches.     3 fr. 50

— **Machines à Vapeur** appliquées à la Marine, par M. JANVIER. 1 vol avec planches.     3 fr. 50

— **Machines Locomotives** (Constructeur de), par M. JULLIEN, ingénieur civil (*En préparation*).

— **Machines-Outils** employées dans les usines et ateliers de construction, pour le Travail des Métaux, par M. CHRÉTIEN. 2 vol. et atlas de 16 pl. grand in-8°. 10 fr. 50

— **Maçon, Stucateur, Carreleur et Paveur**, contenant l'emploi, dans ces industries, des matières calcaires et siliceuses, ainsi que la construction des Bâtiments de ville et de campagne, et les méthodes de Pavage expérimentées dans les grandes villes, par MM. TOUSSAINT, D. MAGNIER, G. PICAT et A. ROMAIN. 1 vol. orné de figures et accompagné de 7 planches.     3 fr. 50

— **Maires, Adjoints, Conseillers et Officiers municipaux**, rédigé *par ordre alphabétique*, par M. Ch. VASSEROT, ancien adjoint. (*En préparation.*)

— **Maître d'Hôtel**, ou Traité complet des menus, mis à la portée de tout le monde, par M. CHEVRIER. 1 vol. orné de figures. (*En préparation.*)

— **Maîtresse de Maison**, ou Conseils et Recettes sur l'Economie domestique, par MM<sup>mes</sup> PARISET et CELNART. 1 vol.     2 fr. 50

— **Mammalogie**, ou Histoire naturelle des Mammifères, par M. LESSON. 1 gros vol.     3 fr. 50

— **Marbrier, Constructeur et Propriétaire de maisons**, contenant des Notions pratiques sur les Marbres, ainsi que des Modèles de Monuments funèbres, de Cheminées, de Vases et d'Ornements de toute nature, par B. et M. (*En préparation.*)

— **Marine**, Gréement, manœuvre du Navire et Artillerie, par M. VERDIER. 2 vol. ornés de figures.     5 fr.

— **Maroquinier**, voyez *Chamoiseur*.

— **Marqueteur et Ivoirier**, traitant de la fabrication des meubles et des objets meublants en marqueterie et en incrustation, de la Tabletterie-Ivoirerie, du travail de l'Ivoire, de l'Os, de la Corne, de la Baleine, de la Nacre, de l'Ambre, etc., par MM. Maigne et Robichon. 1 vol. orné de figures. 3 fr. 50

— **Mathématiques appliquées**, Notions élémentaires sur les Lois du mouvement des corps solides, de l'Hydraulique, de l'Air, du Son, de la Lumière, des Levés de terrains et nivellement, du Tracé des Cadrans solaires, etc., par Richard. (*En préparation.*)

— **Mécanicien-Fontainier**, comprenant la Conduite et la Distribution des Eaux, le mesurage aux Compteurs et à la Jauge, la Filtration, la fabrication des Robinets, des Fontaines, des Bornes, des Bouches d'eau, des Garde-robes, etc,, par MM. Biston, Janvier, Malepeyre et A. Romain. 1 vol. avec figures et planches. 3 fr. 50

— **Mécanique**, ou Exposition élémentaire des lois de l'Equilibre et du Mouvement des Corps solides, par M Terquem. 1 gros vol. orné de planches. 3 fr. 50

— **Médecine et Chirurgie domestiques**, contenant les moyens les plus simples et les plus rationnels pour la guérison de toutes les maladies, par M. le docteur Morin. (*En préparation*)

— **Mégissier**, voyez *Chamoiseur*.

— **Menuisier en bâtiments, Layetier-Emballeur**, traitant des Bois employés dans la menuiserie, de l'Outillage, du Trait, de la Construction des Escaliers, du Travail du Bois, etc., par MM. Nosban et Maigne. 2 vol. accompagnés de planches et ornés de figures. 6 fr.

— **Métaux** (Travail des), voyez *Machines-Outils, Tourneur, Charron, Chaudronnier, Ferblantier*.

— **Meunier**. (*En préparation*.)

— **Microscope** (Observateur au). Description du Microscope et ses diverses applications, par M. F. Dujardin, ancien professeur à la Faculté des Sciences de Rennes. 1 vol. avec Atlas de 30 planches. 10 fr. 50

— **Minéralogie**, ou Tableau des Substances minérales, par M. Huot (*En préparation*).

Atlas de Minéralogie, composé de 40 planches représentant la plupart des Minéraux décrits dans l'ouvrage ci-dessus ; fig. noires. 3 fr.

— **Mines (Exploitation des)**. 2ᵉ partie, Métaux précieux et industriels, Soufre, Sel, Diamant, par M. L. Knab, ingénieur. 1 vol. avec pl. 3 fr. 50

— **Miniature**, voyez *Peinture à l'Aquarelle*.

— **Morale**, ou Droits et Devoirs dans la Société. 1 volume. (*En préparation*.)

— **Morale** (La) de l'Enfance, par le vicomte DE MOREL-VINDÉ. 1 vol. in-18 cartonné. 1 fr.

— **Moraliste**, ou Pensées et Maximes instructives pour tous les âges de la vie, par M. TREMBLAY. 2 vol. 5 fr.

— **Mouleur**, ou Art de mouler en Plâtre, au Ciment à l'argile, à la cire, à la gélatine, traitant du Moulage du carton, du carton-pierre, du carton-cuir, du carton-toilé, du bois, de l'écaille, de la corne, de la baleine, du celluloïd, etc., contenant le moulage et le clichage des médailles, par MM. LEBRUN, MAGNIER, ROBERT et DE VALICOURT. 1 vol. orné de figures. 3 fr. 50

— **Moutardier**, voyez *Vinaigrier*.

— **Musique simplifiée**, ou Grammaire élémentaire contenant les principes de cet Art, par M. LED'HUY. 1 vol. accompagné de musique. 1 fr. 50

SOLFÈGES, MÉTHODES

| | |
|---|---|
| Méthode de Trompette et Trombone.... » 75 | Méthode de Harpe... 3 50 |
| | — de Cor anglais 1 75 |

— **Mythologies** grecque, romaine, égyptienne, syrienne, africaine, etc., par M. DUBOIS. (*Ouvrage autorisé par l'Université.*) (*En préparation.*)

— **Naturaliste préparateur**, 1re *partie :* Classification, Recherche des Objets d'histoire naturelle et leur emballage, Disposition et Conservation des Collections, par M. BOITARD. 1 vol. orné de figures. 3 fr.

— *Seconde partie :* Art de préparer et d'empailler les Animaux, de conserver les Végétaux et les Minéraux, de préparer les Pièces d'Anatomie normale et d'embaumer les corps, par MM. BOITARD et MAIGNE. 1 vol. orné de figures. 3 fr. 50

— **Navigation**, contenant la manière de se servir de l'Octant et du Sextant, les méthodes usuelles d'astronomie nautique, suivi d'un Supplément contenant les méthodes de calcul exigées des candidats au grade de Maître au cabotage, par M. GIQUEL, professeur d'hydrographie. (*En préparation*).

*— **Numismatique ancienne**, par M. A. DE BARTHÉLEMY, Membre de l'Institut. 1 gros vol. accompagné d'un Atlas renfermant 12 planches. 7 fr.

*— **Numismatique moderne et du moyen âge**, par M. AD. BLANCHET. 3 vol. accompagnés d'un Atlas renfermant 14 planches. 15 fr.

— **Oiseaux** (Éleveur d'), ou Art de l'Oiselier, contenant la Description des principales espèces d'Oiseaux indigènes et exotiques susceptibles d'être élevés en captivité; leur nourriture, leur reproduction, leurs maladies, etc., par M. G. Schmitt. 1 vol.      1 fr. 75

— **Oiseleur**, ou Secrets anciens et modernes de la Chasse aux Oiseaux, traitant de la Fabrication et de l'emploi des Filets et des Piéges, par J. G. et Conrard. 1 vol. orné de planches et de 48 figures dans le texte. Nouvelle édition.      3 fr. 50

— **Organiste**, contenant l'expertise de l'Orgue, sa description, la manière de l'entretenir et de l'accorder soi-même, suivi de Procès-verbaux pour la réception des Orgues de toute espèce. (*En préparation.*)

— **Orgues** (Facteur d'), ou Traité théorique et pratique de l'Art de construire les Orgues, contenant le travail de Dom Bédos et les perfectionnements de la facture jusqu'à nos jours, par Hamel. Nouvelle édition revue et augmentée d'un Appendice donnant les nouveautés apportées dans la fabrication depuis la dernière édition, par J. Guédon. 1 vol. grand in-8 jésus, orné de 64 fig. dans le texte et accompagné d'un Atlas de 43 planches.   20 fr.

— **Ornithologie**, ou Description des genres et des principales espèces d'oiseaux, par M. Lesson. 2 vol.   7 fr.

Atlas d'Ornithologie, composé de 129 planches représentant la plupart des oiseaux décrits dans l'ouvrage ci-dessus. Figures noires.      10 fr.

— **Paléontologie**, ou des Lois de l'organisation des êtres vivants comparées à celles qu'ont suivies les Espèces fossiles et humatiles dans leur apparition successive; par M. Marcel de Serres, professeur à la Faculté des Sciences de Montpellier. 2 vol. avec Atlas.     7 fr.

— **Papetier et Régleur**, traitant de ces arts et de toutes les industries annexes du commerce de détail de la Papeterie, par Julia Fontenelle et Poisson (*En préparation*).

— **Papiers de Fantaisie** (Fabricant de), Papiers marbrés, jaspés, maroquinés, gaufrés, dorés, etc.; Peau d'âne factice, Papiers métalliques, par Fichtenberg (*En préparation.*)

— **Parcheminier**, voyez *Chamoiseur*.

— **Parfumeur**, ou Traité complet de toutes les branches de la Parfumerie, contenant les procédés nouveaux, employés en France, en Angleterre et en Amérique, à l'usage des chimistes-fabricants et des ménages, par MM.

Pradal, F. Malepeyre, et A. Villon, 2 vol. ornés de figures. Nouvelle édition corrigée, augmentée et entièrement refondue, par M. A.-M. Villon, ingénieur-chimiste. 6 fr.

— **Patinage** et Récréations sur la Glace, par M. Paulin-Désormeaux. 1 vol. orné de 4 planches. 1 fr. 25

— **Pâtes alimentaires**, voyez *Amidonnier*.

— **Pâtissier**, ou Traité complet et simplifié de Pâtisserie de ménage, de boutique et d'hôtel, par M. Leblanc. 1 vol. orné de figures. 3 fr.

— **Paveur et Carreleur**, voyez *Maçon*.

— **Pêcheur**, ou Traité général de toutes les pêches *d'eau douce et de mer*, contenant l'histoire et la pêche des animaux fluviatiles et marins, les diverses pêches à la ligne et aux filets en rivière et en mer, etc., par Pesson-Maisonneuve et Moriceau. Nouvelle édition entièrement refondue par G. Paulin. 1 vol. orné de 207 fig. dans le texte. 3 fr. 50

— **Pêcheur-Praticien**, ou les Secrets et les Mystères de la Pêche à la ligne dévoilés, par M. Lambert. 1 vol. orné de vignettes et accompagné de planches. 1 fr. 50

— **Peintre d'histoire et Sculpteur**, ouvrage dans lequel on traite de la philosophie de l'Art et des moyens pratiques, par M. Arsenne, peintre. 1 vol. 3 fr. 50

— **Peintre d'histoire naturelle**, contenant des notions générales sur le dessin, le clair-obscur, l'effet des couleurs naturelles et artificielles, les divers genres de peintures, etc., par M. Duménil. (*En préparation.*)

— **Peintre en Bâtiments**, Vernisseur et Vitrier, traitant de l'emploi des Couleurs et des Vernis pour l'assainissement et la décoration des habitations, de la pose des Papiers de tenture et du Vitrage, par Riffault, Vergnaud, Toussaint et F. Malepeyre. Nouvelle édition revue et augmentée du Peintre d'enseignes, de la pose des Vitraux, etc. 1 vol. orné de 44 figures. 3 fr.

— **Peintre en Voitures**, par V. Thomas, maître de conférences à la Faculté des Sciences de Rennes. 1 vol. orné de 54 figures. 3 fr.

— **Peinture à l'Aquarelle**, Gouache, Miniature, Peinture à la cire, Peintures orientales, procédé Raffaëlli, etc. Nouvelle édition, par Henry Guédy. 1 vol. 3 fr.

— **Peintre et Graveur en lettres** (*En préparation*)

— **Peinture sur Verre, Porcelaine, Faïence et Email**, traitant de la décoration de ces matières, ainsi que de la fabrication des Emaux et des Couleurs vitrifiables et de l'Emaillage sur métaux précieux ou communs et sur terre cuite, par MM. REBOULLEAU, MAGNIER et ROMAIN. 1 vol. avec fig. Nouv. édit. revue par H. BERTRAN. 3 fr. 50

— **Peinture et Vernissage des Métaux et du Bois**, traitant des Couleurs et des Vernis propres à décorer les Métaux et les Bois, de l'imitation sur métal des Bois indigènes et exotiques, de l'ornementation des Articles de ménage et des Objets de fantaisie, suivi de l'imitation des Laques du Japon sur menus articles, par MM. FINK et LACOMBE. 1 vol. orné de figures. 2 fr.

— **Pelletier-Fourreur et Plumassier**, traitant de l'apprêt et de la conservation des Fourrures et de la préparation des Plumes, par M. MAIGNE. 1 vol. orné de figures. 2 fr. 50

— **Perspective** appliquée au Dessin et à la Peinture, par M. VERGNAUD. 1 vol. accompagné de planches. 3 fr.

— **Pharmacie Populaire**, simplifiée et mise à la portée de toutes les classes de la société, par M. JULIA DE FONTENELLE. 2 vol. 6 fr.

— **Photographie** sur Métal, sur Papier et sur Verre, contenant toutes les découvertes les plus récentes, par M. DE VALICOURT. 2 vol. avec planche. 6 fr.

— SUPPLÉMENT à la Photographie sur Papier et sur Verre, par M. G. HUBERSON. 1 vol. 3 fr.

— **Photographie** (Répertoire de), Formulaire complet de cet Art, par M. DE LATREILLE. 1 vol. 3 fr. 50

— **Physicien-Préparateur**, ou Description des Instruments de physique et leur Emploi dans les Sciences et dans l'Industrie, par MM. Ch. CHEVALIER et le docteur FAU. 2 gros vol. avec un Atlas in-8° de 88 pl. 15 fr.

— **Physiologie végétale**, Physique, Chimie et Minéralogie appliquées à la culture, par M. BOITARD. 1 vol. orné de planches. 3 fr.

— **Physique appliquée aux Arts et Métiers**, voyez *Physicien-Préparateur*.

— **Plain-Chant ecclésiastique**, romain et français, par MINÉ. 1 vol. (*En préparation.*)

— **Plâtrier**, voyez *Chaufournier, Maçon*.

— **Plombier, Zingueur, Couvreur, Appareilleur à Gaz**, contenant la fabrication et le travail du Plomb et du Zinc et la manière de les souder, la Couverture des Constructions et l'Installation des Appareils des Compteurs à Gaz, par M. Romain. Nouvelle édition, refondue. corrigée et augmentée, suivie de la *Série des Prix*, par N. Chryssochoïdès, 1 vol. orné de 266 figures dans le texte.                                    4 fr.

— **Poêlier-Fumiste**, traitant de la construction des Cheminées de tous modèles, des Fourneaux et des Poêles en terre, de l'agencement et de la Tuyauterie des Fourneaux en maçonnerie et des Poêles en terre, en fonte et en tôle, et du Ramonage des divers appareils de Chauffage, par MM. Ardenni, J. de Fontenelle, F. Malepeyre et A. Romain, 1 vol. orné de figures.                    3 fr.

— **Poids et Mesures**, par M. Tarbé, ancien conseiller à la Cour de cassation.

Petit Manuel classique pour l'Enseignement élémentaire, sans Tables de conversions. (*En préparation.*)

Petit Manuel à l'usage des Ouvriers et des Écoles, avec Tables de conversions. (*En préparation.*)

Petit Manuel à l'usage des Agents Forestiers, des Propriétaires et Marchands de bois. Brochure accompagnée d'une planche (*En préparation*).

Poids et Mesures à l'usage des Médecins, etc. Brochure in-18.                                         25 c.

— **Poids et Mesures**, Comptes faits ou Barême général des Poids et Mesures, par M. Achille Nouhen. *Ouvrage divisé en cinq parties qui se vendent séparément.*

1re partie, Mesures de Longueur (*En préparation*).

2e partie,       —       de Surface.                    60 c.

3e partie,       —       de Solidité (*En préparation*).

4e partie,              Poids (*En préparation*).

5e partie, Mesures de Capacité (*En préparation*).

— **Poids et Mesures** (Barême complet des), avec conversion facile de l'ancien système au nouveau, par M. Bagilet. 1 vol.                                  3 fr.

— **Poids et Mesures** (Fabrication des), contenant en général tout ce qui concerne les Arts du Balancier et du **Potier d'Etain**, et seulement ce qui est relatif à la Fabrication des Poids et Mesures dans les Arts du Fondeur, du Ferblantier, du Boisselier, par M. Ravon. 1 vol. orné de figures. (*En préparation.*)

— **Police de la France**, par M. Truy, commissaire de police à Paris. (*En préparation* )

— **Pompes** (Fabricant de) de tous les systèmes, rectilignes, centrifuges, à diaphragme, à vapeur, à incendie, d'épuisement, de mines, de jardin, etc., traitant des principales Machines élévatoires autres que les Pompes, par MM. JANVIER, BISTON et A. ROMAIN. 1 vol. orné de figures et accompagné de planches.                    3 fr. 50

— **Ponts-et-Chaussées** : *Première partie*, ROUTES et CHEMINS, par M. DE GAYFFIER, ingénieur en chef des Ponts-et-Chaussées. 1 vol. avec planches.          3 fr. 50

— *Seconde partie*, PONTS ET AQUEDUCS EN MAÇONNERIE, par M. DE GAYFFIER, 1 vol. avec planches.          3 fr. 50

— *Troisième partie*, PONTS EN BOIS ET EN FER, par M. A. ROMAIN. 1 vol. avec figures et planches.     3 fr. 50

— **Porcelainier, Faïencier, Potier de Terre,** contenant des notions pratiques sur la fabrication des Grès cérames, des Pipes, des Boutons, des Fleurs en porcelaine et des diverses Porcelaines tendres, par D. MAGNIER, ingénieur civil. Nouvelle édition revue et augmentée par BERTRAN, Ingénieur des Arts et Manufactures. 1 vol. orné de 148 figures dans le texte.                         4 fr.

— **Produits chimiques** (Fabricant de), formant un Traité de Chimie appliquée aux Arts, à l'Industrie et à la Médecine, et comprenant la description de tous les procédés et de tous les appareils en usage dans les laboratoires de chimie industrielle, par M. G.-E. LORMÉ. 4 gros volumes et Atlas de 16 planches grand in-8°.        18 fr.

— **Propriétaire, Locataire** et Sous-Locataire, des biens de ville et des biens ruraux ; rédigé *par ordre alphabétique*, par MM. SERGENT et VASSEROT. 1 vol. 2 fr. 50

— **Puisatier,** voyez *Sondeur.*

— **Relieur** en tous genres, contenant les Arts de l'Assembleur, du Satineur, du Brocheur, du Rogneur, du Cartonneur et du Doreur, par MM. Séb. LENORMAND et W. MAIGNE. 1 vol. avec figures et planches.     3 fr. 50

— **Roses** (Amateur de), leur Histoire et leur Culture, par M. BOITARD. (*En préparation.*)

— **Sapeur-Pompier** (Nouveau Manuel *complet* du), composé par une commission d'officiers du Régiment de Paris et de la *Province*, publié par *Ordre* du *Ministère de l'Intérieur.* Édition entièrement refondue d'après le nouveau matériel de la Ville de Paris. 1 vol. orné de 140 fig. dans le texte. Broché . . . . . . . . . . . . . . . 3 fr. 50

Cartonné avec la couverture imprimée. . . . 3 fr. 85

— **Sapeur-Pompier** (Nouveau Manuel *abrégé* du) composé par une commission d'officiers du Régiment de Paris et de la Province, publié par *ordre* du *Ministère de l'Intérieur.*

— Édition abrégée entièrement refondue, extraite du nouveau Manuel complet. 1 vol. orné de nombreuses figures dans le texte. Broché. . . . . . . . . . . . . . 2 fr.

Cartonné avec la couverture imprimée. . . . 2 fr. 25

— **Sapeurs-pompiers** (Théorie des), extraite du nouveau Manuel complet du Sapeur-Pompier composé par une commission d'officiers du Régiment de Paris et de la Province.

Edition entièrement refondue, contenant les manœuvres de la Pompe à bras et des Echelles, d'après le nouveau matériel de la Ville de Paris. 1 vol. orné de nombreuses figures dans le texte. Broché . . . . . . . . . . . 75 c.

Cartonné avec la couverture imprimée. . . . . 85 c.

— **Sapeurs-Pompiers** (*Manuel des Concours*) (Fédération des Officiers et Sous-Officiers des Sapeurs-Pompiers de France et d'Algérie). 1 vol. broché. 1 fr.

— **Sapeurs-Pompiers**, manuel des premiers secours par le Dr Ch. Le Page. 1 vol. in-16 orné de 83 illust. dans le texte 2 fr.

— **Sapeurs-Pompiers**, voir Service d'Incendie dans les Villes et les Campagnes.

— **Sauvetage** dans les Incendies, les Puits, les Puisards, les Fosses d'aisances, les Caves et Celliers, les Accidents en rivière et les Naufrages maritimes, par M. W. Maigne. 1 vol. orné de vignettes et de planches. (*En préparation*).

— **Savonnier**, ou Traité de la Fabrication des Savons, contenant des notions sur les Alcalis et les corps gras saponifiables, ainsi que les procédés de fabrication et les appareils en usage dans la Savonnerie, par M. E. Lormé. 3 vol. accompagnés de planches. 9 fr.

— **Sculpture sur bois**, contenant l'Outillage et les moyens pratiques de Sculpture, les Styles de l'Ornementation, l'Art de Découper les Bois, l'Ivoire, l'Os, l'Ecaille et les Métaux, la Fabrication des Bois comprimés, etc., par M. S. Lacombe. 1 vol. orné de figures. 3 fr. 50

— **Serrurier**, ou Traité complet et simplifié de cet Art, traitant des Fers, des Combustibles, de l'Outillage, du Travail à l'Atelier et sur place, de la Serrurerie du Carrossage et des divers travaux de Forge, par Paulin-Désormeaux et H. Landrin. Nouvelle édition entièrement refondue par Chryssochoïdès, ingénieur des Arts et Manufactures. 1 vol. orné de 106 fig. dans le texte et accompagné d'un Atlas de 16 planches. 5 fr.

— **Service d'Incendie** dans les Villes et les Campagnes, en France et à l'Étranger, par le lieutenant-colonel

Raincourt, ancien Chef de Bataillon au Régiment des Sapeurs-Pompiers, Président d'honneur du Congrès international des Sapeurs-Pompiers en 1889, et M. Marcel Grégoire, Sous-Préfet de Pontoise. 1 vol. in-18 orné de 77 fig. dans le texte. 2 fr. 50

— **Soierie**, contenant l'art d'élever les Vers à soie et de cultiver le Mûrier, traitant de la Fabrication des Soieries, par M. Devilliers. 2 vol. et Atlas. 10 fr. 50

— **Sommelier et Marchand de Vins**, contenant des notions sur les Vins rouges, blancs et mousseux, leur classification par vignobles et par crus, l'Art de les déguster, la description du matériel de cave, les soins à donner aux Vins en cercles et en bouteilles, l'art de les rétablir de leurs maladies, les coupages, les moyens de reconnaître les falsifications, etc., par M. Maigne. Nouvelle édition, revue, corrigée et augmentée, par R. Brunet. 1 vol. orné de 97 figures dans le texte. 3 fr.

— **Sondeur, Puisatier et Hydroscope**, traitant de la construction des Puits ordinaires et artésiens et de la recherche des Sources et des Eaux souterraines, par M. A. Romain, 1 vol. accompagné de planches. 3 fr. 50

— **Sorcellerie Ancienne et Moderne expliquée**, ou Cours de Prestidigitation (*Épuisé*).

— Supplément a la Sorcellerie expliquée, par M. Ponsin. (*En préparation.*)

— **Souffleur à la Lampe et au Chalumeau**, (Voir *Verrier*).

— **Substances Alimentaires**, voyez *Alimentation*.

— **Sucre (Fabricant et Raffineur de)**, traitant de la fabrication des Sucres indigènes et coloniaux, provenant de toutes les substances saccharifères dont l'emploi est usuel et reconnu pratique, par M. Zoéga. 1 vol. orné de planches et de figures. 3 fr. 50

— **Taille-Douce** (Imprimeur en), par MM. Berthiaud et Boitard. (*En préparation*).

— **Tanneur, Corroyeur et Hongroyeur**, contenant le travail des Cuirs forts de la Molleterie et des Cuirs blancs, suivi de la fabrication des Courroies, d'après les méthodes perfectionnées les plus récentes, par Maigne. 2 vol. ornés de figures et accompagnés de planches. 6 fr.

— **Tapissier Décorateur**, par H. Lacroix, professeur technique. 1 vol. orné de 81 figures dans le texte. 2 fr. 50

— **Technologie physique et mécanique**, ou

Formulaire à l'usage des Ingénieurs, des Architectes, des Constructeurs et des Chefs d'usines, par M. Ansiaux, ingénieur. 1 vol. (*En préparation.*)

— Teinture des peaux, voyez *Chamoiseur*.

*— Teinture moderne. Voir page 31.

— Teinturier, Apprêteur et Dégraisseur, ou Art de teindre la Laine, la Soie, le Coton, le Lin, le Chanvre et les autres matières filamenteuses, ainsi que les tissus simples et mélangés, au moyen des Couleurs anciennes animales, végétales et minérales, par MM. Riffaut, Vergnaud, Julia de Fontenelle, Thillaye, Malepeyre, Ulrich et Romain. 2 vol. accompag. de planch. 7 fr.

— *Supplément*, traitant de l'emploi en Teinture des Couleurs d'Aniline et de leurs dérivés, par M. A.-M. Villon, chimiste. 1 vol.                    3 fr. 50

— Télégraphie électrique, contenant la description des divers systèmes de Télégraphes et de Téléphones, et leurs applications au service des Chemins de fer, des Sonneries électriques et des Avertisseurs d'incendie, par Romain. 1 vol. orné de fig. et accompagné de pl. 3 fr. 50

— Teneur de Livres, renfermant la Tenue des Livres en partie simple et en partie double, par Trémery et A. Terrière (*Ouvrage autorisé par l'Université*), suivi de la Comptabilité agricole, par R. Brunet. 1 vol.    3 fr.

— Terrassier et Entrepreneur de terrassements, traitant des divers modes de transport, d'extraction et d'excavation, et contenant une description sommaire des grands travaux modernes, par MM. Ch. Etienne, Ad. Masson et D. Casalonga. 1 vol. et un Atlas de 22 pl.    5 fr.

— Théâtral (Manuel) et du Comédien, contenant les principes de l'Art de la parole, par Aristippe Bernier de Maligny. 1 vol.    3 fr. 50

— Tissage mécanique, contenant la Description des Machines génériques, leur installation, leur mise en œuvre, ainsi que l'organisation des établissements de Tissage, par M. Eug. Burel. (*En préparation.*)

— Tissus (Dessin et Fabrication des) façonnés, tels que Draps, Velours, Ruban, Gilet, Coutil, Châle, Passementerie, Gazes, Barèges, Tulle, Peluche, Damassé, Mousseline, etc., par M. Toustain. (*En préparation.*)

— Tonnelier, contenant la fabrication des Tonneaux, des Cuves, des Foudres et des autres vaisseaux en bois cerclés, suivi du *Jaugeage* des fûts de toute dimension, par P. Désormeaux, Ott et Maigne. Nouvelle édition revue et corrigée par Raymond Brunet, Ingénieur agronome. 1 vol. orné de 227 figures. 3 fr.

— **Tourneur**, ou Traité théorique et pratique de l'art du Tour, contenant la description des appareils et des procédés les plus usités pour tourner les Bois et les Métaux, les Pierres, l'Ivoire, la Corne, l'Ecaille, la Nacre, etc.; ainsi que les notions de Forge, d'Ajustage et d'Ebénisterie indispensables au Tourneur, par E. de Valicourt. 1 vol. grand in-8, contenant 27 planches de figures; 4ᵉ édition, revue et corrigée. 15 fr.

— **Treillageur**, *Première partie*, traitant de la fabrication à la main, de la Menuiserie des Jardins et de la fabrication des Objets de jardinage, par M. P. Désormeaux. 1 vol. accompagné de planches. 3 fr.

— **Treillageur**, *Seconde partie*, traitant de l'outillage, de la fabrication à la main et à la mécanique, de la confection des Grillages, Claies, Jalousies, etc., par M. E. Darthuy. 1 vol. avec figures et planches. 3 fr.

— **Typographie** (de). Historique. Composition. Règles orthographiques. Imposition. Travaux de ville. Journaux. Tableaux. Algèbre. Langues étrangères. Musique et plain-chant. Machines. Papier. Stéréotypie. Illustration, par Emile Leclerc, de la *Revue des arts graphiques*, ancien directeur de l'Ecole professionnelle Lahure. Préface de M. Paul Bluysen. 1 vol. orné de 100 figures dans le texte. 4 fr.

*On vend séparément* les Signes de correction. 50 c.

— **Vélocipédie** (de), Locomotion, Vélocipèdes, Construction, etc., par Louis Lockert, ingénieur diplômé de l'Ecole centrale. 1 vol. orné de 58 fig. dans le texte. Terminé par l'art de monter à Bicyclette, par Rivierre. 1 fr. 50

— **Vernis (Fabricant de)**, contenant les formules les plus usitées de vernis de toute espèce, à l'éther, à l'alcool, à l'essence, vernis gras, etc., par M. A. Romain. 1 vol. orné de figures. 3 fr. 50

— **Verrier et Fabricant de cristaux**, Pierres précieuses factices, Verres colorés, Yeux artificiels, par. Julia de Fontenelle et Malepeyre. Nouvelle édition entièrement refondue par Bertran, Ingénieur des Arts et Manufactures. 2 vol. ornés de 235 fig. dans le texte. 8 fr.

— **Vétérinaire**, contenant la connaissance des chevaux, la manière de les élever, les dresser et les conduire, la Description de leurs maladies, les meilleurs modes de traitement, etc., par M. LEBEAU et un ancien professeur d'Alfort. 1 vol. orné de figures. 3 fr. 50

— **Vigneron**, ou l'Art de cultiver la Vigne, de la protéger contre les insectes qui la détruisent, et de faire le Vin, contenant les meilleures méthodes de Vinification, traitant du chauffage des Vins, etc., par THIÉBAUT DE BERNEAUD et F. MALEPEYRE. 1 vol. orné de figures. Nouvelle édition, revue par R. BRUNET. 3 fr. 50

— **Vinaigrier et Moutardier**, contenant la fabrication de l'acide acétique, de l'acide pyroligneux, des acétates, et les formules de Vinaigres de table, de toilette et pharmaceutiques, l'analyse chimique de la graine de moutarde, ainsi que les meilleures recettes pour la préparation de la moutarde, par MM. J. DE FONTENELLE et F. MALEPEYRE. 1 vol. orné de figures. 3 fr. 50

— **Vins** (Calendrier des), ou instructions à exécuter mois par mois, pour conserver, améliorer ou guérir les Vins. (*Ouvrage destiné aux Garçons de caves et de celliers, et aux Maîtres de Chais, faisant suite à l'Amélioration des Liquides*), par M. V.-F. LEBEUF. 1 vol. 1 fr. 75

— **Vins de Fruits et Boissons économiques**, contenant l'Art de fabriquer soi-même, chez soi et à peu de frais, les Vins de Fruits, les Vins de Raisins secs, le Cidre, le Poiré, les Vins de Grains, les Bières économiques et de ménage, les Boissons rafraîchissantes, les Hydromels, etc., et l'Art d'imiter avec les Fruits et les Plantes les Vins de table et de liqueur français et étrangers, par M. F. MALEPEYRE. 1 vol. 3 fr.

— **Vins mousseux** (Voyez *Liquides, Eaux et Boissons gazeuses*).

— **Zingueur**, voyez *Plombier*.

# INDUSTRIE, ARTS ET MÉTIERS

* **Guide pratique de Teinture moderne**, suivi de l'Art du Teinturier-Dégraisseur, contenant l'étude des fibres textiles et des matières premières utilisées en Teinture, et des procédés les plus récents pour la fixation des couleurs sur laine, soie, coton, etc., par V. THOMAS, docteur ès-sciences, préparateur de Chimie appliquée à la Faculté des Sciences de l'Université de Paris. 1 vol. grand in-8 raisin, orné de 133 figures dans le texte. 20 fr.

**Art du Peintre, Doreur et Vernisseur,** par Watin ; 13ᵉ édit., revue pour la fabrication et l'application des couleurs, par MM. Ch. et F. Bourgeois, et augmentée de l'*Art du Peintre en voitures, en marbres et en faux-bois,* par M. J. de Montigny, ingénieur. 1 vol. in-8°. 6 fr.

**Calcul des essieux** pour les Chemins de Fer ; Coup d'œil sur les roues de vagons, par A.-C. Benoit-Duportail. Brochure in-8°. 1 fr. 75

**Considérations sur la perspective,** par Benoit-Duportail. Brochure in-8° avec planche. 1 fr. 25

**Cubage des Bois en grume (Tarif de),** au mètre cube réel et au mètre cube marchand, par M. Ch. Blind, Brochure in-18. 75 c.

**Etudes sur quelques produits naturels** applicables à la *Teinture,* par M. Arnaudon. Br. in-8°. 1 fr. 25

— **Guia** del Cultivador de Montes y de la Guarderia Rural — ó — La Silvicultura Práctica. 1 vol. in-8°. 2 fr.

**Levés à vue (Des)** et du Dessin d'après nature, par M. Leblanc. Brochure in-18 avec planche. 25 c.

**Machines-Outils (Traité des)** employées dans les usines et les ateliers de construction pour le Travail des Métaux, par M. J. Chrétien, 1 volume in-8° jésus renfermant 16 planches gravées avec soin sur acier. 12 fr.

**Manipulations hydroplastiques,** ou Guide du Doreur et de l'Argenteur, par M. Roseleur. 1 volume in-8°. 15 fr.

**Manuel-Barème pour les Alliages d'Or et d'Argent.** Ouvrage indispensable aux Fabricants Bijoutiers et Orfèvres, ainsi qu'à toutes les personnes qui s'occupent du commerce des Métaux précieux, par M. A. Mercier. 1 vol. in-8°. Broché, 10 fr. Relié en toile, 11 fr. 50

**Manuel de la Filature du Lin et de l'Etoupe,** Application du Système au Calcul du mouvement différentiel, par M. Delmotte. *2ᵉ édition.* 1 vol. in-12. 2 fr. 50

**Mémoire sur l'Appareil des voûtes hélicoïdales** et des voûtes biaises à double courbure, par M. A.-A. Souchon. 1 vol. in-4° renfermant 8 planches. 3 fr. 50

**Photographie sur papier,** par M. Blanquart-Evrard. 1 vol. grand in-8°. 1 fr. 50

**Tables techniques de l'Industrie du Gaz ;** Calculs tout faits des diamètres et des longueurs de conduites, des volumes de gaz qui s'écoulent et des pertes de charges, du pouvoir éclairant et du titre du Gaz, etc., par M. D. MAGNIER, ingénieur. (*En préparation.*)

**Traité du Chauffage au Gaz,** par Ch. HUGUENY. Brochure in-8.                                       1 fr. 50

**Traité de la Coupe des Pierres,** ou Méthode facile et abrégée pour se perfectionner dans cette science, par J.-B. DE LA RUE. 3ᵉ édition, revue et corrigée par M. RAMÉE, architecte. 1 vol. in-8 de texte, avec un Atlas de 98 planches in-folio.                                       20 fr.

**Traité des Echafaudages,** ou Choix des meilleurs modèles de Charpentes, par J.-Ch. KRAFFT. 1 vol. in-folio relié, renfermant 51 planches gravées sur acier.       25 fr.

**Usage de la Règle logarithmique,** ou Règle-calcul. In-18.                                       25 c.

**Vignole du Charpentier.** 1ʳᵉ partie, ART DU TRAIT, contenant l'application de cet art aux principales constructions en usage dans le bâtiment, par M. MICHEL, maître charpentier, et M. BOUTEREAU, professeur de géométrie appliquée aux arts. 1 vol. in-8°, avec Atlas de 72 pl.   20 fr.

---

# OUVRAGES SUR L'HORTICULTURE

## L'AGRICULTURE, L'ÉCONOMIE RURALE, ETC.

**Art de composer et décorer les Jardins,** par M. BOITARD ; ouvrage orné de 140 planches gravées sur acier, 2 vol. format in-8 oblong.                       15 fr.

**Plantes vivaces** de la maison Lebeuf, ou Liste des espèces les plus intéressantes cultivées dans cet établissement, avec quelques renseignements sur leur culture, leur emploi, etc., par GODEFROY-LEBEUF et BOIS. 1 vol. in-18, orné de figures. 2ᵉ édition.                       1 fr. 50

**Les Fruits populaires,** indiquant le mérite et la valeur des meilleurs fruits à cultiver, suivis des Conseils aux planteurs, par Charles BALTET, horticulteur à Troyes. 1 vol. in-18, 2ᵉ édition.                       1 fr. 25

**Les Insectes nuisibles aux arbres fruitiers.** Moyens de les détruire, par A. RAMÉ.

1ʳᵉ partie : LES LÉPIDOPTÈRES. 1 vol. in-18, 2ᵉ éd. 1 fr. 25

**Histoire du Pommier,** par DUVAL. Brochure in-8.                                       1 fr. 50

**Etude sur les Sauterelles et les Criquets,** moyen d'en arrêter les invasions et de les transformer en Engrais par les procédés DURAND et HAUVEL, brevetés s. g. d. g. Brochure in-8⁰ de 36 pages.                    75 c.

**Voyage de découverte autour du Monde** et à la recherche de La Pérouse, par M. J. DUMONT D'URVILLE, capitaine de vaisseau, exécuté sous son commandement et par ordre du gouvernement, sur la corvette l'*Astrolabe*, pendant les années 1826 à 1829. 5 tomes divisés en 10 volumes in-8⁰ ornés de vignettes sur bois, avec un Atlas contenant 20 planches ou cartes grand in-folio.        30 fr.

Cet important ouvrage, *qui a été exécuté par ordre du gouvernement sous le commandement de M. Dumont-d'Urville et rédigé par lui, n'a rien de commun avec le Voyage pittoresque publié sous sa direction.*

---

# REVUE GÉNÉRALE D'AGRICULTURE

### DIRECTEUR : Raymond BRUNET

Un an : 5 fr. — Le numéro : 50 centimes.

---

# ALBUMS INDUSTRIELS

**Carnets du Garde-Meuble,** 6 Albums grand in-8⁰, publiés par D. GUILMARD.

N⁰ 1. EBÉNISTE PARISIEN, Recueil de dessins de Meubles dessinés d'après nature chez les principaux ébénistes du faubourg Saint-Antoine. Album in-8⁰ jésus de 130 feuilles.

En noir, 25 fr. — En couleur,            40 fr.

N⁰ 2. FABRICANT DE SIÈGES, Recueil de dessins de Sièges non garnis, dessinés d'après nature chez les principaux fabricants du faubourg Saint-Antoine. Sièges simples. Album de 120 planches avec titre.

En noir, 25 fr. — En couleur,            40 fr.

N⁰ 3. VIEUX BOIS, Recueil de dessins de Meubles et de Sièges en vieux chêne sculpté. Fabrication courante. Album de 26 planches.

En noir, 6 fr. — En couleur,            10 fr.

N⁰ 3 *bis*. MEUBLES EN CHÊNE, Recueil de Meubles et de

Sièges sculptés en chêne. Album de 26 planches.
En noir, 6 fr. — En couleur, 10 fr.

Nº 4. SCULPTEUR, Recueil de motifs sculptés employés dans la fabrication des meubles simples. Album de 24 pl.
En noir (pas de couleur), 6 fr.

Nº 5. SCULPTURES DE FANTAISIE, Recueil de petits objets sculptés : Cartels, Pendules, Cadres, Miroirs, Vide-poche, Petits meubles, etc. Album de 24 planches.
En noir (pas de couleur), 6 fr.

Nº 6. MARQUETERIE ET BOULE, Recueil de meubles dans ce genre, contenant 24 planches in-8º jésus, et représentant 44 modèles différents.
En noir, 6 fr. — En couleur, 12 fr.

Nº 7 CARNET-RÉFÉRENCE, Collection de Sièges, Meubles et Tentures, contenant 80 planches in-4º noires. 12 fr.

Carnet Empire, 68 planches de Tentures, Sièges et Meubles, genre Empire, par E. MAINCENT. Album cart.
En noir, 10 fr. — En couleur. 20 fr.

Petit Carnet, Nº 1, MEUBLES SIMPLES, Petit Album de poche, contenant 40 planches, représentant 67 modèles
En noir, 5 fr. — En couleur, 7 fr.

Petit Carnet, Nº 2, SIÈGES. Petit Album de poche, contenant 40 planches.
En noir, 5 fr. — En couleur, 7 fr.

Petit Carnet, Nº 3, TENTURES. Petit Album de poche, contenant 39 planches. En noir, 5 fr. En couleur, 7 fr.

Petit Carnet, Nº 4. SIÈGES BOIS RECOUVERT, série classique et fantaisie. 60 pl. en noir, 7 fr. 50 ; en couleur 12 fr.

Petit Carnet, Nº 5. TENTURES. 60 pl. contenant 66 modèles de tentures classiques, modernes et art nouveau, en noir 7 fr. 50 ; en couleur, 12 fr.

Petit Carnet du Garde-Meuble, Nº 10, SIÈGES, TENTURES. Petit Album de poche, renfermant 32 planches.
En noir, 5 fr. — En couleur, 7 fr.

Décoration (La) au XIXº Siècle, Décor intérieur des habitations, Riches appartements, Hôtels et Châteaux, par D. GUILMARD. 48 pl. in-4º coloriées, en carton. 60 fr.

Décoration (La petite), Menuiserie décorative appliquée à l'intérieur des habitations, par E. MAINCENT. Album de 20 planches coloriées. 16 fr.

Disposition des Appartements, Album relié renfermant 18 plans de faces et d'élévations, etc. En noir, 50 fr.

Fleur décorative (La), 1ʳᵉ *partie*, BRODERIES, donnant la plus grande partie des types de fleurs employés

dans la décoration. 43 planches, dont un titre, en carton.
En noir, 12 fr. — En couleur, 25 fr.

**Menuiserie (La) parisienne**, Recueil de motifs de menuiserie dans le genre moderne, par D. GUILMARD. Album de 30 planches in-4° en carton. 15 fr.

**Menuiserie (La) religieuse**, Ameublement des Eglises, styles roman et ogival du x$^e$ au xiv$^e$ siècle, par D. GUILMARD. Album in-4° de 30 planches. 15 fr.

**Ornementation (La connaissance des Styles de l')**, Histoire de l'ornement et des arts qui s'y rattachent depuis l'ère chrétienne jusqu'à nos jours, par D. GUILMARD. 1 beau vol. in-4°, richement illustré et accompagné de 42 planches noires. 25 fr.

**Ornements d'appartements (Album des)**, Collection de tous les accessoires de décorations servant aux croisées et aux lits, par D. GUILMARD. Album de 24 planches in-8° oblong. En noir, 6 fr. — En couleur, 10 fr.

**Portefeuille pratique de l'Ebéniste parisien**, Elévation, Plan, Coupe et détails nécessaires à la fabrication des Meubles, par D. GUILMARD. Album in-4° de 31 planches noires. 15 fr.

**Sièges (Portefeuille pratique du Fabricant de)**, Plan, Coupes, Elévation et Détails nécessaires à la Fabrication des Sièges, par D. GUILMARD. Album in-4° de 31 planches. 15 fr.

**Tapissier garnisseur (Tarif du)**, Prix de revient de modèles en bois recouverts ou apparents. 7 fr. 50
Albums en cartons contenant les dessins correspondant aux prix de revient du Tarif :
Bois RECOUVERTS, 128 modèles, fig. noires. 28 fr.
Bois APPARENTS, 125 modèles, fig. noires. 23 fr.

**Tapissier parisien (Album du)**, par D. GUILMARD. Album grand in-8° de 25 planches.
En noir, 7 fr. — En couleur, 12 fr.

**Tapissier parisien (Portefeuille pratique du)**, PREMIÈRE PARTIE. Décors de lits, croisées, etc. Coupe et texte de ces diverses décorations, par D. GUILMARD. Album de 30 planches in-4°. En noir, 18 fr. — En couleur, 25 fr.
SECONDE PARTIE. Dessins de Tentures modernes avec Coupes. Détails et Texte explicatif, par E. MAINCENT. Album de 35 planches. En noir, 20 fr. — En couleur, 35 fr.

**Tapissier (Tarif du)**, TENTURES, par E. MAINCENT, donnant le prix de revient, l'emploi et la coupe des Etoffes pour Tentures. 1 vol. grand in-8° cartonné, sans planches. 10 fr.

**Tourneur parisien (Albums du)**, par D. GUIL-
MARD. 2 Albums grand in-8° de 24 planches.       12 fr.
  Chaque Album séparé.                                  6 fr.
**Tourneur (Art du)**; Profils et renseignements pour
servir dans tous les Arts et Industries du Tour, par E.
MAINCENT. Album in-4° de 30 planches avec texte.  20 fr.
**Nouveau Recueil de Tentures** laines dans le
genre simple. 28 pl. sur bristol grand format (0,32×0,49),
comprenant des décors de lit, fenêtres, portières, grandes
baies, salons, salles à manger, chambres à coucher.
  En noir, 28 fr.; en couleur,                         50 fr.

# L'AMEUBLEMENT

## RECUEIL DE DESSINS

## DE SIÈGES, DE MEUBLES ET DE TENTURES

### GENRE SIMPLE

#### DIVISÉ EN TROIS CATÉGORIES

## SIÈGES, MEUBLES, TENTURES

### Renfermant 36 Planches par an

*Fondé par* D. GUILMARD *et continué par* A. MAINCENT

Les abonnements ne se font que *pour un an*
à partir du 1er janvier

| *3 catégories ensemble :* | PARIS | DÉPARTEMENTS | ÉTRANGER |
|---|---|---|---|
| En noir.......... | 15 fr. | 18 fr. | 20 fr. |
| En couleur...... | 25 fr. | 28 fr. | 30 fr. |
| *2 catégories ensemble :* | | | |
| En noir.......... | 10 fr. | 12 fr. | 13 fr. |
| En couleur...... | 17 fr. | 18 fr. 50 | 20 fr. |
| *1 catégorie séparée :* | | | |
| En noir.......... | 5 fr. | 6 fr. | 7 fr. |
| En couleur...... | 8 fr. 50 | 9 fr. 50 | 10 fr. 50 |

*Une planche séparée :* En noir : 50 c. — En couleur : 80 c.

# LE GARDE-MEUBLE

## JOURNAL D'AMEUBLEMENT

### DIVISÉ EN TROIS CATÉGORIES

## SIÉGES, MEUBLES, TENTURES

### Renfermant 54 Planches par an

*Fondé par* D. GUILMARD *et continué par* A. MAINCENT

Les abonnements se font *pour un an* et *pour six mois*, à partir du 15 janvier et du 15 juillet de chaque année. On ne reçoit pas d'abonnement de six mois pour une catégorie séparée.

### TROIS CATÉGORIES RÉUNIES :

| | PARIS | | DÉPARTEMENTS | | ÉTRANGER | |
|---|---|---|---|---|---|---|
| | 6 mois | 1 an | 6 mois | 1 an | 6 mois | 1 an |
| En noir. . . | 11 fr. 25 | 22 fr. 50 | 13 fr. | 26 fr. | 14 fr. | 28 fr. |
| En couleur. | 18 fr. | 36 fr. | 20 fr. | 40 fr. | 21 fr. | 42 fr. |

### DEUX CATÉGORIES RÉUNIES :

| | | | | | | |
|---|---|---|---|---|---|---|
| En noir. . . | 7 fr. 50 | 15 fr. | 9 fr. | 18 fr. | 10 fr. | 20 fr. |
| En couleur. | 12 fr. | 24 fr. | 14 fr. | 27 fr. | 15 fr. | 28 fr. |

### UNE CATÉGORIE SÉPARÉE :

| | | | | | | |
|---|---|---|---|---|---|---|
| En noir. . . | » | 7 fr. 50 | » | 9 fr. | » | 10 fr. |
| En couleur. | » | 12 fr. | » | 14 fr. | » | 15 fr. |

### UNE FEUILLE SÉPARÉE :

En noir : 50 c. — En couleur : 80 c.

Coupe, emplois, revient des tentures :
Par an : Paris, 7 fr. ; Départements, 8 fr. ; Etranger, 9 fr.

## NOUVEAUX PROCÉDÉS

### DE

# TAXIDERMIE

Accompagnés de Photographies des principaux types de la collection de l'auteur à Makri-Keui, près Constantinople, de Physionomies de Rapaces sur nature, et suivis de quelques impressions ornithologiques, par le COMTE ALLÉON, commandeur de l'ordre du Mérite civil de Bulgarie, chevalier de l'ordre de St-Grégoire, officier du Medjidié, membre du Comité international permanent ornithologique de Vienne, médaille d'or à l'exposition de Vienne 1883. 1 vol. in-8° jésus, 32 p. de texte, 132 fig. tirées sur papier couché.       25 fr.

# SUITES A BUFFON

Formant avec les Œuvres de cet auteur

UN

## COURS COMPLET D'HISTOIRE NATURELLE

EMBRASSANT

### LES TROIS RÈGNES DE LA NATURE

Belle Édition, format in-octavo

### DIVISION DE L'OUVRAGE

**Zoologie générale** (Supplément à Buffon), ou Mémoires et Notices sur la Zoologie, l'Anthropologie et l'Histoire de la Science, par M. ISIDORE GEOFFROY-SAINT-HILAIRE. 1 vol. avec 1 livraison de planches.
Fig. noires.          10 fr. 50
Fig. coloriées.          17 fr.

**Cétacés** (Baleines, Dauphins, etc.), ou Recueil et examen des faits dont se compose l'histoire de ces animaux, par M. F. CUVIER, membre de l'Institut, professeur au Muséum d'Histoire naturelle. 1 vol. avec 2 livraisons de planches.
Fig. noires.          14 fr.
Fig. coloriées.          27 fr.

**Reptiles** (Serpents, Lézards, Grenouilles, Tortue, etc.), par M. DUMÉRIL, membre de l'Institut, professeur à la Faculté de Médecine et au Muséum d'Histoire naturelle, et M. BIBRON, professeur d'Histoire naturelle. 10 vol. et 10 livraisons de planches.
Fig. noires.          105 fr.

Fig. coloriées.          170 fr.

**Poissons,** par M. A.-Aug. DUMÉRIL, professeur au Muséum d'Histoire naturelle, professeur agrégé libre à la Faculté de Médecine de Paris. Tomes I et II (en 3 volumes) avec 2 livraisons de planches. (*En publication*).
Fig. noires.          28 fr.
Fig. coloriées.          41 fr.

**Entomologie** (Introduction à l'), comprenant les principes généraux de l'Anatomie, de la Physiologie des Insectes ; des détails sur leurs mœurs, et un résumé des principaux systèmes de classification, etc., par M. LACORDAIRE, professeur à l'Université de Liège. (*Ouvrage adopté et recommandé par l'Université pour être placé dans les bibliothèques des Facultés et des Collèges, et donné en prix aux élèves*). 2 vol. et 2 livraisons de planches.
Fig. noires.          21 fr.
Fig. coloriées.          34 fr.

**Insectes Coléoptères** (Cantharides, Charançons, Hannetons, Scarabées, etc.) par M. LACORDAIRE, professeur à l'Université de Liège, et M. le Dr CHAPUIS, membre de l'Académie royale de Belgique. 14 vol. avec 13 livraisons de planches.
Fig. noires. 143 fr.
(*Manque de coloris*).

— **Orthoptères** (Grillons, Criquets, Sauterelles), par M. AUDINET - SERVILLE, membre de la Société entomologique de France. 1 vol. et 1 livraison de pl.
Fig. noires. 10 fr. 50
Fig. coloriées. 17 fr.

— **Hémiptères** (Cigales, Punaises, Cochenilles, etc.) par MM. AMYOT et SERVILLE. 1 vol. et 1 livraison de planches.
Fig. noires. 10 fr. 50
(*Manque de coloris*).

**Insectes Lépidoptères** (Papillons). *Les deux parties de cet ouvrage se vendent séparément.*

— DIURNES, par M. BOISDUVAL, tome Ier, avec 2 livraisons de planches. (*En publication*).
Fig. noires. 14 fr.
(*Manque de coloris*).

— NOCTURNES, par MM. BOISDUVAL et GUÉNÉE, tome Ier, avec 1 livraison de planches, tomes V à X, avec 5 livraisons de planches. (*En publication*).
Fig. noires. 70 fr.
Fig. coloriées. 109 fr.

— **Névroptères** (Demoiselles, Éphémères, etc.), par M. le docteur RAMBUR. 1 vol. et 1 livraison de planches (*Epuisé*).

— **Hyménoptères** (Abeilles, Guêpes, Fourmis, etc.), par M. le comte LEPELLETIER DE SAINT-FARGEAU et M. BRULLÉ. 4 vol. avec 4 livraisons de planches.
Fig. noires. 42 fr.
Fig. coloriées. 68 fr.

— **Diptères** (Mouches, Cousins, etc.), par M. MACQUART, ancien recteur du Muséum d'Histoire naturelle de Lille. 2 vol. et 2 livraisons de planches.
(*Epuisé.*)

— **Aptères** (Araignées, Scorpions, etc.), par MM. WALCKENAER et GERVAIS. 4 vol. avec 5 livraisons de planches.
Fig. noires. 45 fr.
(*Manque de coloris*).

**Crustacés** (Ecrevisses, Homards, Crabes, etc.), comprenant l'Anatomie, la Physiologie et la classification de ces animaux, par M. MILNE-EDWARDS, membre de l'Institut, professeur au Muséum d'Histoire naturelle, etc. 3 vol. avec 4 livraisons de planches.
Fig. noires. 35 fr.
(*Manque de coloris*).

**Helminthes** ou Vers intestinaux, par M. DUJARDIN, doyen de la Faculté des Sciences de Rennes. 1 vol. avec 1 livraison de planches

Fig. noires. 10 fr. 50 (*Manque de coloris*). **Annelés marins et d'eau douce** (Annélides, Géphyriens, Sangsues, Lombrics, etc.), par M. DE QUATREFAGES, membre de l'Institut, professeur au Muséum d'Histoire naturelle, et M. Léon VAILLANT, professeur au Muséum d'Histoire naturelle. Tomes I et II (en 3 vol.) avec 2 livraisons de planches. Fig noires. 28 fr. Tome III (en 2 vol.) avec 1 livraison de planches. Fig. noires. 17 fr. 50 (*Manque de coloris*). **Zoophytes Acalèphes** (Physales, Béroés, Angèles, etc.), par M. LESSON, correspondant de l'Institut, pharmacien en chef de la Marine, à Rochefort. 1 vol. avec 1 livraison de pl. Fig. noires. 10 fr. 50 (*Manque de coloris*)

— **Echinodermes** (Oursins, Palmettes, etc.), par MM. DUJARDIN, doyen de la Faculté des Sciences de Rennes, et HUPÉ, aide-naturaliste au Muséum de Paris. 1 vol. avec 1 livraison de planches. Fig. noires. 10 fr. 50 Fig. coloriées. 17 fr.

— **Coralliaires** ou POLYPES PROPREMENT DITS (Coraux, Gorgones, Eponges, etc.), par MM. MILNE-EDWARDS, membre de l'Institut, professeur au Muséum d'Histoire naturelle, et J. HAIME,

aide-naturaliste au Muséum d'Histoire naturelle. 3 vol. avec 3 livraisons de pl. Fig. noires. 31 fr. (*Manque de coloris*). **Zoophytes Infusoires** (Animalcules microscopiques), par M. DUJARDIN, doyen de la Faculté des Sciences de Rennes. 1 vol. avec 2 livraisons de pl. Fig. noires. 14 fr. (*Manque de coloris*)

**Botanique** (Introduction à l'étude de la), ou Traité élémentaire de cette science, contenant l'Organographie, la Physiologie, etc., par M. DE CANDOLLE, professeur d'Histoire naturelle à Genève. (*Ouvrage autorisé par l'Université pour les Lycées et les Collèges*). 2 vol. et 1 livraison de planches noires. 17 fr. 50 *Les planches ne sont pas coloriées.*

**Végétaux phanérogames** (Organes sexuels apparents : Arbres, Arbrisseaux, Plantes d'agrément, etc.), par M. SPACH, aide-naturaliste au Muséum d'Histoire naturelle. 14 vol. avec 15 livraisons de pl. Fig. noires. 150 fr. Fig. coloriées. 248 fr.

**Géologie** (Histoire, Formation et Disposition des Matériaux qui composent l'écorce du globe terrestre), par M. HUOT, membre de plusieurs sociétés savantes. 2 vol. ensemble de plus de

1,500 pages, avec 2 livraisons de pl. noires.   21 fr.

*Les planchés ne sont pas coloriées.*

**Minéralogie**(Pierres, Sels, Métaux, etc.), par M. DE-LAFOSSE, membre de l'Institut, professeur au Muséum d'Histoire naturelle et à la Sorbonne. 3 vol. et 4 livraisons de planches noires.   35 fr.

*Les planches ne sont pas coloriées.*

---

**Zoologie classique,** ou Histoire naturelle du Règne animal, par M. F. A. POUCHET, ancien professeur de zoologie au Muséum d'Histoire naturelle de Rouen, etc. Seconde édition considérablement augmentée. 2 vol in-8°, contenant ensemble plus de 1,300 pages, et accompagnés d'un Atlas de 44 planches et de 5 grands tableaux.

Fig. noires.   20 fr.

NOTA. *Le Conseil de l'Université a décidé que cet ouvrage serait placé dans les bibliothèques des Lycées.*

---

# PETITES SUITES A BUFFON
## Format in-18

**Histoire des Poissons** classée par ordre, genres et espèces, d'après le système de Linné, avec les caractères génériques, par BLOCH et RÉNÉ-RICHARD CASTEL. 10 vol. accompagnés de 160 planches représentant 600 espèces de poissons dessinés d'après nature.

Fig. noires.   26 fr.

**Histoire des Reptiles,** par MM. SONNINI, naturaliste, et LATREILLE, membre de l'Institut. 4 vol. accompagnés de 54 planches, représentant environ 150 espèces différentes de serpents, vipères, couleuvres, lézards grenouilles, tortues, etc.,dessinées d'après nature.

Fig. noires.   10 fr.

**Histoire des Coquilles,** contenant leur description, leurs mœurs et leurs usages, par M. Bosc, membre de l'Institut. 5 vol. accompagnés de planches.

Fig. noires.   10 fr. 50

**Histoire naturelle des Végétaux** classés par familles, avec la citation de la classe et de l'ordre de Linné, et l'indication de l'usage qu'on peut faire des plantes dans les arts, le commerce, l'agriculture, le jardinage, la médecine, etc. ; des figures dessinées d'après nature, et un GE-

NERA complet, selon le système de Linné, avec des renvois aux familles naturelles de Jussieu, par J.-B. LAMARCK et C.-F.-B. DE MIRBEL. 15 vol. in-18 accompagnés de 120 planches.
Fig. noires. 30 fr.
Fig. coloriées. 46 fr.

**Histoire naturelle des Vers,** par M. Bosc, membre de l'Institut. 3 vol.
Fig. noires. 6 fr. 50
Fig. coloriées. 10 fr. 50

**Histoire des Insectes,** composée d'après RÉAUMUR, GEOFFROY, DE GEER, ROESEL, LINNÉ, FABRICIUS, et les meilleurs ouvrages qui ont paru sur cette partie, rédigée suivant les méthodes d'Olivier, de Latreille, avec des notes, plusieurs observations nouvelles et des figures dessinées d'après nature, par F.-M.-G. DE TIGNY et BRONGNIART, pour les généralités. Edition augmentée par M. GUÉRIN. 10 vol. ornés de planches. Fig. noires. 23 fr.

**Histoire des Crustacés,** contenant leur description, leurs mœurs et leurs usages, par MM. Bosc et DESMAREST. 2 vol. accompagnés de 18 planches.
Fig. noires. 7 fr. 50

---

# OUVRAGES DIVERS D'HISTOIRE NATURELLE

**Arachnides (Les) de France,** par M. E. SIMON, membre de la Société entomologique de France.

Tome 1er, contenant les Familles des Epeiridæ, Uloboridæ, Dictynidæ, Enyoidæ et Pholcidæ. 1 vol. in-8°, accompagné de 3 planches. 12 fr.

Tome 2, contenant les Familles des Urocteidæ, Agelenidæ, Thomisidæ et Sparassidæ. 1 vol. in-8°, accompagné de 7 planches. 12 fr.

Tome 3, contenant les Familles des Attidæ, Oxyopidæ et Lycosidæ. 1 vol. in-8°, accompagné de 4 planches. 12 fr.

Tome 4, contenant la Famille des Drassidæ. 1 vol. in-8°, accompagné de 5 planches. 12 fr.

Tome 5 (1re partie), contenant la Famille des Epeiridæ (supplément) et des Theridionidæ. 1 vol. in-8°, accompagné de planches. 12 fr.

Tome 5 (2e partie), contenant la Famille des Theridionidæ (suite). 1 vol. in-8°, accompagné de planches et orné de figures. 12 fr.

Tome 5 (3e partie), contenant la Famille des Theridionidæ (fin). 1 vol. in-8°, accompagné de planches et orné de figures. 12 fr.

Tome 6. (*En préparation.*)

Tome 7, contenant les Familles des Chernètes, Scorpiones et Opiliones. 1 vol. in-8°, accompagné de planches. 12 fr.

**Histoire naturelle des Araignées.** par M. EUG. SIMON, *Deuxième édition.*

Tome premier, *1er fascicule* contenant 215 figures intercalées dans le texte. 1 vol. grand in-8° de 256 pages. 6 fr.

Tome premier, *2e fascicule* contenant 275 figures intercalées dans le texte. 1 vol. grand in-8°. 6 fr.

Tome premier, *3e fascicule* contenant 347 figures intercalées dans le texte. 1 vol. grand in-8°. 6 fr.

Tome premier, *4e et dernier fascicule* (du tome 1er), contenant 261 figures 1 vol. grand in-8°. 6 fr.

Tome second, *1er fascicule* contenant 200 figures intercalées dans le texte. 1 vol. grand in-8°. 6 fr.

Tome second, *2e fascicule* contenant 184 figures intercalées dans le texte. 1 vol. grand in-8. 6 fr.

Tome second, *3e fascicule* contenant 407 figures. 6 fr.

Tome second, *4e et dernier fascicule* contenant 329 figures. 6 fr.

**Catalogue des espèces actuellement connues de la famille des Trochilides,** par EUGÈNE SIMON, brochure in-8°. 3 fr.

## OUVRAGES D'ASSORTIMENT

**Aranéides des îles de la Réunion, Maurice et Madagascar,** par M. Aug. VINSON. 1 gros volume in-8, illustré de 14 planches.

Fig. noires. 20 fr.

**Astronomie des Demoiselles,** ou Entretiens entre un frère et sa sœur, sur la mécanique céleste, par James FERGUSSON et M. QUÉTRIN. 1 vol. in-12. 3 fr. 50

**Botanique (La),** de J.-J. ROUSSEAU, contenant tout ce qu'il a écrit sur cette science, augmentée de l'exposition de la méthode de Tournefort et de Linné, suivie d'un Dictionnaire de botanique et de notes historiques, par M. DEVILLE. 2e édition, 1 gros vol. in-12, orné de 8 planches.

Figures noires. 4 fr.

**Choix des plus belles fleurs et des plus beaux fruits,** par P.-J. REDOUTÉ, peintre d'histoire naturelle.

150 planches différentes coloriées. Chaque pl. 1 fr.

**Collection iconographique et historique des Chenilles d'Europe,** ou Description et figures de ces Chenilles, avec l'histoire de leurs métamorphoses, et leur application à l'agriculture, par MM. Boisduval, Rambur et Graslin.

Cette collection se compose de 42 livraisons, format grand in-8, papier vélin : chaque livraison comprend *trois planches coloriées* et le texte correspondant.

Les 42 livraisons réunies (la pl. 1 des Papillonides n'a jamais existé) : 100 fr.

**Cours d'agriculture, de viticulture et de jardinage,** par Mathieu Risler (1849). 1 vol. in-12. 2 fr.

**Fauna japonica,** sive Descriptio animalium quæ in itinere per Japoniam jussu et auspiciis superiorum, qui summum in India Batava imperium tenent, suscepto anni 1823-1830, collegit, notis, observationibus et adumbrationibus illustravit Ph. Fr. de Siebold.

Reptiles, 3 livraisons noires. Ensemble 25 fr.

**Faune de l'Océanie,** par M. le docteur Boisduval. 1 gros vol. in-8, imprimé sur grand papier. 10 fr.

**Faune entomologique de Madagascar, Bourbon et Maurice.** — *Lépidoptères,* par le docteur Boisduval ; avec des notes sur leurs métamorphoses, par M. Sganzin.

Huit livraisons, format grand in-8, papier vélin.
Planches noires. 10 fr.

**Icones historique des Lépidoptères nouveaux ou peu connus,** collection, avec figures coloriées, des papillons d'Europe nouvellement découverts, par M. le docteur Boisduval. Ouvrage formant le complément de tous les auteurs iconographes. Cet ouvrage se compose de 42 livraisons grand in-8, comprenant chacune *deux planches coloriées* et le texte correspondant.

Les 42 livraisons réunies. Coloriées. 100 fr.
Noires. 25 fr.

*Nota.* — Tome 2. Le texte s'arrête page 208. Toutes les fig. des planches 48 à 70 inclusivement sont décrites.
Les fig. des planches 71 à la fin ne sont pas décrites.

**Manuel des Candidats** à l'emploi de Vérificateur des Poids et Mesures, par M. Ravon. 2e édit. 1 vol. in-8. 5 fr.

**Manuel des Sociétés de secours mutuels.** Une brochure in-12. 1854. 0 fr. 50

**Mémoires de la Société royale des Sciences de Liège.** Première série, 1843 à 1866, 20 vol. à 7 fr.
Deuxième série, 1866 à 1887, 13 vol. à 7 fr.

**Mémoires récréatifs, scientifiques et anecdotiques** du physicien-aéronaute Robertson. 2 vol. in-8 ornés de vignettes. 12 fr.

**Ministre (Le) de Wakefield**, traduit en français par M. AIGNAN. 1 vol. in-12, avec figures.　　　　　　　1 fr.

**Monographie des Erotyliens**, famille de l'ordre des Coléoptères, par M. Th. LACORDAIRE. In-8.　　　9 fr.

**Synonymia insectorum. — Genera et species curculionidum** (ouvrage comprenant la synonymie et la description de tous les Curculionides connus), par M. SCHOENHERR. 8 tomes en 16 parties. (*Ouvrage terminé.*)　　　　　　　　　　　　　　144 fr.

**Théorie élémentaire de la Botanique**, ou Exposition des principes de la classification naturelle et de l'art de décrire et d'étudier les végétaux, par M. DE CANDOLLE. 3ᵉ édition, 1 vol. in-8.　　　　　8 fr.

---

# BIBLIOTHÈQUE DES ARTS ET MÉTIERS

## *8 vol. format in-18, grand papier*

### 1 fr. 75 le volume

**Livre de l'Arpenteur-Géomètre**, Guide pratique de l'Arpentage et du lever des Plans, par MM. PLACE et FOUCARD. 1 vol. accompagné de 3 planches.

**Livre du Cultivateur**, Guide complet de la culture des Champs, par M. MAUNY DE MORNAY. 1 vol. accompagné de 2 planches.

**Livre de l'Économie et de l'Administration rurale**, Guide complet du Fermier et de la Ménagère, par M. MAUNY DE MORNAY. 1 vol. accompagné d'une planche.

**Livre du Jardinier**, Guide complet de la culture des Jardins fruitiers, potagers et d'agrément, par M. MAUNY DE MORNAY. 2 vol. accompagnés de 2 planches.

**Livre des Logeurs et des Traiteurs**, Code complet des Aubergistes, Maîtres d'hôtel, Teneurs d'hôtel garni, Logeurs, Traiteurs, Restaurateurs, Marchands de Vin, etc., suivi de la Législation sur les Boissons. 1 vol.

**Livre du Fabricant de Sucre et du Raffineur**, par M. MAUNY DE MORNAY. 1 vol. accompagné de 2 planches.

**Livre du Vigneron** et du Fabricant de Cidre, de Poiré, de Cormé, et autres Vins de Fruits, par M. MAUNY DE MORNAY. 1 vol. accompagné d'une planche.

# DÉPOT DES OUVRAGES
## PUBLIÉS PAR LA
# LIBRAIRIE FÉRET & FILS
## DE BORDEAUX

**Andrieu** (P.). — Le Sucrage des Vendanges. Les vins de première cuvée avec chaptalisation des moûts. Les vins de sucre avec corrections dans leur composition. 1903, in-8, broché. 1 fr. 50

— Nouvelle méthode de vinification de la vendange par sulfitage et levurage. 1903, in-8, br. 0 fr. 60

**Barbe.** — De l'élevage du cheval dans le sud-ouest de la France et principalement dans la Gironde et les Landes, et de son hygiène. Hygiène des animaux en général et de leurs habitations. 1903, 1 vol. in-8, br. 6 fr.

**Bellot des Minières.** — Manuel pratique pour les traitements contre toutes les maladies cryptogamiques, à l'aide de l'ammoniure de cuivre en vases hermétiques, b. s: g. d. g. 1902, gr. in-8. 0 fr. 50

**Bellot des Minières.** — La question viticole. 1902, gr. in-8. 1 fr. 50

**Berniard.** — L'Algérie et ses vins :

1re partie : prov. d'Oran. Ouv. illustré et accompagné d'une carte vinicole de la province d'Oran. Bordeaux, 1888, in-18. 3 fr.

2e partie : prov. d'Alger. Ouv. illustré et accomp. d'une carte vinicole de cette province. Bordeaux, 1890, in-18. 3 fr.

3e partie : prov. de Constantine. Ouv. illustré et accompagné d'une carte vinicole de cette prov. 1892, in-18. 3 fr.

**Bitterolff.** — Nouveau système astronomique. Lois nouvelles de la gravitation universelle. 1902, in-18. 5 fr.

**Blarez** (Dr). — Cours de chimie organique (programme aide-mémoire des leçons), in-18. 3 fr.

**Bontou** (A.). — Traité de cuisine bourgeoise bordelaise. 1 vol. in-12, cartonné. 3 fr.
relié toile. 3 fr. 50

**Boué** (L.). — A travers l'Europe. Impressions poétiques, ornées de 101 compositions dues à 60 artistes de Paris ou de Bordeaux, avec préface de Th. Froment, in-folio de luxe tiré à 625 exempl., dont 25 exempl. sur Japon. Prix sur vélin. 30 fr.
relié toile genre amateur. 37 fr.
sur Japon. 100 fr.

**Carles** (Dr P.). — Dosage de l'acide tartrique selon la méthode de MM. Goldemberg et Géraumont de 1898. — 1900, in-8.                                                                1 fr.

**Carles** (Dr P.). — Etude chimique et hygiénique du vin en général et du vin de Bordeaux en particulier. 1880, in-8.                                                                3 fr.

— Dérivés tartriques du vin ; 3e édition, Bordeaux, 1903, in-8 (Prix Montyon de l'Institut de France, 1898)                                                                4 fr. 50

— Bouquet naturel des vins et eaux-de-vie. 1897, in-8.                                                                1 fr.

— Le vin, le vermouth, les apéritifs et le froid. 1900, in-8.                                                                1 fr.

— Collage des vins et autres boissons fermentées ; 2e édition, 1900, in-8.                                                                1 fr.

— Le pain des diabétiques, in-8.                                                                0 fr. 50

**Carrère** (H). — Scènes et saynètes. Lettre préface de Jacques Normand, in-12.                                                                3 fr. 50

(Ouvrages pour les familles et les pensions).

**Cazenave.** — Manuel pratique de la culture de la vigne dans la Gironde, 2e édition, 1889, in-12, br. 304 p.                                                                3 fr.

**Cervantès.** — L'ingénieux hidalgo Don Quichotte, trad. franç. par le Dr Théry, 2 vol in-18. Bordeaux, 1888.                                                                6 fr.

**Daurel** (J.). — Album des raisins de cuve de la Gironde et de la région du S.-O., avec leur description et leur synonymie, avec 15 gr. color. gr. nat., 5 gr. en phototyp. Bordeaux, 1892, in-4, br.                                                                7 fr.

Le même, in-4 toile.                                                                9 fr. 50

(Publication de luxe couronnée par la Société des Agriculteurs de France).

**Dezeimeris** (R). — D'une cause de dépérissement de la vigne et des moyens d'y porter remède, 5e édition, Bordeaux. 1891, in-8, br. 82 p. et 4 pl. hors texte. 2 fr. 50

**Denigès** (Dr G.). — Exposé élémentaire des principes fondamentaux de la théorie atomique ; 2e édition, 1895, in-8, 120 p.                                                                3 fr. 50.

**Duclou** (Georges). — De la prévision et de l'amélioration de la qualité des vins et de leur avenir par les pesages comparatifs de raisins et de leur jus pendant les vendanges, ainsi que par l'emploi raisonné des raisins-ferments, 3e édition. Bordeaux, 1895, in-8, br. ; 52 p., avec un graphique.                                                                2 fr. 50

**Feret** (Ed.). — Bordeaux et ses vins classés par ordre de mérite, 7e édition. Bordeaux, 1898, in-12 br.,

avec 450 vues de châteaux et 11 cart. vinic. de la Gironde.
8 fr.

Le même relié toile anglaise. 9 fr. 50
Le même sans les cartes br. 6 fr.
— Supplément à la 7ᵉ édition de Bordeaux et ses vins, contenant tous les changements survenus depuis deux ans dans les vignobles de la Gironde sera donné gratis aux acheteurs de « Bordeaux et ses Vins ». 1 fr.
— Bordeaux and its Wines classed by order of merit 3ᵈ english edition, translated from the 7ᵈ french édition by M. Ravenscroft, illustrated by Eug. Vergez, in-12.
10 fr.

Le même relié toile. 11 fr. 50
— Bordeaux und Seine Weine, trad. sur la 6ᵉ édition française par Paul Wend. Bordeaux et Stettin, 1893, in-12, br., 851 p. enrichie de 400 vues de châteaux vinicoles.
12 fr. 50

Le même relié. 16 fr.
— Les vins de Médoc, avec ill. d'Eug. Vergez et cartes, in-8, j., 180 p., br. 2 fr. 50
cart. f. 3 fr. 50
— Les vins de Graves rouges et blancs, avec ill. d'Eug Vergez et cartes, in-8 j., 108 p., br. 1 fr. 50
cart. 2 fr. 50
— Le pays de Sauternes et les vins blancs de Podensac et de Langon, avec ill. et cart.; br. 1 fr. 25
cart. 2 fr. 25
— Saint-Emilion, Pomerol et les cantons de Sainte-Foy-la-Grande, Pujols, Branne, Fronsac et quelques communes voisines avec ill. d'Eug. Vergez et cartes; br. 2 fr. 50
cart. 3 fr. 60
— Les vins du Cubzadais, du Bourgeais et du Blayais, avec ill. et cart. ; br. 1 fr. 50
cart. 2 fr. 50
— Les vins de l'Entre-Deux-Mers, avec ill. et cart. ; br. 2 fr. 50
cart. 3 fr. 50
Ces ouvrages sont tirés de la 7ᵉ édition de *Bordeaux et ses vins*.
— Caractère des récoltes de 1795 à nos jours. Bordeaux, 1898, 16 p. et une carte vinicole de la Gironde. 0 fr. 75
Le même en anglais. 0 fr. 75
— Carnet de statisque du négociant en vins, destiné à recevoir des notes sur 2,000 crus de la Gironde. Bordeaux, 1894, in-12, toile. 2 fr.

— Bordeaux et ses monuments, in-8, br., 90 p., 2 plans et 31 gr.                                                2 fr.

**Feret** (Ed.). — Dictionnaire Manuel du maître de chai et du négociant en vins, guide utile à quiconque veut vendre ou manipuler des vins et des spiritueux. 1 vol. in-18, ill. Bordeaux, 1898, 6 fr., cart.                    7 fr.

— Le même ne contenant que les articles utiles au maître de chai 3 fr. 50, cart.                            4 fr. 50

— Bergerac et ses vins et les principaux crus du département de la Dordogne. 1 vol. in-18 jésus illustré, 3 fr. 50 cart.                                                      5 fr.

**Carte vinicole du Médoc** et de l'arrondissement de Blaye, extraite de la carte de la Gironde au 1/160000 ; 1 feuille gr. colombier, tirée en trois couleurs.          3 fr.

La même sur toile pleine.                                  4 fr. 50

**Nouvelle carte routière et vinicole de la Gironde** à l'échelle de 1/160000, dressée par Félix FERET pour accompagner l'ouvrage *Bordeaux et ses vins*; 1 feuille gr.-aigle, imprim. en trois couleurs et color. par contrées vinicoles (1893).                                  6 fr.

La même, collée sur toile, pliée, cartonnée.              10 fr.

La même collée sur toile vernie, montée avec gorge et rouleau.                                                  14 fr.

— Statistique générale du département de la Gironde, 3 tomes en 4 vol. gr. in-8; prix pour les souscripteurs
                                                          52 fr.

Le tome I : Partie topographique, scientique, agricole, industrielle, commerciale et administrative ; 1 vol. gr. in-8 de 1,00 p. est en vente au prix de                    16 fr.

Le tome II : Partie agricole et viticole; 1 vol. gr.-8, avec supplément 1,100 p., orné de 300 gr. est à peu près épuisé ; ce volume ne se vend qu'avec le t. I au prix de 36 francs les deux vol.

Le tome III : 1re partie, bibliographie ; 1 vol. gr. in-8, br., 628 p., est en vente au prix de                    10 fr.

2e partie, archéologique ; 1 vol. gr. in-8, br., d'environ 500 p., orné d'illustrations de MM. Léo Drouyn, Vergez, etc. (sous presse).

— Supplément à la statistique générale de la Gironde (part. vinic.). Bordeaux, 1880, in-8, 169 p. avec 50 vues. 4 fr.

**Gayon.** — Etude sur les appareils de pasteurisation des vins en bouteilles et en fûts, avec vignettes ; in-8, 1895.                                                      2 fr.

— Expériences sur la pasteurisation des vins de la Gironde. Bordeaux, 1895, in-8, 59 p.                    1 fr. 25

**Gayon, Blarez et Dubourg.** — Analyse chimique des vins rouges du département de la Gironde, récolte de 1887. Bordeaux, 1888, in-8. br., 47 p.    1 fr. 50

— Analyse chimique des vins du département de la Gironde, récolte de 1888. Bordeaux, 1889, in-8, br., 31 p.
1 fr. 50

**Gébelin.** — Eléments de géographie. Nouvelle édition par M. Marion.

Europe (moins la France). 1900, in-18.    2 fr.

France et colonies françaises. 1899, in-18.    2 fr.

La Terre, l'Amérique. 1899, in-18.    1 fr. 50

Asie, Afrique, Océanie. in-18    1 fr. 50

**Grandjean.** — Le baron de Charlevoix-Villiers et la fixation des Dunes, in-8.    1 fr.

**Guillaud** (D$^r$ J.-A.). — Flore de Bordeaux et du Sud-Ouest, analyse et description sommaire des plantes sauvages et généralement cultivées dans cette région; Phanérogames, 326 p., br.    4 fr. 50

cartonné.    5 fr.

**Guillon.** — (J.-M.). dir. de la station vit. de Cognac. — Notes sur la reconstitution du vignoble, avec fig., 1900, gr. in-8.    1 fr. 25

**Hugo d'Alési.** — Panorama de Bordeaux, fac-simile d'aquarelle sur bristol.    6 fr.

**Juhel-Rénoy.** — Conseils sur la fabrication et la conservation du cidre. 1897, in-18, 60 p.    1 fr. 25

**Kehrig** (H.). — La cochylis. Des moyens de la combattre, 3$^e$ édition, 1893, in-8, 2 pl. dont une chromo-lithogr.
2 fr. 50

— Le sucrage des vendanges, 2$^e$ édition 1903, in-8.
1 fr. 50

— Le privilège des vins à Bordeaux jusqu'en 1889, suivi d'un appendice comprenant le Ban des Vendanges, des Courtiers, de Taverniers; prix payés pour les vins du xɪɪ$^e$ au xvɪɪɪ$^e$ siècle, tableau de l'exploitation des vignes en 1825. Ouvrage couronné par l'Académie des sciences, belles-lettres et arts de Bordeaux. Bordeaux, 1886, gr. in-8, 116 p.    2 fr. 50

**Labat** (Gustave). — Gustave de Galard, sa vie et son œuvre (1779-1841); in-4°, orné de 4 pl. hors texte, dessins inédits du maître. 1896, in-4.    15 fr.

**Lapierre** (A.). — Plan de la ville de Bordeaux avec les lignes de tramways et omnibus, à l'échelle du 1/10000, dressé par A. Lapierre.    1 fr. 50

Le même, colorié.    2 fr. 50

**Loquin** (Anatole). — Le Masque de fer et le livre de M. Funck-Brentano. Bordeaux, 1898, in-8. 0 fr. 60

— Le Prisonnier masqué de la Bastille. Son histoire authentique. Bordeaux, 1900, in-12. 3 fr. 50

**Matignon** (J. J.). — Le siège de la légation de France (Pékin, du 15 juin au 15 août 1900). Conférences faites à Bordeaux, in-8. 1 fr. 50

**Méric** G.). — Le black-rot. Tableau donnant grandeur nature en chromo, feuilles et grains atteints par le black-rot, avec texte explicatif. 0 fr. 75

**Montaigne** (Michel de). — Nouvelle édition publiée par MM. H. Barckhausen et R. Dezeimeris, contenant la reproduction de la 1re édition, avec les variantes des 2e et 3e éditions; 2 vol. in-8, édition de luxe (Publication de la Société des Bibliophiles de Guyenne). 15 fr.

**Pabon** (Louis). — Dictionnaire des usages commerciaux et maritimes de la place de Bordeaux et des places voisines. Bordeaux, 1888, in-8, br., 214 p. 3 fr. 50

**Perceval** (Emile de). — Le président Emérigon et ses amis (1795-1847), in-8. 10 fr.

**Poignant** (M. P.). — Coefficient économique des machines à vapeur en raison de la détente du cylindre et de la formule $\dfrac{t - to}{t}$ Surchauffe de la vapeur. 1902, in-8. 1 fr. 50

**Roos** (L.).— La concentration des vins, des moûts et des vendanges, avec une planche en phototypie hors texte. 1 fr.

**Rouhet.** — De l'entraînement complet et expérimental de l'homme, avec étude sur la voix articulée, suivi de recherches physiologiques et pratiques sur le cheval, gr. in-8, illustré. 10 fr.

— L'Equitation, gr. in-8 illustré. 3 fr. 50

**Salvat.** — Le pin maritime, sa culture, ses productions. Bordeaux, 1891, in-12, br., 39 p. 1 fr.

**Sud-Ouest navigable** (1er Congrès du), tenu à Bordeaux les 12, 13 et 14 juin 1902. Compte rendu des travaux. 1902, gr. in-8. 5 fr.

**Usages locaux du département de la Gironde** publiés suivant la délibération du Conseil général, 2e éd. revue et augmentée. 1900, in-12. 2 fr. 50

---

Ajouter 10 0/0 du prix de l'ouvrage pour l'envoi franco, plus 25 centimes de recommandation pour l'Etranger.

BAR-SUR-SEINE. — IMP. Ve C. SAILLARD.

# ENCYCLOPÉDIE-ROReT

## COLLECTION

DES

# MANUELS-RORET

FORMANT UNE

## ENCYCLOPÉDIE DES SCIENCES & DES ARTS

FORMAT IN-18

**Par une réunion de Savants et d'Industriels**

Tous les Traités se vendent séparément.

La plupart des volumes, de 300 à 400 pages, renferment des planches parfaitement dessinées et gravées, et des vignettes intercalées dans le texte.

Les Manuels épuisés sont revus avec soin et mis au niveau de la Science à chaque édition. Aucun Manuel n'est cliché, afin de permettre d'y introduire les modifications et les additions indispensables.

Cette mesure, qui met l'Editeur dans la nécessité de renouveler à chaque édition les frais de composition typographique, doit empêcher le Public de comparer le prix des *Manuels-Roret* avec celui des autres ouvrages, tirés sur cliché à chaque édition, et ne bénéficiant d'aucune amélioration.

Pour recevoir chaque volume franc de port, on joindra, à la lettre de demande, un mandat sur la poste (de préférence aux timbres-poste) équivalant au prix porté au Catalogue.

Cette franchise de port ne concerne que la **Collection des Manuels-Roret** et n'est applicable qu'à la France et à l'Algérie. Les volumes expédiés à l'Etranger seront grevés des frais de poste établis d'après les conventions internationales.

Bar-sur-Seine. — Imp. Vᵉ C. SAILLARD.